21世纪高等学校计算机规划教材

21st Century University Planned Textbooks of Computer Science

U0694199

AutoCAD
建筑制图教程（2010版）

AutoCAD Architecture Drawing Course (2010 Edition)

李银英 刘光洁 马永志 主编

李　瑾 黄钰峰 张建栋 副主编

秦维财 郭宝君 史红霞 编著

精品系列

人民邮电出版社

北　京

图书在版编目（CIP）数据

AutoCAD建筑制图教程：2010版 / 李银英，刘光洁，
马永志主编. -- 北京：人民邮电出版社，2011.12（2018.8重印）
21世纪高等学校计算机规划教材
ISBN 978-7-115-25752-9

Ⅰ. ①A… Ⅱ. ①李… ②刘… ③马… Ⅲ. ①建筑制
图－计算机辅助设计－AutoCAD软件－高等学校－教材
Ⅳ. ①TU204

中国版本图书馆CIP数据核字(2011)第156899号

内 容 提 要

本书结合精选的典型建筑图例系统地介绍了 AutoCAD 绘图知识，从掌握建筑制图的方法及技巧入手，由浅入深、循序渐进地引导读者运用所述知识绘制各类建筑图形。

全书共 15 章和两个附录，主要内容包括 AutoCAD 绘图环境及基本操作、绘制平面图形、编辑平面图形、绘图方法与技巧、参数化绘图、图块与动态块、图形显示查询、文字标注和尺寸标注、建筑施工图（包括建筑总平面图、建筑平面图、建筑立面图、建筑剖面图）、结构施工图、三维建模、编辑三维造型、三维造型的标注与渲染、三维模型生成二维视图、打印输出图形和 AutoCAD 快捷键及模拟试题等。

本书实例典型、内容丰富，可作为高等院校建筑及相关专业的教材，也可作为各类 CAD 培训班的辅助教材和工程技术人员的参考书。

◆ 主　　编　李银英　刘光洁　马永志
　　副 主 编　李　瑾　黄钰峰　张建栋
　　编　　著　秦维财　郭宝君　史红霞
　　责任编辑　武恩玉

◆ 人民邮电出版社出版发行　　北京市丰台区成寿寺路 11 号
　　邮编　100164　　电子邮件　315@ptpress.com.cn
　　网址　http://www.ptpress.com.cn
　　固安县铭成印刷有限公司印刷

◆ 开本：787×1092　1/16
　　印张：22　　　　　　　　　　　2011 年 12 月第 1 版
　　字数：587 千字　　　　　　　　2018 年 8 月河北第 6 次印刷

ISBN 978-7-115-25752-9

定价：44.00 元

读者服务热线：(010)81055256　印装质量热线：(010)81055316
反盗版热线：(010)81055315

与本书配套的网络资源

当前，以网络为代表的信息技术迅猛发展，已经成为人们普遍使用的工具，它在多方面改变和影响着人们的生活、学习习惯。在此背景下，学生接收信息的方式及路径也已改变，对传统纸质教材的依赖度大大降低了，他们在获取信息、参与学习的过程中更喜欢活泼生动的声讯媒介，因此网上学习课程在近几年时间里，已大步进入教育领域，成为与纸质教材相配套的学习工具。

本书是传统纸质教材与网络课程的有机结合体。立足于当前教育理念及网络信息技术平台，以传统纸质教材为基础，辅助以丰富的网络教学资源，从而实现"教-学-考-练"为一体的教、学新模式。使师生不受时空限制，按需选择资源完成教、学任务。

天天课堂网站介绍

天天课堂是一个专业从事 Photoshop、AutoCAD 学习、教育培训和互动交流的网站，其教师队伍由一批长期从事 Photoshop、AutoCAD 产品设计、教学科研的高级专业人员组成，为广大用户提供系统、完整的专业教程、视频教程及相关资源下载，使用户能够轻松掌握软件的基本功能和应用技巧。

图 0-1　天天课堂网站首页

登录 http://www.ttketang.com/即可进入天天课堂网站，该网站首页如图 0-1 所示。

下面介绍一下首页中各个版块的内容和功能。

● Photoshop：在导航条中单击"Photoshop"，即可进入 Photoshop 教学资源版块。

● AutoCAD：在导航条中单击"AutoCAD"，即可进入 AutoCAD 教学资源版块。

● 下载区：在导航条中单击"下载区"，即可进入 Photoshop 和 AutoCAD 素材资源下载专区，里面包含这两个领域所涉及的上万个素材资源，为设计者带来了极大的方便。

● 我要投稿：在导航条中单击"我要投稿"，即可进入投稿专栏，在这里用户可以把自己认为好的、技术性强的文章或专业教程以投稿的形式在天天课堂网站发表，如果被发表，天天课堂会给予一定的物质奖励。

● 天天论坛：在导航条中单击"天天论坛"，即可进入论坛首页，其中包含 Photoshop 和 AutoCAD 两大论坛版块。

● 博客讲堂：在导航条中单击"博客讲堂"，即可进入博客专区，用户可以在这里开设自己的博客，以便留下自己的学习心得和对天天课堂美好的记忆。

● 在线客服咨询：单击该按钮，开启 QQ 信息交流工具，即可与天天课堂的老师面对面地进行技术交流和问题解答。

● 天天课堂网店：单击该按钮，即可进入天天课堂开设的淘宝网店，里面有大量的各类软件的学习资料，以最优惠的价格向用户出售。

- 专业教程更新：该处提供了最近更新的 10 个专业教程。
- 视频教程更新：该处提供了最近更新的 10 个视频教程。
- 最新下载：该处展示了最近用户下载过的内容。
- 推荐教程：该处是网站推荐的优秀教程。
- 论坛更新：该处展示的是论坛中用户最新发表的帖子。
- 推荐博客：该处是博客版块中推荐的用户最新发表的博客内容。
- 推荐技术文章：该处是推荐的优秀技术文章。

AutoCAD 版块内容介绍

进入 AutoCAD 版块，页面内容如图 0-2 所示。该版块划分为 13 个子块，主要内容包括专业教程、案例教程、练习题、认证考试资源下载、问题及应用技巧等，见表 0-1。

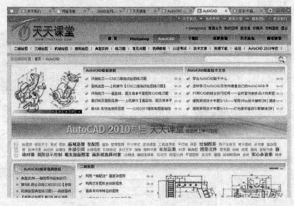

图 0-2　AutoCAD 版块页面

表 0-1　　　　　　　　　　　　　　　　子版块的内容

序号	子版块	主要内容
1	二维绘图	二维绘图基础教程，高级绘图与编辑命令，图形管理及设计工具
2	三维绘图	三维绘图基础教程，三维建模实例
3	机械绘图	平面绘图基本训练，机械绘图基础教程，绘制典型零件图及装配图
4	建筑绘图	建筑绘图基础教程，建筑施工图及结构施工图
5	典型实例	复杂图形绘制实例，机械及建筑绘图实例，三维建模实例，模型渲染实例
6	练习题	二维基本及高级绘图练习，三维基础及高级建模练习，面域、图块及属性练习
7	常见问题	绘图环境设置，命令应用及绘图技巧
8	视频教程	绘图及编辑命令视频，二维及三维绘图视频，绘图方法及技巧视频，机械及建筑绘图视频
9	认证考试	认证考试介绍，考试大纲，练习材料及模拟试题
10	技术文章	关于 AutoCAD 技术发展、专业应用及教育培训等方面的文章
11	资源下载	各类平面图，典型零件图，建筑图，软件工具
12	论坛	AutoCAD 交流平台
13	AutoCAD 2010 专栏	介绍最新版本 AutoCAD 的功能及相关资讯

教材与天天课堂链接的形式

与以往的纸质教材相比,本教材的外延与内涵都发生了根本性的转变。在教材内容结构及表现手段上更适合青年学生已经变化了的接受习惯。既便于教师课堂面授教学,又适合学生课下远程学习;既适用目前大力提倡的能力培养的实践教学,又适合案例教学法、讨论教学法的实施;既有规范标准化的纸质媒介,又有生动形象的网络电子产品。

计算机软件应用类课程的教学内容非常适合"纸质媒体+网络资源"的形式,该课程要求学生在掌握软件基本功能的基础上,应该具备一定的应用技能,能够解决实际工作中的常见问题。纸质教材可提供系统的基础理论知识及部分实训内容,而网络平台则提供大量生动的、专业的及实践性很强的教学内容。

下面,以第 2 章为例,介绍本教材与天天课堂链接的形式。

第 2 章　绘制平面图形

2.1　对象捕捉与点的绘制

2.1.1　网络课堂——引入案例

2.1.2　对象捕捉

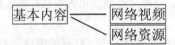

其余各小节与 2.1.2 结构相同

2.1.3　绘制点

2.1.4　分解对象

2.1.5　上机练习——绘制椅子面上的点

2.2　绘制简单二维图形

（与 2.1 结构相同）

2.3　绘制有剖面图案的图形

（与 2.1 结构相同）

2.4　面域构造法绘图

（与 2.1 结构相同）

2.5　网络课堂——利用面域构造法绘图

基本内容———网络视频

习题

前 言

CAD 技术起始于 20 世纪 50 年代后期。早期的 CAD 技术主要体现为二维计算机辅助绘图，人们借助此项技术来摆脱烦琐、费时的手工绘图。这种情况一直持续到 20 世纪 70 年代末，此后计算机辅助绘图作为 CAD 技术的一个分支而相对独立、平稳地发展。进入 20 世纪 80 年代以来，32 位微机工作站和微型计算机的发展和普及，再加上功能强大的外围设备，如大型图形显示器、绘图仪、激光打印机的问世，极大地推动了 CAD 技术的发展。与此同时，CAD 技术理论也经历了几次重大的创新，形成了曲面造型、实体造型、参数化设计及变量化设计等系统。CAD 软件已做到设计与制造过程的集成，不仅可进行产品的设计计算和绘图，而且能实现自由曲面设计、工程造型、有限元分析、机构仿真、模具设计制造等各种工程应用。现在，CAD 技术已全面进入实用化阶段，广泛服务于机械、建筑、电子、宇航、纺织等领域的产品总体设计、造型设计、结构设计、工艺过程设计等各环节。

AutoCAD 是美国 Autodesk 公司开发研制的一种通用计算机辅助设计软件包，它在设计、绘图和相互协作等方面展示了强大的技术实力。由于其具有易于学习、使用方便、体系结构开放等优点，因而深受广大工程技术人员的喜爱。

Autodesk 公司在 1982 年推出 AutoCAD 的第一个版本 V1.0，随后经由 V2.6、R9、R10、R12、R13、R14、R2004、R2006 等典型版本。在这 20 多年的时间里，AutoCAD 产品在不断适应计算机软硬件发展的同时，自身功能也日益增强且趋于完善。早期的版本只是绘制二维图的简单工具，画图过程也非常慢，但现在它已经集平面作图、三维造型、数据库管理、渲染着色、国际互联网等功能于一体，并提供了丰富的工具集。所有这些使用户能够轻松快捷地进行设计工作，还能方便地复用各种已有的数据，从而极大地提高了设计效率。

如今，AutoCAD 在机械、建筑、电子、纺织、地理、航空等领域得到了广泛的使用。AutoCAD 在全世界 150 多个国家和地区广为流行，占据了近 75% 的国际 CAD 市场。全球现有近千家 AutoCAD 授权培训中心，每年有十几万名各国的工程师接受培训。此外，全世界大约有十几亿份 DWG 格式的图形文件在被使用、交换和储存。其他大多数 CAD 系统，也都能够读入 DWG 格式的图形文件。可以这样说，AutoCAD 已经成为二维 CAD 系统的标准，而 DWG 格式文件已是工程设计人员交流思想的公共语言。

当代大学生掌握 CAD 技术的基础应用软件 AutoCAD 是十分必要的，一是要了解该软件的基本功能，但更为重要的是要结合专业学习软件，学会利用软件解决专业中的实际问题。作者从事 CAD 教学及科研工作十几年了，在教学中发现，许多学生仅仅是学会了 AutoCAD 的基本命令，而当面对实际问题时，却束手无策，我想这与 AutoCAD 课程的教学内容及方法有直接的、密切的关系。于是，想结合自己十几年的教学经验及体会，编写一本全新的 AutoCAD 教材，在介绍理论知识的同时，提供大量实践性教学内容，重点培养学生的绘图技能及解决实际问题的能力。

本书是传统纸质教材与网络课程的有机结合体。立足于当前教育理念及网络信息技术平台，以传统纸质教材为基础，辅助以丰富的网络教学资源，从而实现"教-学-考-练"为一体的教、学新模式。使师生不受时空限制，按需选择资源完成教、学任务。

本书由李银英、刘光洁、马永志任主编，李瑾、黄玉峰、张建栋任副主编。此外，参加本书编写工作的还有秦维财、郭宝君、史红霞、计晓明、郝庆文、滕玲、董彩霞。由于作者水平有限，书中难免存在疏漏之处，敬请各位读者指正。

作　者

2011 年 4 月

目　录

第1章　绘图环境及基本操作 ………… 1

1.1　AutoCAD 系统界面 ……………… 1

1.1.1　网络课堂——引入案例 ……… 1

1.1.2　系统界面 ……………………… 2

1.1.3　坐标系统 ……………………… 4

1.1.4　上机练习——利用点的相对直角

　　　 坐标和相对极坐标绘图 ……… 5

1.2　AutoCAD 基本操作 ……………… 6

1.2.1　网络课堂——引入案例 ……… 6

1.2.2　调用命令 ……………………… 6

1.2.3　选择对象 ……………………… 7

1.2.4　删除对象 ……………………… 9

1.2.5　撤销、重复命令 ……………… 9

1.2.6　取消已执行的操作 …………… 9

1.2.7　缩放、移动图形 ……………… 10

1.2.8　放大视图 ……………………… 10

1.2.9　将图形全部显示在窗口中 …… 11

1.2.10　设置绘图界限 ……………… 11

1.2.11　文件操作 …………………… 12

1.3　设置图层 ………………………… 13

1.3.1　网络课堂——引入案例 ……… 14

1.3.2　创建及设置建筑图的图层 …… 14

1.3.3　修改对象的颜色、线型及线宽 … 16

1.3.4　控制图层状态 ………………… 18

1.3.5　修改非连续线型的外观 ……… 19

习题 …………………………………… 20

第2章　绘制平面图形 …………… 21

2.1　对象捕捉与点的绘制 …………… 21

2.1.1　网络课堂——引入案例 ……… 21

2.1.2　对象捕捉 ……………………… 22

2.1.3　绘制点 ………………………… 24

2.1.4　分解对象 ……………………… 27

2.1.5　上机练习——绘制椅子面上的点 … 27

2.2　绘制简单二维图形 ……………… 27

2.2.1　网络课堂——引入案例 ……… 27

2.2.2　绘制线段 ……………………… 27

2.2.3　绘制矩形 ……………………… 32

2.2.4　绘制正多边形 ………………… 33

2.2.5　绘制圆 ………………………… 34

2.2.6　绘制圆弧连接 ………………… 35

2.2.7　绘制椭圆 ……………………… 36

2.2.8　绘制圆环 ……………………… 38

2.2.9　绘制样条曲线 ………………… 38

2.2.10　上机练习——绘制简单

　　　　二维图形 …………………… 39

2.3　绘制有剖面图案的图形 ………… 39

2.3.1　网络课堂——引入案例 ……… 39

2.3.2　填充封闭区域 ………………… 39

2.3.3　填充复杂图形的方法 ………… 41

2.3.4　剖面线的比例 ………………… 41

2.3.5　剖面线角度 …………………… 41

2.3.6　编辑图案填充 ………………… 42

2.3.7　上机练习——绘制剖面线 …… 42

2.4　面域构造法绘图 ………………… 43

2.4.1　网络课堂——引入案例 ……… 43

2.4.2　创建面域 ……………………… 43

2.4.3　并运算 ………………………… 44

2.4.4　差运算 ………………………… 45

2.4.5　交运算 ………………………… 45

2.4.6　上机练习——利用面域构造法

　　　　绘图 ………………………… 45

2.5　网络课堂——利用面域构造法绘图 … 46

习题 …………………………………… 46

第3章　编辑平面图形 …………… 48

3.1　移动、复制与镜像对象 ………… 48

3.1.1　网络课堂——引入案例 ……… 48

3.1.2　移动对象 ……………………… 48

3.1.3　复制对象 ……………………… 50

3.1.4　镜像对象 ……………………… 51
3.2　旋转、阵列对象 ………………… 52
　3.2.1　网络课堂——引入案例 ……… 52
　3.2.2　旋转对象 …………………… 53
　3.2.3　阵列对象 …………………… 54
3.3　圆角和倒角 ……………………… 56
　3.3.1　网络课堂——引入案例 ……… 56
　3.3.2　圆角 ………………………… 56
　3.3.3　倒角 ………………………… 57
3.4　打断对象 ………………………… 58
　3.4.1　网络课堂——引入案例 ……… 58
　3.4.2　打断对象 …………………… 58
3.5　拉伸对象 ………………………… 59
　3.5.1　网络课堂——引入案例 ……… 60
　3.5.2　拉伸对象 …………………… 60
3.6　按比例缩放对象 ………………… 61
　3.6.1　网络课堂——引入案例 ……… 61
　3.6.2　按比例缩放对象 …………… 61
3.7　关键点编辑方式 ………………… 62
　3.7.1　网络课堂——引入案例 ……… 62
　3.7.2　利用关键点拉伸 …………… 63
　3.7.3　利用关键点移动及复制对象 … 64
　3.7.4　利用关键点旋转对象 ……… 64
　3.7.5　利用关键点缩放对象 ……… 65
　3.7.6　利用关键点镜像对象 ……… 66
3.8　网络课堂——利用关键点编辑方式
　　　绘图 ………………………… 67
习题 …………………………………… 68

第4章　绘图方法与技巧 ……………… 69

4.1　绘图技巧 ………………………… 69
　4.1.1　网络课堂——引入案例 ……… 69
　4.1.2　偏移对象 …………………… 69
　4.1.3　延伸线段 …………………… 71
　4.1.4　修剪线段 …………………… 72
　4.1.5　对齐对象 …………………… 74
　4.1.6　改变线段长度 ……………… 75
4.2　绘制多线、多段线 ……………… 76
　4.2.1　网络课堂——引入案例 ……… 76
　4.2.2　多线样式 …………………… 76

4.2.3　绘制多线 …………………… 78
4.2.4　编辑多线 …………………… 79
4.2.5　创建及编辑多段线 ………… 81
4.3　绘制射线、构造线及云状线 …… 83
　4.3.1　网络课堂——引入案例 ……… 83
　4.3.2　绘制射线 …………………… 84
　4.3.3　绘制垂线及倾斜线段 ……… 84
　4.3.4　绘制构造线 ………………… 86
　4.3.5　修订云状线 ………………… 87
4.4　快速选择 ………………………… 88
习题 …………………………………… 90

第5章　参数化绘图 …………………… 91

5.1　约束概述 ………………………… 91
　5.1.1　网络课堂——引入案例 ……… 91
　5.1.2　使用约束进行设计 ………… 91
　5.1.3　对块和参照使用约束 ……… 92
　5.1.4　删除或释放约束 …………… 92
5.2　对对象进行几何约束 …………… 97
　5.2.1　网络课堂——引入案例 ……… 97
　5.2.2　几何约束概述 ……………… 97
　5.2.3　应用几何约束 ……………… 98
　5.2.4　显示和验证几何约束 ……… 99
　5.2.5　修改应用了几何约束的对象 … 100
5.3　约束对象之间的距离和角度 …… 106
　5.3.1　网络课堂——引入案例 …… 106
　5.3.2　标注约束概述 …………… 106
　5.3.3　应用标注约束 …………… 107
　5.3.4　控制标注约束的显示 …… 108
　5.3.5　修改应用标注约束的对象 … 108
　5.3.6　通过公式和方程式约束设计 … 110
习题 ………………………………… 114

第6章　图块与动态块 ……………… 115

6.1　创建及插入块 ………………… 115
　6.1.1　网络课堂——引入案例 …… 115
　6.1.2　创建块 …………………… 115
　6.1.3　插入块 …………………… 117
　6.1.4　创建及使用块属性 ……… 119
　6.1.5　编辑块的属性 …………… 122

6.2 动态块 …………………………… 123
　6.2.1 网络课堂——引入案例 …… 123
　6.2.2 创建动态块 …………………… 123
　6.2.3 使用参数与动作创建动态块 … 128
　6.2.4 使用查询表创建动态块 …… 134
习题 ……………………………………… 137

第 7 章 图形标注 ……………………… 139

7.1 文字标注 …………………………… 139
　7.1.1 网络课堂——引入案例 …… 139
　7.1.2 文字样式 …………………… 139
　7.1.3 单行文字 …………………… 142
　7.1.4 多行文字 …………………… 144
　7.1.5 编辑文字 …………………… 146
7.2 尺寸标注 …………………………… 147
　7.2.1 网络课堂——引入案例 …… 147
　7.2.2 创建尺寸样式 ……………… 148
　7.2.3 标注水平、竖直及倾斜方向尺寸 … 151
　7.2.4 连续型及基线型尺寸标注 … 153
　7.2.5 标注角度尺寸 ……………… 154
　7.2.6 标注直径和半径型尺寸 …… 156
　7.2.7 引线标注 …………………… 157
　7.2.8 修改标注文字及调整标注位置 … 159
　7.2.9 尺寸公差和形位公差标注 … 160
习题 ……………………………………… 161

第 8 章 图形显示查询 …………………… 162

8.1 二维视图显示 ……………………… 162
　8.1.1 平移 …………………………… 162
　8.1.2 缩放 …………………………… 162
　8.1.3 鹰眼窗口/鸟瞰视图 ……… 165
　8.1.4 命名视图 …………………… 166
　8.1.5 平铺视口 …………………… 168
8.2 设置观察视点 ……………………… 170
　8.2.1 上机练习——设置观察视点 … 170
　8.2.2 DDVPOINT 命令 ………… 172
　8.2.3 VPOINT 命令 ……………… 173
8.3 三维动态观察 ……………………… 173
　8.3.1 三维平移与三维缩放 …… 174
　8.3.2 自由动态观察 ……………… 174

8.3.3 连续动态观察 ……………… 175
8.3.4 回旋 …………………………… 175
8.3.5 调整视距 …………………… 175
8.3.6 三维调整剪裁平面 ………… 176
8.4 透视图 ……………………………… 177
　8.4.1 上机练习——观察透视图 … 177
　8.4.2 建立透视图 ………………… 177
8.5 三维图形的视觉样式 …………… 179
习题 ……………………………………… 181

第 9 章 建筑施工图 …………………… 182

9.1 绘制建筑平面图 ………………… 182
　9.1.1 网络课堂——引入案例 …… 182
　9.1.2 建筑平面图 ………………… 182
　9.1.3 建筑平面图的绘制方法与步骤 … 183
　9.1.4 绘制建筑平面图 ………… 183
9.2 绘制建筑立面图 ………………… 194
　9.2.1 网络课堂——引入案例 …… 194
　9.2.2 建筑立面图 ………………… 194
　9.2.3 建筑立面图的绘制方法与步骤 … 195
　9.2.4 绘制建筑立面图 ………… 195
9.3 绘制建筑剖面图 ………………… 198
　9.3.1 网络课堂——引入案例 …… 198
　9.3.2 建筑剖面图 ………………… 198
　9.3.3 建筑剖面图的绘制方法与步骤 … 198
　9.3.4 绘制建筑剖面图 ………… 199
9.4 建筑施工图绘制的特点 ………… 203
习题 ……………………………………… 204

第 10 章 结构施工图 ………………… 205

10.1 结构平面图 ……………………… 205
　10.1.1 网络课堂——引入案例 … 205
　10.1.2 楼层结构平面图及其绘制
　　　　 方法与步骤 ……………… 205
　10.1.3 住宅楼楼层结构平面图的绘制 ·· 206
10.2 构件详图的绘制 ………………… 212
　10.2.1 网络课堂——引入案例 … 212
　10.2.2 配筋立面图的绘制 ……… 212
　10.2.3 截面配筋图的绘制 ……… 215
　10.2.4 钢筋详图的绘制 ………… 217

10.2.5 柱的配筋立面图的绘制 ……… 217
10.2.6 柱的配筋断面图的绘制 ……… 218
10.3 基础结构图的绘制 …………………… 218
10.3.1 网络课堂——引入案例 …… 219
10.3.2 基础平面图的绘制 ………… 219
10.3.3 基础详图的绘制 …………… 219
习题 ……………………………………… 219

第 11 章 三维建模 …………………… 221

11.1 坐标系 ………………………………… 221
11.1.1 直角坐标系、柱坐标系及
球坐标系 ………………… 221
11.1.2 世界坐标系与用户坐标系 …… 222
11.1.3 上机练习——建立用户坐标系 … 225
11.2 三维建模及其分类 …………………… 226
11.2.1 线框模型 …………………… 226
11.2.2 表面模型 …………………… 227
11.2.3 实体模型 …………………… 227
11.3 绘制基本实体 ………………………… 227
11.3.1 网络课堂——引入案例 …… 227
11.3.2 绘制长方体 ………………… 228
11.3.3 绘制球体 …………………… 228
11.3.4 绘制圆柱体 ………………… 230
11.3.5 绘制圆锥体 ………………… 230
11.3.6 绘制楔体 …………………… 231
11.3.7 绘制圆环体 ………………… 231
11.3.8 绘制多段体 ………………… 232
11.3.9 绘制螺旋线 ………………… 233
11.4 利用拉伸、旋转创建实体 ………… 234
11.4.1 网络课堂——引入案例 …… 234
11.4.2 利用拉伸创建实体 ………… 234
11.4.3 利用旋转创建实体 ………… 235
11.5 实体的属性 …………………………… 236
11.5.1 网络课堂——引入案例 …… 237
11.5.2 上机练习——练习查询实体的
物理参数 ………………… 237
11.6 网格建模 ……………………………… 237
11.6.1 创建网格长方体 …………… 237
11.6.2 创建网格圆锥体 …………… 238
11.6.3 创建网格圆柱体 …………… 239

11.6.4 创建网格棱锥体 …………… 240
11.6.5 创建网格球体 ……………… 241
11.6.6 创建网格楔体 ……………… 242
11.6.7 创建网格圆环体 …………… 242
11.6.8 创建网格 …………………… 243
11.7 绘制特殊网格 ………………………… 245
11.7.1 网络课堂——引入案例 …… 245
11.7.2 绘制旋转网格 ……………… 245
11.7.3 绘制平移网格 ……………… 246
11.7.4 绘制直纹网格 ……………… 247
11.7.5 绘制边界网格 ……………… 248
11.7.6 表面建模的一般方法 ……… 249
习题 ……………………………………… 249

第 12 章 编辑三维模型 ……………… 251

12.1 实体边编辑 …………………………… 251
12.1.1 网络课堂——引入案例 …… 251
12.1.2 复制边 ……………………… 252
12.1.3 着色边 ……………………… 252
12.2 实体面编辑 …………………………… 253
12.2.1 网络课堂——引入案例 …… 253
12.2.2 拉伸面 ……………………… 254
12.2.3 移动面 ……………………… 256
12.2.4 偏移面 ……………………… 257
12.2.5 删除面 ……………………… 258
12.2.6 旋转面 ……………………… 260
12.2.7 倾斜面 ……………………… 261
12.2.8 复制面 ……………………… 262
12.2.9 着色面 ……………………… 263
12.3 编辑实体 ……………………………… 264
12.3.1 网络课堂——引入案例 …… 264
12.3.2 压印 ………………………… 264
12.3.3 分割 ………………………… 265
12.3.4 抽壳 ………………………… 265
12.3.5 检查 ………………………… 266
12.4 对象的三维操作 ……………………… 267
12.4.1 网络课堂——引入案例 …… 267
12.4.2 二维编辑命令在三维环境中的
应用 ……………………… 267
12.4.3 三维阵列 …………………… 271

12.4.4 三维镜像 273
12.4.5 三维旋转 274
12.4.6 三维对齐 276
12.4.7 三维圆角 279
12.4.8 三维倒角 281
12.5 剖切实体、截面、加厚 282
12.5.1 网络课堂——引入案例 282
12.5.2 剖切实体 282
12.5.3 截面 283
12.5.4 加厚 284
12.6 布尔操作 285
12.6.1 网络课堂——引入案例 285
12.6.2 并集 285
12.6.3 差集 286
12.6.4 交集 287
习题 288

第 13 章 标注与渲染三维模型 289

13.1 标注三维造型 289
13.1.1 网络课堂——引入案例 289
13.1.2 标注三维造型 290
13.2 渲染三维造型 293
13.2.1 网络课堂——引入案例 293
13.2.2 光源 293
13.2.3 阴影类型及渲染效果 297
13.2.4 附着材质 299
13.2.5 使用材质贴图 301
习题 302

第 14 章 三维模型生成二维视图 304

14.1 AutoCAD 工作空间 304
14.1.1 网络课堂——引入案例 304
14.1.2 模型空间 304
14.1.3 布局 305
14.1.4 三维建模工作空间 305
14.1.5 二维草图与注释 306
14.2 生成基本视图 307
14.2.1 网络课堂——引入案例 307

14.2.2 创建主视图 307
14.2.3 生成其他视图 308
14.3 建立真正的二维图形 311
14.3.1 网络课堂——引入案例 311
14.3.2 设置图形 311
14.3.3 设置轮廓 312
14.3.4 进一步完善图形 313
14.3.5 设置缩放比例 314
14.3.6 对齐视图 315
14.4 标注尺寸 316
14.4.1 网络课堂——引入案例 316
14.4.2 在布局的模型空间标注 316
14.4.3 在布局的图纸空间标注 317
14.5 使用布局向导 319
习题 320

第 15 章 打印输出图形 321

15.1 打印设备 321
15.1.1 网络课堂——引入案例 321
15.1.2 绘图仪管理器 322
15.1.3 添加打印设备 323
15.2 打印样式 325
15.2.1 网络课堂——引入案例 325
15.2.2 打印样式管理器 325
15.2.3 通过向导添加打印样式表 326
15.3 页面设置 328
15.3.1 网络课堂——引入案例 329
15.3.2 相关打印设备内容 329
15.3.3 相关打印布局设置内容 329
15.4 保存打印设置 331
15.4.1 网络课堂——引入案例 331
15.4.2 保存打印设置 332
习题 332

附录 A AutoCAD 命令快捷键表 334

附录 B AutoCAD 认证考试
模拟试题 335

第1章

绘图环境及基本操作

【学习目标】

- 熟悉并掌握 AutoCAD 系统界面、AutoCAD 坐标系统。
- 熟悉调用 AutoCAD 命令的方法。
- 掌握选择对象的常用方法。
- 掌握快速缩放和移动图形的方法。
- 熟悉重复命令和取消已执行的操作。
- 了解并掌握图层、线型及线宽等设置方法。

通过本章的学习，读者可以掌握 AutoCAD 绘图环境及基本操作，掌握调用命令、选择对象的方法，掌握图层、线型及线宽等设置方法。

1.1 AutoCAD 系统界面

本节主要介绍 AutoCAD 系统界面、AutoCAD 坐标系统等。

1.1.1 网络课堂——引入案例

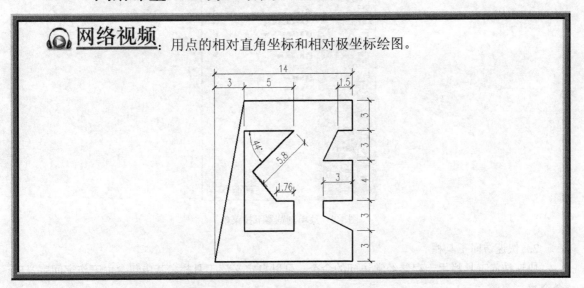

网络视频：用点的相对直角坐标和相对极坐标绘图。

1.1.2　系统界面

启动 AutoCAD 2010 后，其用户界面如图 1-1 所示，主要由标题栏、绘图窗口、菜单浏览器、快速访问工具栏、功能区、命令提示窗口、状态栏和工具选项板 8 部分组成。

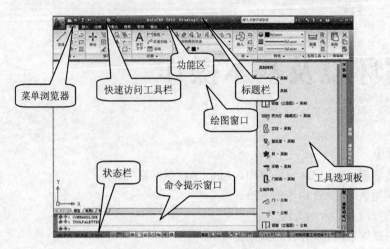

图 1-1　AutoCAD 2010 用户界面

下面分别介绍图中 8 部分的功能。

1. 菜单浏览器

在 按钮处单击鼠标左键，打开下拉菜单，如图 1-2 所示。下拉菜单中包含了新建、打开、保存等命令和功能，通过鼠标指针选择菜单中的某个选项，系统就会执行相应的操作，同时它们都是嵌套型的（按钮图标右侧带有小黑三角形）。将鼠标指针移动到这些嵌套型按钮上，将弹出嵌套的命令按钮。

图 1-2　菜单浏览器下拉菜单

2. 快速访问工具栏

快速访问工具栏用于存储经常访问的命令。可以自定义该工具栏，其中包含由工作空间定义的命令集。

可在快速访问工具栏上添加、删除和重新定位命令，还可按需添加多个命令。如果没有可用空间，则多出的命令将合起并显示为弹出按钮，如图 1-3 所示。可以快速访问工具栏中的默认命令，包括新建、打开、保存、打印、放弃、重做、显示或隐藏菜单栏等。

在快速访问工具栏上单击鼠标右键，打开快捷菜单，如图 1-4 所示。利用该菜单可从快速访问工具栏中删除命令、添加分隔符、自定义快速访问工具栏以及在功能区下方显示快速访问工具栏等。

图 1-3　快速访问工具栏

图 1-4　快速访问工具栏快捷菜单

3．标题栏

标题栏在程序窗口的最上方，它显示了 AutoCAD 的程序图标及当前操作的图形文件名称和路径。和一般的 Windows 应用程序相似，可通过标题栏最右侧的 3 个按钮来最小化、最大化和关闭 AutoCAD 用户界面。

4．绘图窗口

绘图窗口是绘图的工作区域，图形将显示在该窗口中，该区域左下方有一个表示坐标系的图标，它指示了绘图区的方位，图标中"X"、"Y"字母分别表示 x 轴和 y 轴的正方向。默认情况下，AutoCAD 使用世界坐标系，如果有必要，也可通过 UCS 命令建立自己的坐标系。

当移动鼠标时，绘图区域中的十字形光标会相应移动，与此同时在绘图区底部的状态栏中将显示出光标点的坐标值。观察坐标值的变化，此时的显示方式是"x, y, z"形式。如果想让坐标值不变动或以极坐标形式（距离<角度）显示，可按 F6 键来切换。注意，坐标的极坐标显示形式只有在系统提示"拾取一个点"时才能实现。

绘图窗口中包含了两种作图环境，一种称为模型空间，另一种称为图纸空间。在此窗口底部有 \模型/ 布局1 布局2 。默认情况下，【模型】选项卡是打开的，表明当前作图环境是模型空间，在这里一般要按实际尺寸绘制二维或三维图形。当单击【布局 1】选项卡时，将会切换至图纸空间。可以将图纸空间想象成一张图纸（系统提供的模拟图纸），将模型空间的图样按不同缩放比例布置在图纸上。

5．功能区

功能区包含许多以前在面板上提供的相同命令。与当前工作空间相关的操作都单一简洁地置于功能区中。使用功能区时无须显示多个工具栏，它通过单一紧凑的界面使应用程序变得简洁有序，同时使可用的工作区域最大化。

使用"二维草图与注释"工作空间或"三维建模"工作空间创建或打开图形时，功能区将自动显示。也可通过使用 RIBBON 命令手动打开功能区。

要关闭功能区，可在命令提示窗口中输入 RIBBONCLOSE。

在选项卡处单击鼠标右键，在弹出的快捷菜单中选择【最小化】|【显示完整的功能区】选项，如图 1-5 所示，即可显示全部功能区。或者选择其他选项扩大绘图区。

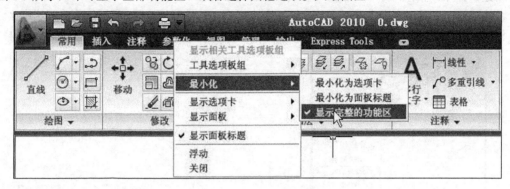

图 1-5　显示完整的功能区

6. 命令提示窗口

命令提示窗口位于 AutoCAD 程序窗口的底部，输入的命令、系统的提示信息都反映在此窗口中。默认情况下，该窗口中仅能显示 3 行文字。将鼠标指针放在窗口的上边缘，鼠标指针变成双向箭头形状，按住鼠标左键向上拖动指针就可以增加命令窗口中所显示文字的行数。按 F2 键可打开命令提示窗口，再次按 F2 键可关闭此窗口。

7. 状态栏

状态栏上将显示绘图过程中的许多信息，如十字形光标坐标值、一些提示文字等。

8. 工具选项板

工具选项板是【工具选项板】窗口中的选项卡形式区域，它提供了一种用来组织、共享和放置块、图案填充及其他工具的有效方法。工具选项板还可以包含由第三方开发人员提供的自定义工具。

1.1.3　坐标系统

AutoCAD 绘图是用 AutoCAD 坐标系统来确定点、线、面和体的，AutoCAD 提供了 4 种常用的点的坐标表示方式：绝对直角坐标、绝对极坐标、相对直角坐标、相对极坐标。绝对坐标值是相对于原点的坐标值，而相对坐标值则是相对于另一个几何点的坐标值。下面分别说明如何输入点的绝对坐标和相对坐标。

1. 输入点的绝对直角坐标、绝对极坐标

绝对直角坐标的输入格式为"x, y"。x 表示点的 x 坐标值，y 表示点的 y 坐标值。两坐标值之间用","隔开。例如，（-60,40）、（60,60）分别表示图 1-6 中的 A、B 点的坐标值。

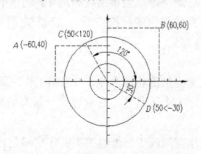

图 1-6　点的绝对直角坐标和绝对极坐标

绝对直角坐标输入格式中的两坐标值间的",",需在英文输入状态下输入,中文状态下输入则会显示"点无效"字样。

绝对极坐标的输入格式为"$R<\alpha$"。R 表示点到原点的距离,α 表示极轴方向与 x 轴正向间的夹角。若从 x 轴正向逆时针旋转到极轴方向,则 α 角为正;否则,α 角为负。例如,(50<120)、(50<-30)分别表示图 1-6 中的 C、D 点。

2.输入点的相对直角坐标、相对极坐标

当知道某点与其他点的相对位置关系时,可使用相对坐标。相对坐标与绝对坐标相比,仅仅是在坐标值前增加了一个符号@。

相对直角坐标的输入形式为"@x,y"。

相对极坐标的输入形式为"@$R<\alpha$"。

【案例 1-1】利用点的相对直角坐标和相对极坐标绘如图 1-7 所示的图形。

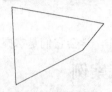

图 1-7　利用点的相对直角坐标和相对极坐标绘图(1)

命令: line	//输入命令全称 LINE 或简称 L,按 Enter 键
指定第一点: 200,1000	//输入第一点坐标
指定下一点或 [放弃(U)]: @1000,500	//输入相对坐标指定下一点
指定下一点或 [放弃(U)]: @500<50	//输入相对极坐标指定下一点
指定下一点或 [闭合(C)/放弃(U)]: @1400<170	//输入相对极坐标指定下一点
指定下一点或 [闭合(C)/放弃(U)]: c	//选择"闭合(C)"选项

结果如图 1-7 所示。

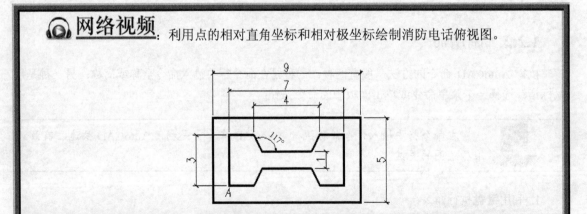

网络视频:利用点的相对直角坐标和相对极坐标绘制消防电话俯视图。

1.1.4　上机练习——利用点的相对直角坐标和相对极坐标绘图

【案例 1-2】利用点的相对直角坐标和相对极坐标绘制如图 1-8 所示的建筑平面图。

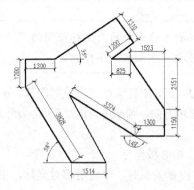

图 1-8 利用点的相对直角坐标和相对极坐标绘图（2）

1.2 AutoCAD 基本操作

本节主要介绍 AutoCAD 的基本操作，学会它们是掌握 AutoCAD 绘图的基本功。

1.2.1 网络课堂——引入案例

> 🎧 **网络视频**：练习绘图命令的操作方式及命令的结束、重复和撤销等操作。
>
> (1) 利用命令窗口绘制半径为 90 的圆。
> (2) 利用命令窗口绘制半径为 80 的圆。
> (3) 利用快捷键方式绘制半径为 70 的圆。
> (4) 利用【绘图】面板绘制半径为 60 的圆。
> (5) 利用【绘图】面板绘制半径为 50 的圆。
> (6) 重复执行命令绘制半径为 40 的圆。
> (7) 撤销刚才绘制的 6 个圆。

1.2.2 调用命令

执行 AutoCAD 命令的方法一般有两种：一种是在命令行中输入命令全称或简称；另一种是用鼠标指针选择一个菜单命令或单击面板中的命令按钮。

 在命令行中输入命令简称执行 AutoCAD 命令，是利用 AutoCAD 快速、有效、准确绘图的关键。

1. 利用键盘执行命令

在命令行中输入命令全称或简称就可以使系统执行相应的命令。

【案例 1-3】使用键盘执行命令方式绘制半径为 60 的圆。

命令: circle   //输入命令全称 CIRCLE 或简称 C，按 Enter 键

指定圆的圆心或 [三点(3P)/两点(2P)/切点、切点、半径(T)]: 80,120

//输入圆心的 x、y 坐标，按 Enter 键

指定圆的半径或 [直径(D)] <53.2964>: 60　　　//输入圆的半径，按 Enter 键

（1）方括号"[ ]"中以"/"隔开的内容表示各个选项。若要选择某个选项，则需输入圆括号中的字母，可以是大写形式，也可以是小写形式。例如，想通过两点画圆，就输入"2P"，再按 Enter 键。

（2）尖括号"<>"中的内容是当前默认值。

AutoCAD 的命令执行过程是交互式的。当输入命令后，需按 Enter 键确认，系统才执行该命令。在执行过程中，系统有时要等待输入必要的绘图参数，如输入命令选项、点的坐标或其他几何数据等，输入完成后，也要按 Enter 键，系统才能继续执行下一步操作。

当使用某一命令时按 F1 键，系统将显示该命令的帮助信息。

2. 利用鼠标执行命令

用鼠标指针选择一个菜单命令或单击面板上的命令按钮，系统就执行相应的命令。利用 AutoCAD 绘图时，用户多数情况下是通过鼠标执行命令的。鼠标各按键的定义如下。

（1）左键：拾取键，用于单击面板上的按钮及选取菜单命令以执行命令，也可在绘图过程中指定点和选择图形对象等。

（2）右键：一般作为回车键使用，命令执行完成后，常单击鼠标右键来结束命令。在有些情况下，单击右键将弹出快捷菜单，该菜单上有【确认】选项。

（3）滚轮：转动滚轮将放大或缩小图形，默认情况下，缩放增量为 10%。按住滚轮并拖动鼠标，则平移图形。

1.2.3　选择对象

使用编辑命令时，需要选择对象，被选对象构成一个选择集。AutoCAD 提供了多种构造选择集的方法。默认情况下，可以逐个地拾取对象，或是利用矩形、交叉窗口一次选取多个对象。

1. 用矩形窗口选择对象

当 AutoCAD 提示选择要编辑的对象时，在图形元素左上角或左下角单击一点，然后向右拖动鼠标指针，AutoCAD 显示一个实线矩形窗口，让此窗口完全包含要编辑的图形实体，再单击一点，矩形窗口中所有对象（不包括与矩形边相交的对象）被选中，被选中的对象将以虚线形式表示出来。

下面通过 ERASE 命令演示这种选择方法。

【案例 1-4】用矩形窗口选择对象。

打开素材文件"1-4.dwg"，如图 1-9(a)所示。单击【常用】选项卡【修改】面板上的 🖉 按钮，AutoCAD 提示如下。

利用 ERASE 命令将(a)图修改为(b)图。

命令:_erase

选择对象:　　　　　　　　　　　//在 A 点处单击一点，如图 1-9(a)所示

指定对角点: 找到 4 个　　　　　　//在 B 点处单击一点

选择对象:　　　　　　　　　　　//按 Enter 键结束

结果如图 1-9(b) 所示。

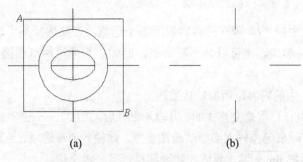

(a)　　　　　　　　　　(b)

图 1-9　用矩形窗口选择对象

当 HIGHLIGHT 系统变量处于打开状态时（等于 1），AutoCAD 才以高亮度形式显示被选择的对象。

2. 用交叉窗口选择对象

当 AutoCAD 提示"选择对象"时，在要编辑的图形元素右上角或右下角单击一点，然后向左拖动鼠标指针，此时出现一个虚线矩形框，使该矩形框包含被编辑对象的一部分，而让其余部分与矩形框边相交，再单击一点，则框内的对象及与框边相交的对象全部被选中。

以下用 ERASE 命令演示这种选择方法。

【案例 1-5】用交叉窗口选择对象。

打开素材文件"1-5.dwg"，如图 1-10(a) 所示。单击【常用】选项卡【修改】面板上的 按钮，AutoCAD 提示如下。

```
命令: _erase
选择对象:                    //在 B 点处单击一点，如图 1-10(a) 所示
指定对角点: 找到 4 个          //在 A 点处单击一点
选择对象:                    //按 Enter 键结束
```

结果如图 1-10(b) 所示。

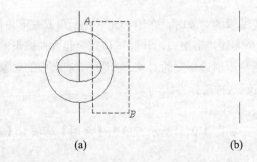

(a)　　　　　　　　　　(b)

图 1-10　用交叉窗口选择对象

3. 给选择集添加或去除对象

编辑过程中，构造选择集常常不能一次完成，需向选择集中加入对象或从选择集中删除对象。在添加对象时，可直接选取或利用矩形窗口、交叉窗口选择要加入的图形元素；若要删除对象，可先按住 Shift 键，再从选择集中选择要清除的图形元素。

以下通过 ERASE 命令演示修改选择集的方法。

【案例 1-6】修改选择集。

打开素材文件 "1-6. dwg",如图 1-11(a)所示。单击【常用】选项卡【修改】面板上的 按钮,AutoCAD 提示如下。

```
命令: _erase
选择对象:                        //在 B 点处单击一点,如图 1-11(a)所示
指定对角点: 找到 4 个            //在 A 点处单击一点
选择对象: 找到 1 个,删除 1 个,总计 3 个
                                 //按住 Shift 键,选取椭圆 C,该椭圆从选择集中去除
选择对象: 找到 1 个,总计 4 个   //松开 Shift 键,选择线段 D
选择对象:                        //按 Enter 键结束
```

结果如图 1-11(b)所示。

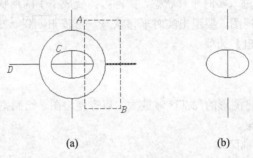

(a)   (b)

图 1-11　修改选择集

1.2.4　删除对象

ERASE 命令用来删除图形对象,该命令没有任何选项。要删除一个对象,用户可以用鼠标指针先选择该对象,然后单击【常用】选项卡【修改】面板上的 按钮,或输入命令 ERASE(命令简称 E)。当然,也可先发出删除命令,再选择要删除的对象。

> 键盘上的 Delete 键也可用来删除图形对象,其作用及用法与 ERASE 命令相同。

1.2.5　撤销、重复命令

执行某个命令后,可随时按 Esc 键终止该命令。此时,系统又返回到命令行。

如果在图形区域内偶然选择了图形对象,该对象上出现了一些高亮的小框,这些小框被称为关键点,可用于编辑对象,要取消这些关键点的显示,按 Esc 键即可。

在绘图过程中,会经常重复使用某个命令,重复刚使用过的命令的方法是直接按 Enter 键。

1.2.6　取消已执行的操作

使用 AutoCAD 绘图的过程中,不可避免地会出现各种各样的错误。要修正这些错误可使用 UNDO 命令或单击快速访问工具栏上的 按钮。如果想要取消前面执行的多个操作,可反复使用 UNDO 命令或反复单击 按钮。当取消一个或多个操作后,若又想重复某个操作,可使用 REDO 命

令或单击【快速访问】工具栏上的 按钮。

1.2.7 缩放、移动图形

AutoCAD 的图形缩放及移动功能是很完备的，使用起来非常方便。绘图时，可以通过【视图】选项卡【导航】面板上的 实时（如果没有就单击其后的 ，在其展开的下拉列表中选择）、 平移 按钮或底部状态栏上的 、 按钮来完成这两项功能。

1. 通过 按钮缩放图形

单击【视图】选项卡【导航】面板上的 实时 按钮或单击底部状态栏上的 按钮后按 Enter 键，AutoCAD 进入实时缩放状态，鼠标指针变成放大镜形状 ，此时按住鼠标左键向上移动鼠标指针，就可以放大视图，向下移动鼠标指针就缩小视图。要退出实时缩放状态，可按 Esc 键、 Enter 键或单击鼠标右键打开快捷菜单，然后选择【退出】选项。

2. 通过 按钮平移图形

单击 按钮，AutoCAD 进入实时平移状态，鼠标指针变成小手的形状 ，此时按住鼠标左键并移动鼠标指针，就可以平移视图。要退出实时平移状态，可按 Esc 键、 Enter 键或单击鼠标右键打开快捷菜单，然后选择【退出】选项。

1.2.8 放大视图

在绘图过程中，经常要将图形的局部区域放大，以方便绘图。绘制完成后，又要返回上一次的显示，以观察图形的整体效果。

1. 通过 窗口 按钮放大局部区域

单击【视图】选项卡【导航】面板上的 窗口 按钮（如果没有就单击其后的 ，在其展开的下拉列表中选择），或单击窗口底部状态栏上的 按钮，AutoCAD 提示"指定第一个角点:"，拾取 A 点，再根据 AutoCAD 的提示拾取 B 点，如图 1-12(a)所示。矩形框 AB 是设定的放大区域，其中心是新的显示中心，系统将尽可能地将该矩形内的图形放大以充满整个程序窗口，图 1-12(b)显示了放大后的效果。

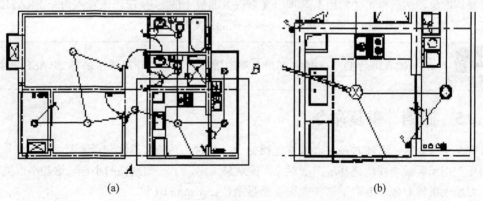

(a)   (b)

图 1-12 缩放窗口

2. 通过 上一个 按钮返回上一次的显示

单击【视图】选项卡【导航】面板上的 上一个 按钮（如果没有就单击其后的 按钮，在其展开的下拉列表中选择），AutoCAD 将显示上一次的视图。若用户连续单击此按钮，则系统将恢复到前几次显示过的图形（最多 10 次）。绘图时，常利用此项功能返回到原来的某个视图。

1.2.9　将图形全部显示在窗口中

绘图过程中，有时需将图形全部显示在程序窗口中。要实现这个操作，可单击【视图】选项卡【导航】面板上的 $\boxed{\text{全部}}$ 按钮（如果没有就单击其后的 $\boxed{\cdot}$ 按钮，在其展开的下拉列表中选择），或单击窗口底部状态栏上的 $\boxed{Q}$ 按钮，然后选择【全部】选项，或在命令行输入"A"后按 $\boxed{Enter}$ 键。

1.2.10　设置绘图界限

AutoCAD 的绘图空间是无限大的，但可以设定在程序窗口中显示出的绘图区域的大小。绘图时，事先对绘图区域的大小进行设定将有助于了解图形分布的范围。当然，也可在绘图过程中随时缩放图形以控制其在屏幕上显示的效果。

设定绘图区域大小有以下两种方法。

1. 依据圆的尺寸估计当前绘图区域的大小

将一个圆充满整个程序窗口显示出来，依据圆的尺寸就能轻易地估计出当前绘图区域的大小了。

【案例 1-7】依据圆的尺寸设定绘图区域的大小。

（1）单击【常用】选项卡【绘图】面板上的 $\boxed{\text{⊘}}$ 按钮，AutoCAD 提示如下。

　　命令: _circle

　　指定圆的圆心或 [三点(3P)/两点(2P)/切点、切点、半径(T)]:

　　　　　　　　　　　　　　　　　　　　　//在屏幕的适当位置单击一点

　　指定圆的半径或 [直径(D)]: 60　　　　　//输入圆的半径，按 $\boxed{Enter}$ 键确认

（2）单击【视图】选项卡【导航】面板上的 $\boxed{\text{范围}}$ 按钮（如果没有就单击其后的 $\boxed{\cdot}$，在其展开的下拉列表中选择），半径为 60 的圆充满整个绘图窗口显示出来，如图 1-13 所示。

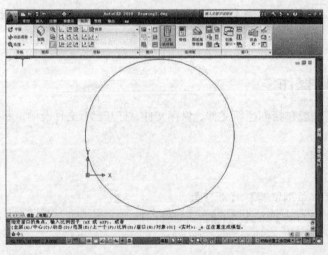

图 1-13　依据圆的尺寸设定绘图区域大小

2. 用 LIMITS 命令设定绘图区域的大小

LIMITS 命令可以改变栅格的长宽尺寸及位置。所谓栅格是点在矩形区域中按行、列形式分布形成的图案，如图 1-14 所示。当栅格在程序窗口中显示出来后，用户就可根据栅格分布的范围估算出当前绘图区域的大小了。

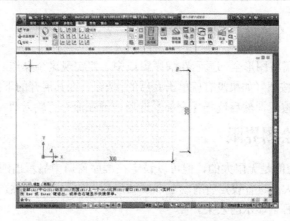

图 1-14　用 LIMITS 命令设定绘图区域的大小

【案例 1-8】用 LIMITS 命令设定绘图区域的大小。

（1）　在命令行中输入 LIMITS 命令，AutoCAD 提示如下。

> 命令: limits
>
> 指定左下角点或 [开(ON)/关(OFF)] <0.0000,0.0000>:
>
> 　　　　//单击 A 点，如图 1-14 所示
>
> 指定右上角点 <12.0000,9.0000>: @300,200
>
> 　　　　//输入 B 点相对于 A 点的坐标，按 Enter 键

（2）单击【视图】选项卡【导航】面板上的 范围 按钮，则当前绘图窗口长宽尺寸近似为 300×200。

（3）将鼠标指针移动到底部状态栏的 按钮上，单击鼠标右键，选择【设置】选项，打开【草图设置】对话框，取消对【显示超出界限的栅格】复选项的选择。

（4）单击 确定 按钮，关闭【草图设置】对话框，单击 按钮，打开栅格显示。再单击【视图】选项卡【导航】面板上的 实时 按钮，适当缩小栅格，结果如图 1-14 所示，该栅格的长宽尺寸为 300×200。

1.2.11　文件操作

图形文件的操作一般包括创建新文件、保存文件、打开已有文件及浏览和搜索图形文件等，下面分别对其进行介绍。

1. 建立新图形文件

命令启动方法如下。

- 菜单命令：【菜单浏览器】|【新建】。
- 工具栏：【快速启动】工具栏上的 按钮。
- 命令：NEW。

2. 保存图形文件

将图形文件存入磁盘时，一般采取两种方式，一种是以当前文件名保存图形，另一种是指定新文件名保存图形。

（1）快速保存。

命令启动方法如下。

- 菜单命令：【菜单浏览器】|【保存】。

- 工具栏：【快速启动】工具栏上的按钮。
- 命令：QSAVE。

执行快速保存命令后，系统将当前图形文件以原文件名直接存入磁盘，而不会给用户任何提示。若当前图形文件名是默认名且是第一次存储文件时，则弹出【图形另存为】对话框，如图 1-15 所示，在该对话框中用户可指定文件的存储位置、输入新文件名及文件类型。

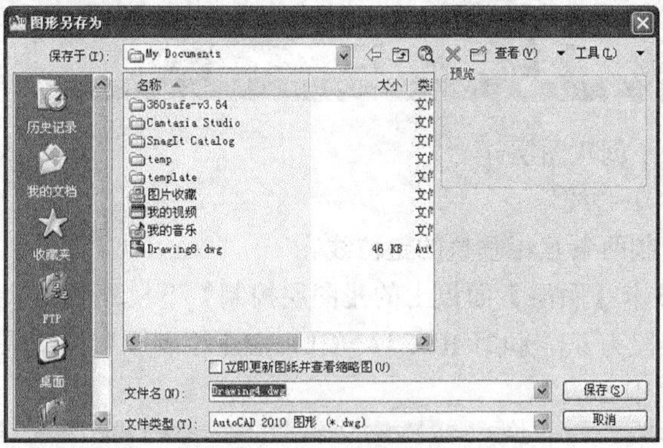

图 1-15 【图形另存为】对话框

（2）换名保存。

命令启动方法如下。

- 菜单命令：【菜单浏览器】|【另存为】。
- 命令：SAVEAS。

执行换名保存命令后，将弹出【图形另存为】对话框，如图 1-15 所示。可在该对话框的【文件名】文本框中输入新文件名，并可在【保存于】及【文件类型】下拉列表中分别设定文件的存储路径和类型。

网络视频：练习绘图命令的操作方式及命令的结束、重复和撤销。

(1) 利用命令窗口绘制圆心为“100,200”，直径为 100 的圆。

(2) 利用命令窗口绘制圆心为“100,200”，直径为 80 的圆。

(3) 利用快捷键方式绘制圆心为“100,200”，直径为 70 的圆。

(4) 利用【绘图】面板绘制圆心为“100,200”，直径为 60 的圆。

(5) 利用【绘图】面板绘制圆心为“100,200”，直径为 50 的圆。

(6) 重复执行命令绘制圆心为“100,200”，直径为 40 的圆。

(7) 将绘制图形换名保存为“绘图命令操作方式练习. dwg”。

(8) 撤销刚才绘制的 6 个圆。

1.3 设置图层

本节主要内容包括创建和设置图层、修改对象的颜色和线型及线宽、控制图层状态、修改非连续线型的外观等。

1.3.1　网络课堂——引入案例

🎧 **网络视频**：设置图层并绘制图形。

执行 LAYER 命令，创建图层。

设置当前图层为"中心线"。

执行 LINE 命令绘制两条互相垂直的定位线。

通过【常用】选项卡【图层】面板上的【图层控制】下拉列表切换到"图形"图层，执行
CIRCLE 命令画圆，半径为 60，执行 RECTANGLE 命令绘制矩形，结果如右图所示。

关闭或冻结图层"中心线"。

1.3.2　创建及设置建筑图的图层

AutoCAD 的图层是一张张透明的电子图纸，把各种类型的图形元素画在这些电子图纸上，
AutoCAD 会将它们叠加在一起显示出来。如图 1-16 所示，在图层 A 上绘制了建筑物的墙壁，在图层
B 上绘制了室内家具，在图层 C 上放置了建筑物内的电器设施，最终显示的结果是各层叠加的效果。

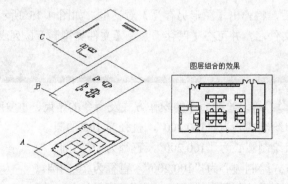

图 1-16　图层

用 AutoCAD 绘图时，图形元素处于某个图层上，默认情况下，当前层是 0 层，若没有切换至
其他图层，则所画图形在 0 层上。每个图层都有与之相关联的颜色、线型及线宽等属性信息，可以
对这些信息进行设定或修改。当在某一层上作图时，所生成的图形元素的颜色、线型、线宽会与当
前层的设置完全相同（默认情况下）。对象的颜色将有助于辨别图样中的相似实体，而线型、线宽
等特性可轻易地表示出不同类型的图形元素。

图层是管理图样强有力的工具。绘图时应考虑将图样划分为哪些图层以及按什么样的标准进行
划分。如果图层的划分较为合理且采用了良好的命名，则会使图形信息更清晰、更有序，为以后修
改、观察及打印图样带来极大的便利。

绘制建筑施工图时，常根据组成建筑物的结构元素划分图层，因而一般要创建以下几个图层。

● 建筑-轴线。

- 建筑-柱网。
- 建筑-墙线。
- 建筑-门窗。
- 建筑-楼梯。
- 建筑-阳台。
- 建筑-文字。
- 建筑-尺寸。

下面通过案例来具体说明创建及设置图层的方法。

【案例 1-9】创建及设置图层。

（1）创建图层。

单击【常用】选项卡【图层】面板上的图按钮，打开【图层特性管理器】对话框，再单击按钮，列表框中将显示出名为"图层 1"的图层，直接输入"建筑-尺寸"，按 Enter 键结束。再次按 Enter 键则又开始创建新图层。图层创建结果如图 1-17 所示。

 要点提示　　　若在【图层特性管理器】对话框的列表框中事先选择一个图层，然后单击按钮或按 Enter 键，新图层则与被选择的图层具有相同的颜色、线型及线宽。

（2）指定图层颜色。

① 在【图层特性管理器】对话框中选择图层。

② 单击图层列表中与所选图层关联的图标■白，此时将打开【选择颜色】对话框，如图 1-18 所示，用户可在该对话框中选择所需的颜色。

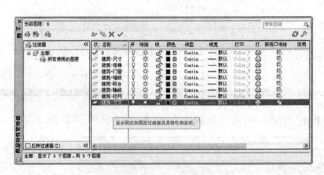

图 1-17　创建图层

图 1-18　【选择颜色】对话框

（3）给图层分配线型。

① 在【图层特性管理器】对话框中选择图层。

② 在该对话框图层列表框的【线型】列中显示了与图层相关联的线型，默认情况下，图层线型是【Continuous】。单击【Continuous】，打开【选择线型】对话框，如图 1-19 所示，通过该对话框可以选择一种线型或从线型库文件中加载更多的线型。

③ 单击 加载(L)... 按钮，打开【加载或重载线型】对话框，如图 1-20 所示。该对话框列出了线型文件中包含的所有线型，用户在列表框中选择一种或几种所需的线型，再单击 确定 按钮，这些线型就会被加载到 AutoCAD 中。当前线型文件是"acadiso.lin"。单击 文件(F)... 按钮，可选择其他的线型库文件。

图1-19　【选择线型】对话框

图1-20　【加载或重载线型】对话框

（4）设定线宽。

① 在【图层特性管理器】对话框中选择图层。

② 单击图层列表框里【线宽】列中的图标 ——默认，打开【线宽】对话框，如图1-21所示，通过该对话框可以设置线宽。

如果要使图形对象的线宽在模型空间中显示得更宽或更窄一些，可以调整线宽比例。执行LWEIGHT命令，打开【线宽设置】对话框，如图1-22所示，在【调整显示比例】分组框中移动滑块即可改变显示比例值。

图1-21　【选择线型】对话框

图1-22　【选择线型】对话框

网络视频：新建文件并设置图层，并将文件换名另存为"建筑平面图.dwg"。

1.3.3　修改对象的颜色、线型及线宽

通过【常用】选项卡【特性】面板可以方便地设置对象的颜色、线型及线宽等信息，它们的设置步骤基本一致。默认情况下，【颜色控制】、【线型控制】和【线宽控制】3个下拉列表中将显示

【ByLayer】,【ByLayer】的意思是所绘制对象的颜色、线型、线宽等属性与当前层所设定的完全相同。【线型控制】下拉列表如图 1-23 所示。

1. 修改对象颜色

可通过【常用】选项卡【特性】面板上的【颜色控制】下拉列表改变已有对象的颜色,具体步骤如下。

（1）选择要改变颜色的图形对象。

（2）在【特性】面板上打开【颜色控制】下拉列表,然后从列表中选择所需颜色。

（3）如果选取【选择颜色】选项,则可弹出【选择颜色】对话框,如图 1-24 所示,通过该对话框可以选择更多的颜色。

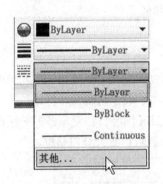

图 1-23　【线型控制】下拉列表　　　　图 1-24　【选择颜色】对话框

2. 设置当前颜色

默认情况下,在某一图层上创建的图形对象都将使用图层所设置的颜色。若想改变当前的颜色设置,可使用【常用】选项卡【特性】面板上的【颜色控制】下拉列表,具体步骤如下。

（1）打开【特性】面板上的【颜色控制】下拉列表,从列表中选择一种颜色。

（2）当选取【选择颜色】选项时,系统将打开【选择颜色】对话框,如图 1-24 所示,在该对话框中可做更多选择。

3. 修改已有对象的线型或线宽

修改已有对象的线型、线宽的方法与改变对象颜色的方法类似,具体步骤如下。

（1）选择要改变线型的图形对象。

（2）在【常用】选项卡【特性】面板上打开【线型控制】下拉列表（见图 1-23）,从列表中选择所需线型。

（3）在该列表中选取【其他】选项,弹出【线型管理器】对话框,如图 1-25 所示,从中可选择一种线型或加载更多类型的线型。

要点提示　　可以利用【线型管理器】对话框中的 删除 按钮删除未被使用的线型。

（4）单击【线型管理器】对话框右上角的 加载(L)... 按钮,打开【加载或重载线型】对话框(见图 1-20),该对话框中列出了当前线型库文件中包含的所有线型。在列表框中选择所需的一种或几种线型,再单击 确定 按钮,这些线型就会被加载到系统中去。

修改线宽需要利用【线宽控制】下拉列表,具体步骤与上述类似,这里不再重复。

图 1-25　【线型管理器】对话框

1.3.4　控制图层状态

如果工程图样包含有大量信息且有很多图层，可通过控制图层状态使编辑、绘制和观察等工作变得更方便一些。图层状态主要包括打开与关闭、冻结与解冻、锁定与解锁和打印与不打印等，系统用不同形式的图标表示这些状态，如图 1-26 所示。可通过【图层特性管理器】对话框对图层状态进行控制，单击【常用】选项卡【图层】面板上的 按钮就可以打开该对话框。

图 1-26　【图层特性管理器】对话框

下面对图层状态做详细说明。

- 关闭/打开：单击 图标关闭或打开某一图层。打开的图层是可见的；而关闭的图层不可见，也不能被打印。当重新生成图形时，被关闭的图层也将一起被生成。
- 冻结/解冻：单击 图标将冻结或解冻某一图层。解冻的图层是可见的；若冻结某个图层，则该图层变为不可见，也不能被打印出来。当重新生成图形时，系统不再重新生成该图层上的对象，因而冻结一些图层后，可以加快 ZOOM、PAN 等命令和许多其他操作的运行速度。

　　　　　解冻一个图层将引起整个图形重新生成，而打开一个图层则不会出现这种现象（只是重画这个图层上的对象）。因此，如果需要频繁地改变图层的可见性，则应关闭该图层而不应冻结该图层。

- 锁定/解锁：单击 图标将锁定或解锁图层。被锁定的图层是可见的，但图层上的对象不能被编辑。用户可以将锁定的图层设置为当前层，并向它添加图形对象。
- 打印/不打印：单击 图标可设定图层是否被打印。指定某层不打印后，该图层上的对象仍会显示出来。图层的不打印设置只对图样中的可见图层（图层是打开的并且是解冻的）有效。若图

层设为可打印但该层是冻结的或关闭的，此时 AutoCAD 同样不会打印该层。

除了利用【图层特性管理器】对话框控制图层状态外，还可通过【常用】选项卡【图层】面板上的【图层控制】下拉列表控制图层状态。

1.3.5 修改非连续线型的外观

非连续线型是由短横线、空格等构成的重复图案，图案中的短线长度、空格大小是由线型比例来控制的。在绘图时常会遇到这样一种情况：本来想画虚线或点划线，但最终绘制出的线型看上去却和连续线一样，出现这种现象的原因是线型比例设置得太大或太小。

1. 改变全局线型比例因子以修改线型外观

LTSCALE 是控制线型的全局比例因子，它将影响图样中所有非连续线型的外观，其值增加时，将使非连续线型中的短横线及空格加长；反之，则会使它们缩短。当修改全局比例因子后，系统将重新生成图形，并使所有非连续线型发生变化。图 1-27 所示为使用不同全局线型比例因子时点划线的外观。

LTSCALE=100　　　　　LTSCALE=200

图 1-27　全局线型比例因子对非连续线型外观的影响

【案例 1-10】改变全局线型比例因子。

（1）打开【常用】选项卡【特性】面板上的【线型控制】下拉列表，如图 1-28 所示。

图 1-28　【线型控制】下拉列表

（2）在该下拉列表中选取【其他】选项，打开【线型管理器】对话框，再单击 显示细节(D) 按钮，该对话框底部将出现【详细信息】分组框，如图 1-29 所示。

图 1-29　【线型管理器】对话框

（3）在【详细信息】分组框的【全局比例因子】文本框中输入新的比例值即可。

2. 改变当前对象的线型比例

单独控制对象的比例因子，可为不同对象设置不同的线型比例。当前对象的线型比例是由系统变量 CELTSCALE 来设定的，调整该值后，所有新绘制的非连续线型均会受到影响。

默认情况下，CELTSCALE 为 1，该因子与 LTSCALE 同时作用在线型对象上。例如，将 CELTSCALE 设置为 3，LTSCALE 设置为 0.4，则系统在最终显示线型时采用的缩放比例将为 1.2，也就是最终显示比例=CELTSCALE×LTSCALE。图 1-30 所示为 CELTSCALE 分别为 1 和 1.5 时的点划线外观。

图 1-30　设置当前对象的线型比例因子

设置当前线型比例因子的方法与设置全局比例因子的方法类似。该比例因子也需在【线型管理器】对话框中设定，如图 1-29 所示，可在【当前对象缩放比例】文本框中输入比例值。

习题

1. 利用点的绝对或相对直角坐标绘制如图 1-31 所示的黑白摄像机及扬声器。

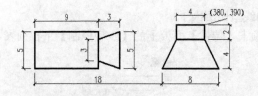

图 1-31　利用点的绝对或相对直角坐标绘制黑白摄像机及扬声器

2. 修改图形的线型、线宽及线条颜色等。

（1）打开素材文件"习题 1-2. dwg"。

（2）通过【常用】选项卡【图层】面板上的【图层控制】下拉列表将线框 A 修改到图层"轮廓线"上，结果如图 1-30 所示。

（3）利用【常用】选项卡【剪贴板】面板上的 按钮将线框 B 修改到图层"图形"上，结果如图 1-30 所示。

（4）通过【常用】选项卡【特性】面板上的【图层控制】下拉列表将线段 C、D 修改到图层"中心线"上，再通过【颜色控制】下拉列表将线段 C、D 的颜色修改为蓝色。

（5）通过【常用】选项卡【特性】面板上的【线宽控制】下拉列表将线框 A、B 的线宽修改为"0.35"，结果如图 1-32 所示。

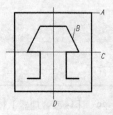

图 1-32　修改图形的线型、线宽及线条颜色等

第2章

绘制平面图形

【学习目标】

● 熟悉对象捕捉方式并利用它们辅助绘图。

● 掌握点的设置及绘制方法。

● 了解并掌握简单平面图（包括线段、矩形、正多边形、实心多边形、圆、椭圆、圆弧、圆环、样条曲线等）的绘制方法。

● 掌握有剖面图案的图形的绘制方法。

● 掌握利用面域构造法绘图的方法。

通过本章的学习，读者掌握对象捕捉并利用它们辅助绘图，掌握绘制平面图的方法，并能够灵活运用相应的命令。

2.1　对象捕捉与点的绘制

本节主要内容包括设置对象捕捉及点的设置与绘制。

2.1.1　网络课堂——引入案例

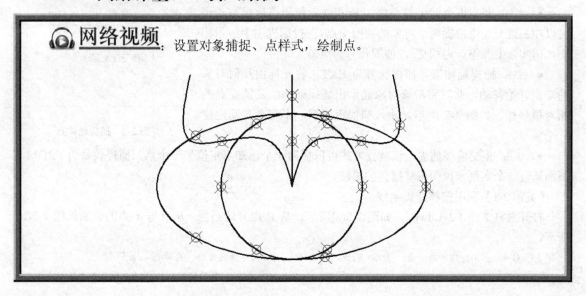

🎧 **网络视频**：设置对象捕捉、点样式，绘制点。

2.1.2　对象捕捉

AutoCAD 提供了一系列的对象捕捉方式，通过它们可以轻松捕捉一些特殊的几何点，如圆心、线段的中点或端点等。

在状态栏的□按钮上单击鼠标右键，弹出快捷菜单，如图 2-1 所示。

1. 常用的对象捕捉方式

● ✎：捕捉线段、圆弧等几何对象的端点，捕捉代号为 END。启动端点捕捉后，将鼠标指针移动到目标点附近，系统就会自动捕捉该点，然后再单击鼠标左键确认。

● ✎：捕捉线段、圆弧等几何对象的中点，捕捉代号为 MID。启动中点捕捉后，将鼠标指针的拾取框与线段、圆弧等几何对象相交，系统就会自动捕捉这些对象的中点，然后再单击鼠标左键确认。

● ◎：捕捉圆、圆弧及椭圆的中心，捕捉代号为 CEN。启动中心点捕捉后，将鼠标指针的拾取框与圆弧、椭圆等几何对象相交，系统就会自动捕捉这些对象的中心点，然后单击鼠标左键确认。

图 2-1　对象捕捉方式快捷菜单

　捕捉圆心时，只有当十字光标与圆、圆弧相交时才有效。

● °：捕捉用 POINT 命令创建的点对象，捕捉代号为 NOD，其操作方法与端点捕捉类似。

● ◈：捕捉圆、圆弧和椭圆在 0°、90°、180° 或 270° 处的点（象限点），捕捉代号为 QUA。启动象限点捕捉后，将光标的拾取框与圆弧、椭圆等几何对象相交，系统就会自动显示出距拾取框最近的象限点，然后单击鼠标左键确认。

● ✕：捕捉几何对象间真实的或延伸的交点，捕捉代号为 INT。启动交点捕捉后，将光标移动到目标点附近，系统就会自动捕捉该点，再单击鼠标左键确认。若两个对象没有直接相交，可先将光标的拾取框放在其中一个对象上，单击鼠标左键，然后再把拾取框移动到另一个对象上，再单击鼠标左键，系统就会自动捕捉到它们的交点。

● ✕：在二维空间中与✕的功能相同。使用该捕捉方式还可以在三维空间中捕捉两个对象的视图交点（在投影视图中显示相交，但实际上并不一定相交），捕捉代号为 APP。

● ⎓：捕捉延伸点，捕捉代号为 EXT。将光标由几何对象的端点开始移动，此时将沿该对象显示出捕捉辅助线及捕捉点的相对极坐标，如图 2-2 所示。输入捕捉距离后，系统会自动定位一个新点。

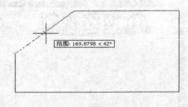

图 2-2　捕捉延伸点

● ⌐°：正交偏移捕捉，该捕捉方式可以根据一个已知点定位另一个点，捕捉代号为 FROM。下面通过一个实例来说明偏移捕捉的用法。

【案例 2-1】利用偏移捕捉绘线。

打开素材文件 "2-1.dwg"，如图 2-3(a)所示。从 *B* 点开始画线，*B* 点与 *A* 点的关系如图 2-3(b)所示。

　　　　命令：_line 指定第一点：_from 基点：_int 于　　//执行画线命令，再单击⌐°按钮

　　　　　　　　　　　　　　　//单击✕按钮，移动鼠标指针到 *A* 点处，单击鼠标左键

　　　　<偏移>: @30,20　　　　　　　　　　　　　//输入 *B* 点相对于 A 点的坐标，按 Enter 键

　　　　指定下一点或 [放弃(U)]: @80,50　　　　　//输入相对坐标指定下一点，按 Enter 键

　　　　指定下一点或 [放弃(U)]:　　　　　　　　//按 Enter 键结束命令

结果如图 2-3(b)所示。

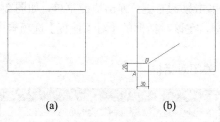

　　　　　　(a)　　　　　　　　　　　　　(b)

图 2-3　正交偏移捕捉

● ⬜：平行捕捉，可用于绘制平行线，捕捉代号为 PAR。
如图 2-4 所示，用 LINE 命令绘制线段 *AB* 的平行线 *CD*。执行
LINE 命令后，首先指定线段起点 *C*，然后单击⬜按钮，移动
鼠标指针到线段 *AB* 上，此时该线段上将出现一个小的平行线符
号，表示线段 *AB* 已被选择，再移动鼠标指针到即将创建平行线
的位置，此时将显示出平行线，输入该线段长度或单击一点，即
可绘制出平行线。

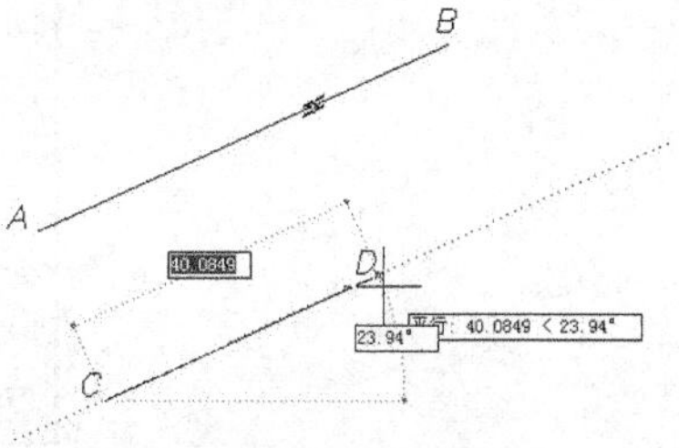

图 2-4　平行捕捉

● ⬜：在绘制相切的几何关系时，使用该捕捉方式可以
捕捉切点，捕捉代号为 TAN。启动切点捕捉后，将光标的拾
取框与圆弧、椭圆等几何对象相交，系统就会自动显示出相切点，然后单击鼠标左键确认。

● ⬜：在绘制垂直的几何关系时，使用该捕捉方式可以捕捉垂足，捕捉代号为 PER。启动垂
足捕捉后，将光标的拾取框与线段、圆弧等几何对象相交，系统将会自动捕捉垂足点，然后单击鼠
标左键确认。

● ⬜：捕捉距离光标中心最近的几何对象上的点，捕捉代号为 NEA，
其操作方法与端点捕捉类似。

捕捉两点间连线的中点，捕捉代号为 M2P。使用这种捕捉方式时，应
先指定两个点，系统会自动捕捉到这两点间连线的中点。

　　2．调用对象捕捉功能的方法

调用对象捕捉功能的方法有如下 3 种。

（1）用鼠标右键单击状态栏上的⬜按钮，弹出快捷菜单，如图 2-1 所示，
通过此菜单可选择捕捉何种类型的点。

（2）在绘图过程中，当系统提示输入一个点时，可输入捕捉命令的简称来
启动对象捕捉功能，然后将鼠标指针移动到要捕捉的特征点附近，系统就会自
动捕捉该点。

（3）启动对象捕捉功能的另一种方法是利用快捷菜单。执行某一命令后，
按下 Shift 键并单击鼠标右键，弹出快捷菜单，如图 2-5 所示，通过此菜单可
选择捕捉何种类型的点。

前面所述的 3 种捕捉方式仅对当前操作有效，命令结束后，捕捉模式会
自动关闭，这种捕捉方式称为覆盖捕捉方式。

图 2-5　快捷菜单

要点提示　还可以采用自动捕捉方式来定位点，当激活此方式时，系统将根据事先设定的捕捉类型自动寻找几何对象上相应的点。

【案例 2-2】设置自动捕捉方式。

（1）在状态栏的 □ 按钮上单击鼠标右键，弹出快捷菜单，如图 2-5 所示，选取【对象捕捉设置】选项，打开【草图设置】对话框，在该对话框的【对象捕捉】选项卡中设置捕捉点的类型，如图 2-6 所示。

（2）单击 确定 按钮，关闭对话框。

图 2-6　设置捕捉点的类型

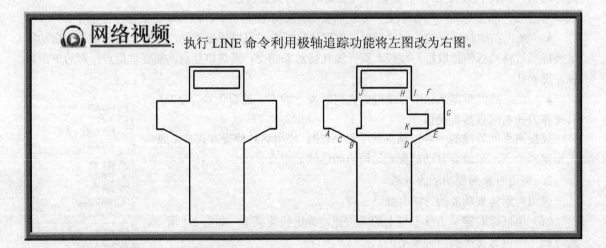

网络视频：执行 LINE 命令利用极轴追踪功能将左图改为右图。

2.1.3　绘制点

在 AutoCAD 中可创建单独的点对象，点的外观由点样式控制。一般在创建点之前要先设置点的样式，但也可先绘制点，再设置点样式。

【案例 2-3】设置点样式并创建点。

（1）单击【常用】选项卡【实用工具】面板上的 实用工具▾ 按钮，在其展开的下拉列表中单击 点样式... 按钮，打开【点样式】对话框，如图 2-7 所示。该对话框提供了多种可根据需要进行选择的点样式，此外，还能通过【点大小】文本框指定点的大小。点的大小既可相对于屏幕大小来设置，也可直接输入点的绝对尺寸。

（2）输入 POINT 命令（简写 PO），AutoCAD 提示如下。

命令：_point

指定点：　　　　　　//输入点的坐标或在屏幕上拾取点，AutoCAD 在指定位置创建点对象

如果如图 2-8 所示。

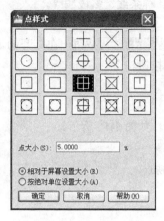

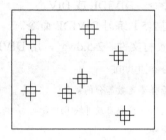

图 2-7　【点样式】对话框　　　　　　　　　图 2-8　创建点对象

若将点的尺寸设置成绝对数值，则缩放图形后将引起点的大小发生变化。而相对于屏幕大小设置点尺寸时，则不会出现这种情况（要用 REGEN 命令重新生成图形）。

1. 绘制测量点

MEASURE 命令在图形对象上按指定的距离放置点对象（POINT 对象），这些点可用 "NOD" 命令进行捕捉。对于不同类型的图形元素，距离测量的起始点是不同的。当操作对象为直线、圆弧或多段线时，起始点位于距选择点最近的端点。如果是圆，则从选择处的角度开始进行测量。

（1）命令启动方法。

● 功能区：单击【常用】选项卡【绘图】面板底部的 绘图▼ 按钮，在打开的下拉列表中单击▪按钮右边的▪按钮，在打开的下拉列表中单击▪定距等分按钮。

● 命令：MEASURE 或简写 ME。

【案例 2-4】练习 MEASURE 命令。

打开素材文件 "2-4.dwg"，用 MEASURE 命令创建测量点，如图 2-9 所示。

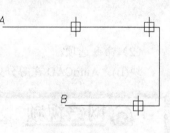

图 2-9　测量对象

命令：_measure

选择要定距等分的对象：　　　　　　//在 A 端附近选择对象，如图 2-9 所示

指定线段长度或 [块(B)]：100　　　　//输入测量长度

命令：

　MEASURE　　　　　　　　　　　//按 Enter 键重复命令

选择要定距等分的对象：　　　　　　//在 B 端处选择对象

指定线段长度或 [块(B)]：100　　　　//输入测量长度

结果如图 2-9 所示。

（2）命令选项。

块(B)：按指定的测量长度在对象上插入块。

2．绘制等分点

DIVIDE 命令根据等分数目在图形对象上放置等分点，这些点并不分割对象，只是标明等分的位置。AutoCAD 中可等分的图形元素包括线段、圆、圆弧、样条线、多段线等。

（1）命令启动方法。

● 功能区：单击【常用】选项卡【绘图】面板底部的 ▭绘图▾ 按钮，在打开的下拉列表中单击 ▭ 按钮右边的 ▾ 按钮，在打开的下拉列表中单击 ↗定数等分 按钮。

● 命令：DIVIDE 或 DIV。

【案例 2-5】练习 DIVIDE 命令。

打开素材文件 "2-5.dwg"，用 DIVIDE 命令创建等分点，如图 2-10 所示。

命令: DIVIDE
选择要定数等分的对象：   //选择线段，如图 2-10 所示
输入线段数目或 [块(B)]: 6   //输入等分的数目
命令:
DIVIDE   //重复命令
选择要定数等分的对象：   //选择圆弧
输入线段数目或 [块(B)]: 5   //输入等分数目

结果如图 2-10 所示。

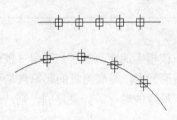

图 2-10　等分对象

（2）命令选项。

块(B)：AutoCAD 在等分处插入块。

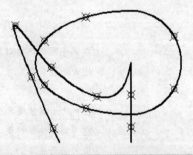

🔊 **网络视频**：绘制测量点及等分点。

2.1.4　分解对象

EXPLODE 命令（简写 X）可将多段线、多线、块、标注、面域等复杂对象分解成 AutoCAD 基本图形对象。例如，连续的多段线是一个单独对象，用"EXPLODE"命令"炸开"后，多段线的每一段都是独立对象。

输入 EXPLODE 命令或单击【常用】选项卡【修改】面板上的 按钮，AutoCAD 提示"选择对象"，选择图形对象后，AutoCAD 进行分解。

2.1.5　上机练习——绘制椅子面上的点

【案例 2-6】打开素材文件"2-6.dwg"，绘制如图 2-11 所示的椅子面上的点，点的大小为 40 单位。

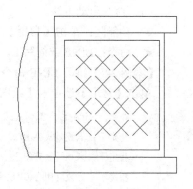

图 2-11　绘制椅子面上的点

2.2　绘制简单二维图形

本节介绍简单二维图形的绘制，具体包括绘制线段、矩形、正多边形、实心多边形、圆、椭圆、圆弧（包括圆弧和椭圆弧）、圆环、样条曲线等。

2.2.1　网络课堂——引入案例

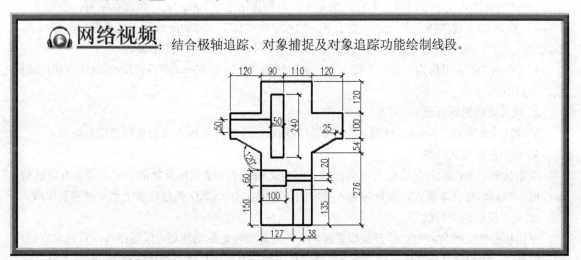

🎧 **网络视频**：结合极轴追踪、对象捕捉及对象追踪功能绘制线段。

2.2.2　绘制线段

本小节主要介绍输入点的坐标画线，捕捉几何对象上的特殊点以及利用辅助画线工具画线。其中的辅助画线工具包括正交、极轴追踪、对象捕捉等。

1. 启动画线命令

LINE 命令可在二维或三维空间中创建线段，发出命令后，通过鼠标指定线的端点或利用键盘输入端点坐标，AutoCAD 就将这些点连接成线段。LINE 命令可生成单条线段，也可生成连续折线。

不过，由该命令生成的连续折线并非单独的一个对象，折线中每条线段都是独立对象，可以对每条线段进行编辑操作。

（1）命令启动方法。

- 功能区：单击【常用】选项卡【绘图】面板上的 按钮。
- 命令：LINE 或简写 L。

【案例 2-7】练习 LINE 命令。

单击【常用】选项卡【绘图】面板上的 按钮，AutoCAD 提示如下。

图 2-12 绘制线段

命令：_line 指定第一点：	//单击 *A* 点，如图 2-12 所示
指定下一点或 [放弃(U)]：	//单击 *B* 点
指定下一点或 [放弃(U)]：	//单击 *M* 点
指定下一点或 [闭合(C)/放弃(U)]:U	//放弃 *M* 点
指定下一点或 [闭合(C)/放弃(U)]：	//单击 *C* 点
指定下一点或 [闭合(C)/放弃(U)]：	//单击 *D* 点
指定下一点或 [闭合(C)/放弃(U)]：	//单击 *E* 点
指定下一点或 [闭合(C)/放弃(U)]: C	//使线框闭合

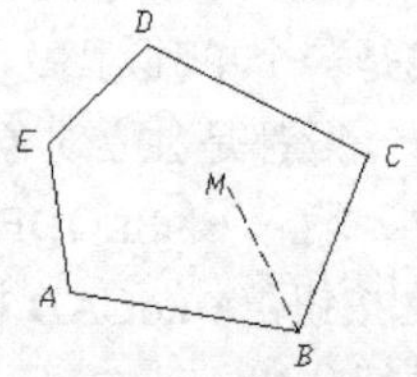

结果如图 2-12 所示。

（2）命令选项。

- 指定第一点：在此提示下，需指定线段的起始点，若此时按 Enter 键，AutoCAD 将以上一次所画线段或圆弧的终点作为新线段的起点。

- 指定下一点：在此提示下，输入线段的端点，按 Enter 键后，AutoCAD 继续提示"指定下一点"，此时可输入下一个端点。若在"指定下一点"提示下按 Enter 键，则命令结束。

- 放弃(U)：在"指定下一点"提示下，输入字母"U"，按 Enter 键后，将删除上一条线段。多次输入"U"，则会删除多条线段，该选项可以及时纠正绘图过程中的错误。

- 闭合(C)：在"指定下一点"提示下，输入字母"C"，按 Enter 键后，AutoCAD 将使连续折线自动封闭。

2. 输入点的坐标画线

启动画线命令后，AutoCAD 提示指定线段的端点，这时可以输入点的坐标值进行画线。

3. 利用正交模式画线

单击状态栏上的 按钮，打开正交模式。在正交模式下十字光标只能沿水平或竖直方向移动。画线时，若同时打开该模式，则只需输入线段的长度值，AutoCAD 就自动画出水平或竖直线段。

4. 利用极轴追踪画线

单击状态栏上的 按钮，打开极轴追踪功能。打开极轴追踪功能后，鼠标指针就可按设定的极轴方向移动，AutoCAD 将在该方向上显示一条追踪辅助线及鼠标指针点的极坐标值，如图 2-13 所示。

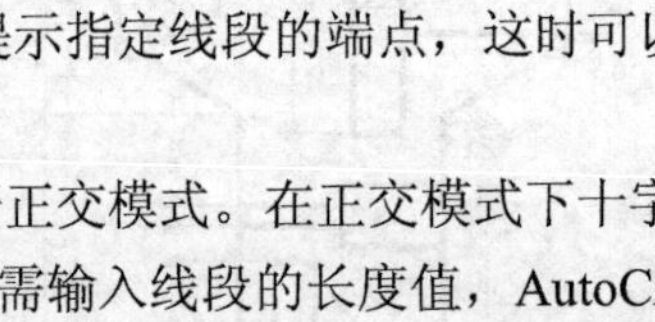

图 2-13 追踪辅助线及光标的极坐标值

【案例 2-8】使用极轴追踪功能绘制某建筑用地平面图。

（1）在状态栏的  按钮上单击鼠标右键，在打开的快捷菜单中选择【设置】选项，打开【草图设置】对话框，如图 2-14 所示。

图 2-14　【草图设置】对话框

【极轴追踪】选项卡中与极轴追踪有关的选项功能如下。

● 【增量角】在此下拉列表中可选择极轴角变化的增量值，也可以输入新的增量值。

● 【附加角】除了根据极轴增量角进行追踪外，用户还能通过该选项添加其他的追踪角度。

● 【绝对】以当前坐标系的 x 轴作为计算极轴角的基准线。

● 【相对上一段】：以最后创建的对象为基准线计算极轴角度。

（2）在【极轴追踪】选项卡的【增量角】下拉列表中设定极轴角增量为 15°。此后若打开极轴追踪画线，则鼠标指针将自动沿 0°、15°、30°、45°、60° 等方向进行追踪，再输入线段长度值，AutoCAD 就在该方向上绘制线段。

（3）单击 确定 按钮，关闭【草图设置】对话框。

（4）单击状态栏上的 按钮，打开极轴追踪功能。单击【常用】选项卡【绘图】面板上的 按钮，AutoCAD 提示如下。

命令: _line 指定第一点:	//拾取点 A，如图 2-15 所示
指定下一点或 [放弃(U)]: 15000	//沿 0°方向追踪，并输入 AB 线段长度
指定下一点或 [放弃(U)]: 5000	//沿 135°方向追踪，并输入 BC 线段长度
指定下一点或 [闭合(C)/放弃(U)]: 7500	//沿 45°方向追踪，并输入 CD 线段长度
指定下一点或 [闭合(C)/放弃(U)]: 5000	//沿 315°方向追踪，并输入 DE 线段长度
指定下一点或 [闭合(C)/放弃(U)]: 20000	//沿 90°方向追踪，并输入 EF 线段长度
指定下一点或 [闭合(C)/放弃(U)]: 30000	//沿 0°方向追踪，并输入 FG 线段长度
指定下一点或 [闭合(C)/放弃(U)]: 5000	//沿 240°方向追踪，并输入 GH 线段长度
指定下一点或 [闭合(C)/放弃(U)]: C	//使连续折线闭合

结果如图 2-15 所示。

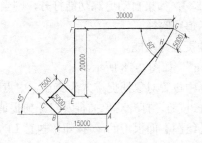

图 2-15　使用极轴追踪画线

　如果线段的倾斜角度不在极轴追踪的范围内，则可使用角度覆盖方式画线。方法是当 AutoCAD 提示"指定下一点或 [闭合(C)/放弃(U)]:"时，按照"<角度"形式输入线段的倾角，这样 AutoCAD 将暂时沿设置的角度画线。

5. 利用对象捕捉画线

绘图过程中，常常需要在一些特殊几何点间连线，如过圆心、线段的中点或端点画线等。在这种情况下，可利用对象捕捉绘线。

对象捕捉功能仅在 AutoCAD 命令运行过程中才有效。启动命令后，当 AutoCAD 提示输入点时，可用对象捕捉指定一个点。若是直接在命令行中发出对象捕捉命令，系统将提示错误。

例如，绘制切线一般有如下两种情况。

● 过圆外的一点画圆的切线。

● 绘制两个圆的公切线。

可使用 LINE 命令并结合切点捕捉"TAN"功能来绘制切线。

6. 利用对象捕捉追踪画线

使用对象捕捉追踪功能时，必须打开对象捕捉。AutoCAD 首先捕捉一个几何点作为追踪参考点，然后按水平、竖直方向或设定的极轴方向进行追踪，如图 2-16 所示。建立追踪参考点时，不能单击鼠标左键，否则，AutoCAD 就直接捕捉参考点了。

从追踪参考点开始的追踪方向可通过【极轴追踪】选项卡中的两个选项进行设定，这两个选项是【仅正交追踪】及【用所有极轴角设置追踪】，如图 2-17 所示，它们的功能如下。

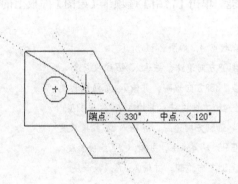

图 2-16　自动追踪　　　　　　　　　　图 2-17　【草图设置】对话框

● 【仅正交追踪】：当自动追踪打开时，仅在追踪参考点处显示水平或竖直的追踪路径。

● 【用所有极轴角设置追踪】：如果自动追踪功能打开，则当指定点时，AutoCAD 将在追踪参考点处沿任何极轴角方向显示追踪路径。

【案例 2-9】练习使用对象捕捉追踪功能。

（1）打开素材文件"2-9.dwg"，如图 2-18 所示。

（2）在【草图设置】对话框中设置对象捕捉方式为交点、中点。

（3）单击状态栏上的□、✓按钮，打开对象捕捉及对象捕捉追踪功能。

（4）单击【常用】选项卡【绘图】面板上的✓按钮，执行 LINE 命令。

（5）将鼠标指针放置在 A 点附近，AutoCAD 自动捕捉 A 点（注意不要单击鼠标左键），并在此建立追踪参考点，同时显示出追踪辅助线，如图 2-18 所示。

　　　　AutoCAD 把追踪参考点用符号"×"标记出来，当再次移动鼠标指针到这个符号的位置时，符号"×"将消失。

（6）向下移动鼠标指针，鼠标指针将沿竖直辅助线运动，输入距离值 20 并按 Enter 键，则 AutoCAD 追踪到 *B* 点，该点是线段的起始点。

（7）再次在 *A* 点建立追踪参考点，并向右追踪，然后输入距离值 10，按 Enter 键，此时 AutoCAD 追踪到 *C* 点，如图 2-19 所示。

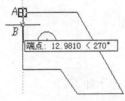

图 2-18　沿竖直辅助线追踪

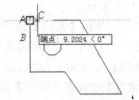

图 2-19　沿水平辅助线追踪

（8）将鼠标指针移动到中点 *M* 处，AutoCAD 自动捕捉该点（注意不要单击鼠标左键），并在此建立追踪参考点，如图 2-20 所示。用同样的方法在中点 *N* 处建立另一个追踪参考点。

（9）移动鼠标指针到 *D* 点附近，AutoCAD 显示两条追踪辅助线，如图 2-20 所示。在两条辅助线的交点处单击鼠标左键，则 AutoCAD 绘制出线段 *CD*。

（10）以 *F* 点为追踪参考点，向左或向下追踪就可以确定 *G*、*H* 点，追踪距离均为 22，结果如图 2-21 所示。

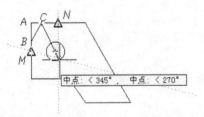

图 2-20　利用两条追踪辅助线定位点

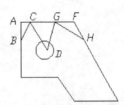

图 2-21　确定 *G*、*H* 点

上述例子中 AutoCAD 可沿任意方向追踪，由此可见，想使 AutoCAD 沿设定的极轴角方向追踪，可在【草图设置】对话框的【对象捕捉追踪设置】分组框中选择【用所有极轴角设置追踪】单选项。

以上通过例子说明了极轴追踪、对象捕捉及对象捕捉追踪功能的用法。在实际绘图过程中，常将它们结合起来使用。

网络视频：结合极轴追踪、对象捕捉及对象追踪功能绘制线段。

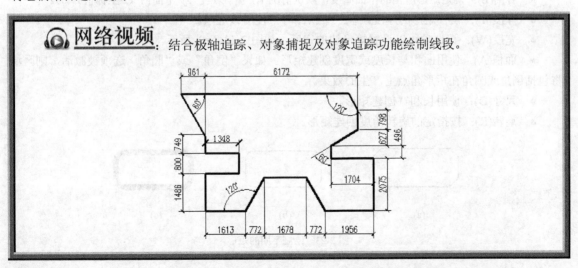

2.2.3 绘制矩形

只需指定矩形对角线的两个端点就能绘制矩形。绘制时，可设置矩形边的宽度，还能指定顶点处的倒角距离及圆角半径。

1. 命令启动方法

- 功能区：单击【常用】选项卡【绘图】面板上的 ▭ 按钮。
- 命令：RECTANG 或简写 REC。

【案例 2-10】练习 RECTANG 命令。

单击【常用】选项卡【绘图】面板上的 ▭ 按钮，AutoCAD 提示如下。

> 命令: _rectang
> 指定第一个角点或 [倒角(C)/标高(E)/圆角(F)/厚度(T)/宽度(W)]:
> //拾取矩形对角线的一个端点，如图 2-22 所示
> 指定另一个角点或 [面积(A)/尺寸(D)/旋转(R)]: //拾取矩形对角线的另一个端点

结果如图 2-22 所示。

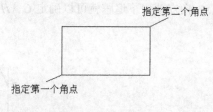

图 2-22 绘制矩形

2. 命令选项

- 指定第一个角点：在此提示下，指定矩形的一个角点。移动鼠标指针时，屏幕上显示出一个矩形。
- 指定另一个角点：在此提示下，指定矩形的另一个角点。
- 倒角(C)：指定矩形各顶点倒斜角的大小，如图 2-23（a）所示。
- 圆角(F)：指定矩形各顶点倒圆角半径，如图 2-23（b）所示。
- 标高(E)：确定矩形所在的平面高度，默认情况下，矩形是在 xy 平面内（z 坐标值为 0）。
- 厚度(T)：设置矩形的厚度，在三维绘图时常使用该选项。
- 宽度(W)：该选项可以设置矩形边的宽度，如图 2-23（c）所示。
- 面积(A)：使用面积与长度或宽度创建矩形。如果"倒角"或"圆角"选项被激活，则区域将包括倒角或圆角在矩形角点上产生的效果。
- 尺寸(D)：使用长和宽创建矩形。
- 旋转(R)：按指定的旋转角度创建矩形。

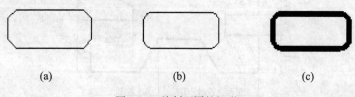

(a)   (b)   (c)

图 2-23 绘制不同的矩形

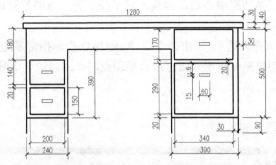

网络视频：执行矩形命令绘图。

2.2.4　绘制正多边形

在 AutoCAD 中可以创建 3～1024 条边的正多边形，绘制正多边形一般采取以下两种方法。

- 指定多边形边数及多边形中心。
- 指定多边形边数及某一边的两个端点。

1. 绘制一般正多边形

（1）命令启动方法。

- 功能区：单击【常用】选项卡【绘图】面板底部的 ▊绘图 ▾▊ 按钮，在打开的下拉列表中单击 ⬡ 按钮。
- 命令：POLYGON 或简写 POL。

【案例 2-11】练习 POLYGON 命令。

单击【常用】选项卡【绘图】面板底部的 ▊绘图 ▾▊ 按钮，在打开的下拉列表中单击 ⬡ 按钮，AutoCAD 提示如下。

```
命令: _polygon 输入边的数目 <4>: 7          //输入多边形的边数
指定多边形的中心点或 [边(E)]:              //拾取多边形的中心点，如图 2-24 所示
输入选项 [内接于圆(I)/外切于圆(C)] <I>: I   //采用内接于圆方式绘制多边形
指定圆的半径:                            //指定圆半径
```

结果如图 2-24 所示。

（2）命令选项。

- 指定多边形的中心点：用户输入多边形边数后，再拾取多边形中心点。
- 内接于圆(I)：根据外接圆生成正多边形，如图 2-25 所示。
- 外切于圆(C)：根据内切圆生成正多边形，如图 2-25 所示。
- 边(E)：输入多边形边数后，再指定某条边的两个端点即可绘出多边形，如图 2-25 所示。

图 2-24　绘制正多边形

图 2-25　用不同方式绘制正多边形

当选择"边"创建正多边形时，指定边的一个端点后，再输入另一端点的相对极坐标就可确定正多边形的倾斜方向。若选择"内接于圆"或"外切于圆"选项，则正多边形的倾斜方向也可按类似方法确定，即指定正多边形中心后，再输入圆半径上另一点的相对极坐标。

2．绘制实心多边形

SOLID 命令生成填充多边形。发出命令后，AutoCAD 提示指定多边形的顶点（3 个点或 4 个点），命令结束后，系统自动填充多边形。指定多边形顶点时，顶点的选取顺序是很重要的，如果顺序出现错误，将使多边形呈打结状。

命令启动方法如下。

命令：SOLID 或简写 SO。

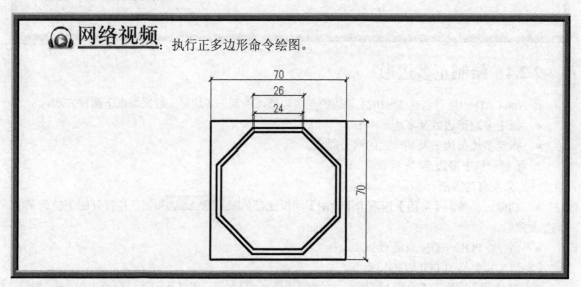

网络视频：执行正多边形命令绘图。

2.2.5　绘制圆

执行 CIRCLE 命令绘制圆，默认的画圆方法是指定圆心和半径。此外，还可通过两点或三点等方式画圆。

1．命令启动方法

● 功能区：单击【常用】选项卡【绘图】面板上的 ⌀ 按钮，即可按默认的圆心和半径方式画圆；也可单击 ⌀ 按钮右边的 按钮，在打开的下拉列表中选择适当的绘圆方式。

● 命令：CIRCLE 或简写 C。

【案例 2-12】练习 Circle 命令。

命令：_circle 指定圆的圆心或 [三点(3P)/两点(2P)/ 切点、切点、半径(T)]:

//指定圆心，如图 2-26 所示

指定圆的半径或 [直径(D)] <16.1749>:20　　　 //输入圆半径

结果如图 2-26 所示。

2．命令选项

● 指定圆的圆心：默认选项。输入圆心坐标或拾取圆心后，AutoCAD 提示输入圆半径或直径值。

● 三点(3P)：输入 3 个点绘制圆，如图 2-27 所示。

图 2-26　绘制圆

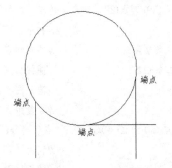

图 2-27　根据 3 点画圆

- 两点(2P)：指定直径的两个端点画圆。
- 切点、切点、半径(T)：选取与圆相切的两个
对象，然后输入圆半径，如图 2-28 所示。

利用 CIRCLE 命令的"切点、切点、半径(T)"选
项绘制公切圆时，相切的情况常常取决于所选切点的
位置及切圆半径的大小。图 2-28 中的（a）、（b）、（d）
图显示了在不同位置选择切点时所创建的公切圆。当
然，对于图中（a）、（b）两种相切形式，公切圆半径
不能太小，否则将不能出现内切的情况。

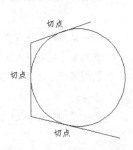

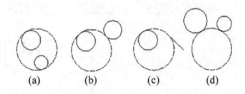

图 2-28　绘制公切圆

网络视频：执行矩形、圆等命令绘图。

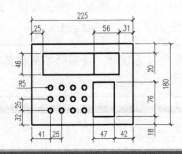

2.2.6　绘制圆弧连接

利用 CIRCLE 命令还可绘制各种圆弧连接，下面的案例将演示利用 CIRCLE 命令绘制圆弧连接
的方法。

【案例 2-13】打开素材文件"2-13.dwg"，如图 2-29(a) 所示，利用 CIRCLE 命令将(a) 修改为(b)。

命令: _circle 指定圆的圆心或 [三点(3P)/两点(2P)/切点、切点、半径(T)]: 3p

　　　　　　　　　　　　　　　　　　　　//利用"3P"选项绘制圆 M，如图 2-29 所示

指定圆上的第一点:　　　　　　　　　　　//捕捉切点 A

指定圆上的第二点:　　　　　　　　　　　//捕捉切点 B

指定圆上的第三点:　　　　　　　　　　　//捕捉切点 C

命令:　　　　　　　　　　　　　　　　　//重复命令

CIRCLE 指定圆的圆心或 [三点(3P)/两点(2P)/ 切点、切点、半径(T)]：*t*

　　　　　　　　　　　　　　　　　　　　//利用"T"选项绘制圆 *N*

在对象上指定一点作圆的第一条切线：　　　//捕捉切点 *D*

在对象上指定一点作圆的第二条切线：　　　//捕捉切点 *E*

指定圆的半径 <31.2798>：25　　　　　　//输入圆半径

命令：　　　　　　　　　　　　　　　　　//重复命令

CIRCLE 指定圆的圆心或 [三点(3P)/两点(2P)/切点、切点、半径(T)]：*t*

　　　　　　　　　　　　　　　　　　　　//利用"T"选项绘制圆 *O*

在对象上指定一点作圆的第一条切线：　　　//捕捉切点 *F*

在对象上指定一点作圆的第二条切线：　　　//捕捉切点 *G*

指定圆的半径 <25.0000>：80　　　　　　//输入圆半径

修剪多余线条，结果如图 2-29(b) 所示。

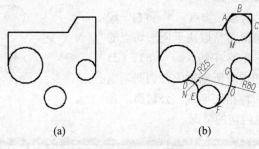

(a)　　　　　　　　　　　　　　(b)

图 2-29　圆弧链接

　　当然，也可单击【常用】选项卡【绘图】面板上的 按钮，还可单击该按钮右边的 按钮，在打开的下拉列表中单击适当的绘制圆弧方式按钮绘制图形。

　　　　当绘制于两圆相切的圆弧时，在圆的不同位置拾取切点，将绘制出内切或外切的圆弧。

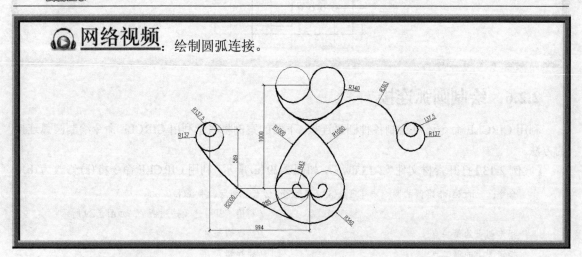

🎧 **网络视频**：绘制圆弧连接。

2.2.7　绘制椭圆

　　椭圆包括中心、长轴、短轴 3 个参数。只要这 3 个参数确定，椭圆就确定了。绘制椭圆的默认方法是指定椭圆中心、第一条轴线的一个端点及另一条轴线的半轴长度来绘制椭圆。另外，也可通过指定椭圆第一条轴线的两个端点及另 条轴线的半轴长度来绘制椭圆。

1. 命令启动方法

● 功能区：单击【常用】选项卡【绘图】面板上的 ⌾ 按钮，也可单击该按钮右边的 · 按钮，在打开的下拉列表中选择适当的绘制椭圆方式。

● 命令：ELLIPSE 或简写 EL。

【案例 2-14】练习 ELLIPSE 命令。

单击【常用】选项卡【绘图】面板上 ⌾ 按钮右边的 · 按钮，在打开的下拉列表中单击 ⬭ 轴、端点 按钮，AutoCAD 提示如下。

```
命令: _ellipse
指定椭圆的轴端点或 [圆弧(A)/中心点(C)]:       //拾取椭圆轴的一个端点，如图 2-30 所示
指定轴的另一个端点:                          //拾取椭圆轴的另一个端点
指定另一条半轴长度或 [旋转(R)]: 10           //输入另一轴的半轴长度
```

结果如图 2-30 所示。

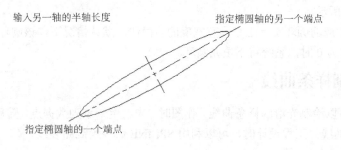

图 2-30　绘制椭圆

2. 命令选项

● 圆弧(A)：该选项可以绘制一段椭圆弧。过程是先绘制一个完整的椭圆，随后 AutoCAD 提示选择要删除的部分，留下所需的椭圆弧。

● 中心点(C)：通过椭圆中心点及长轴、短轴来绘制椭圆，如图 2-31 所示。

● 旋转(R)：按旋转方式绘制椭圆，即 AutoCAD 将圆绕直径转动一定角度后，再投影到平面上形成椭圆。

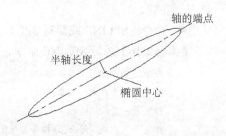

图 2-31　利用"中心点（C）"方式画椭圆

🎧 **网络视频**：绘制旋塞开关图。

2.2.8　绘制圆环

DONUT 命令用来创建填充圆环或实心填充圆。启动该命令后，用户依次输入圆环内径、外径及圆心，AutoCAD 就生成圆环。若要画实心圆，则指定内径为 0 即可。

命令启动方法如下。

- 功能区：单击【常用】选项卡【绘图】面板底部的 绘图 ▼ 按钮，在打开的下拉列表中单击◎按钮。
- 命令：DONUT 或简写 DO。

【案例 2-15】练习 DONUT 命令。

```
命令: _donut
指定圆环的内径 <0.5000>: 3          //输入圆环内部直径
指定圆环的外径 <1.0000>: 6          //输入圆环外部直径
指定圆环的中心点或 <退出>:          //指定圆心
指定圆环的中心点或 <退出>:          //按 Enter 键结束
```

图 2-32　画圆环

结果如图 2-32 所示。

DONUT 命令生成的圆环实际上是具有宽度的多段线。默认情况下，该圆环是填充的，当把变量 FILLMODE 设置为 0 时，系统将不填充圆环。

2.2.9　绘制样条曲线

SPLINE 命令可以绘制光滑的样条曲线。作图时，先给定一系列数据点，随后 AutoCAD 按指定的拟合公差形成该曲线。工程设计时，可以利用 SPLINE 命令绘制断裂线。

命令启动方法如下。

- 功能区：单击【常用】选项卡【绘图】面板底部的 绘图 ▼ 按钮，在打开的下拉列表中单击～按钮。
- 命令：SPLINE 或简写 SPL。

【案例 2-16】练习 SPLINE 命令。

```
命令: _spline
指定第一个点或 [对象(O)]:                        //拾取 A 点，如图 2-33 所示
指定下一点:                                      //拾取 B 点
指定下一点或 [闭合(C)/拟合公差(F)] <起点切向>:    //拾取 C 点
指定下一点或 [闭合(C)/拟合公差(F)] <起点切向>:    //拾取 D 点
指定下一点或 [闭合(C)/拟合公差(F)] <起点切向>:    //拾取 E 点
指定下一点或 [闭合(C)/拟合公差(F)] <起点切向>:    //按 Enter 键指定起点及终点切线方向
指定起点切向:                                    //在 G 点处单击鼠标左键指定起点切线方向
指定端点切向:                                    //在 F 点处单击鼠标左键指定终点切线方向
```

结果如图 2-33 所示。

图 2-33　绘制样条曲线

2.2.10　上机练习——绘制简单二维图形

【案例 2-17】绘制如图 2-34 所示的饮水用具图形。

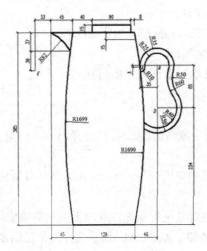

图 2-34　绘制简单二维图形

2.3　绘制有剖面图案的图形

本节主要介绍有剖面图案的图形的绘制。

2.3.1　网络课堂——引入案例

网络视频：执行图案填充命令将左图修改为右图。

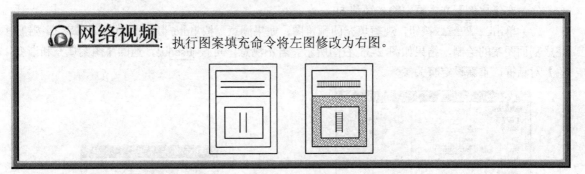

2.3.2　填充封闭区域

在工程图中，剖面线一般总是绘制在一个对象或几个对象围成的封闭区域中，最简单的如一个圆或一条闭合的多段线等，较复杂的可能是几条线或圆弧围成的形状多变的区域。

在绘制剖面线时，首先要指定填充边界，一般可用两种方法选定剖面线的边界：一种是在闭合的区域中选一点，AutoCAD 自动搜索闭合的边界；另一种是通过选择对象来定义边界。AutoCAD 为用户提供了许多标准填充图案，用户也可定制自己的图案，此外，还能控制剖面图案的疏密及图案的倾角。

BHATCH 命令用来生成填充图案。启动该命令后，AutoCAD 打开【图案填充和渐变色】对话框，在此对话框中指定填充图案类型，再设定填充比例、角度及填充区域，就可以创建图案填充。

命令启动方法如下。

● 功能区：单击【常用】选项卡【绘图】面板上的◻按钮。

● 命令：BHATCH 或简写 BH。

【案例 2-18】打开素材文件 "2-18.dwg"，如图 2-35(a) 所示，用 BHATCH 命令将(a)修改为(b)。

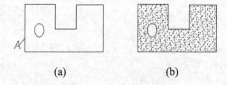

（1）单击【常用】选项卡【绘图】面板上的◻按钮，打开【图案填充和渐变色】对话框，如图 2-36 所示。

该对话框中的常用选项如下。

● 【图案】：通过此下拉列表或右边的◻按钮选择所需的填充图案。

(a)　　　　　　　(b)

图 2-35　在封闭区域内画剖面线

● 【拾取点】：在填充区域中单击一点，AutoCAD 自动分析边界集，并从中确定包围该点的闭合边界。

● 【选择对象】：选择一些对象进行填充，此时无须对象构成闭合的边界。

● 【继承特性】：单击◻按钮，AutoCAD 要求选择某个已绘制的图案，并将其类型及属性设置为当前图案类型及属性。

● 【关联】：若图案与填充边界关联，则修改边界时，图案将自动更新以适应新边界。

（2）单击【图案】下拉列表右侧的◻按钮，打开【填充图案选项板】对话框，再进入【其他预定义】选项卡，然后双击其中的剖面线 "AR-SAND"，如图 2-37 所示。

（3）返回到【图案填充和渐变色】对话框，单击◻按钮（拾取点）。

（4）在想要填充的区域中选定一点 A，此时可以观察到 AutoCAD 自动寻找一个闭合的边界，如图 2-35 左图所示。

（5）按 Enter 键，返回【图案填充和渐变色】对话框。

（6）在【比例】文本框中输入数值 50。

（7）单击 预览 按钮，观察填充的预览图，如果满意，按 Enter 键，再单击 确定 按钮，完成剖面图案的绘制，结果如图 2-35 右图所示。若不满意，可按 Esc 键，返回【图案填充和渐变色】对话框，重新设定有关参数。

图 2-36　【图案填充和渐变色】对话框

图 2-37　【填充图案选项板】对话框

2.3.3　填充复杂图形的方法

在图形不复杂的情况下，常通过在填充区域内指定一点的方法来定义边界。但若图形很复杂，这种方法就会浪费许多时间，因为 AutoCAD 要在当前视口中搜寻所有可见的对象。为避免出现这种情况，可在【图案填充和渐变色】对话框中为 AutoCAD 定义要搜索的边界集，这样就能很快地生成填充区域边界。

【案例 2-19】定义 AutoCAD 搜索的边界集。

（1）单击【图案填充和渐变色】对话框中 **帮助** 按钮右侧的 ⊙ 按钮，展开该对话框，如图 2-38 所示。

图 2-38　【图案填充和渐变色】对话框

（2）单击【边界集】分组框中的 ⊕ 按钮（新建），AutoCAD 提示如下。

　　选择对象：　　　　　　　　　　　//用交叉窗口、矩形窗口等方法选择实体

（3）然后单击 ⊞ 按钮（拾取点），并在填充区域内拾取一点，此时 AutoCAD 仅分析选定的实体来创建填充区域边界。

2.3.4　剖面线的比例

在 AutoCAD 中，预定义剖面线图案的默认缩放比例是 1.0，但可在【图案填充和渐变色】对话框的【比例】下拉列表中设定其他比例值。绘制剖面线时，若没有指定特殊比例值，则 AutoCAD 按默认值绘制剖面线，当输入一个不同于默认值的图案比例时，可以增加或减小剖面线的间距。

2.3.5　剖面线角度

除剖面线间距可以控制外，剖面线的倾斜角度也可以控制。可在【图案填充和渐变色】对话框的【角度】下拉列表中进行设定，图案的默认角度值是零，而此时剖面线（ANSI31）与 x 轴夹角却是 45°。因此在角度参数栏中显示的角度值并不是剖面线与 x 轴的倾斜角度，而是剖面线以 45°线方向为起始方向的转动角度。

当分别输入角度值 45°、90°、15°时，剖面线将逆时针转动到新的位置，它们与 x 轴的夹角分别是 90°、135°、60°，如图 2-39 所示。

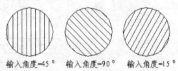

图 2-39　输入不同角度时的剖面线

2.3.6 编辑图案填充

HATCHEDIT 命令用于修改填充图案的外观及类型，如改变图案的角度、比例或用其他样式的图案填充图形等。

命令启动方法如下。

● 功能区：单击【常用】选项卡【修改】面板底部的 修改▼ 按钮，在打开的下拉列表中单击 📝 按钮。

● 命令：HATCHEDIT 或简写 HE。

【案例 2-20】练习 HATCHEDIT 命令。

（1）打开素材文件"2-20.dwg"，如图 2-40（a）所示。

（2）启动 HATCHEDIT 命令，AutoCAD 提示"选择图案填充对象:"，选择填充图案后，弹出【图案填充编辑】对话框，如图 2-41 所示。该对话框与【图案填充和渐变色】对话框内容相似，通过此对话框，可修改剖面图案、比例及角度等。

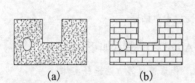

(a)	(b)

图 2-40 修改图案角度及比例　　　　　　　图 2-41 【图案填充编辑】对话框

（3）单击【图案】下拉列表右侧的 按钮，打开【填充图案选项板】对话框，再进入【其他预定义】选项卡，然后选择剖面线"AR-B816"，在【角度】下拉列表中选取"0"，在【比例】下拉列表中输入"20"，单击 确定 按钮，结果如图 2-40（b）所示。

2.3.7 上机练习——绘制剖面线

【案例 2-21】打开素材文件"2-21.dwg"，在如图 2-42 所示的某建筑图中绘制剖面线。

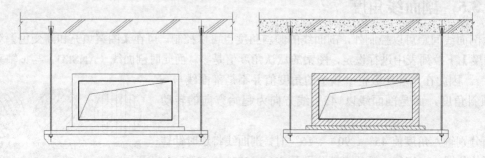

图 2-42 绘制剖面线

2.4 面域构造法绘图

本节主要介绍利用面域构造法绘图。

2.4.1 网络课堂——引入案例

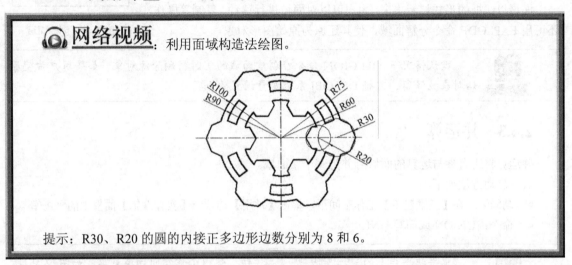

🎧**网络视频**：利用面域构造法绘图。

提示：R30、R20 的圆的内接正多边形边数分别为 8 和 6。

2.4.2 创建面域

域（REGION）是二维的封闭图形，它可由直线、多段线、圆、圆弧、样条曲线等对象围成，但应保证相邻对象间共享连接的端点，否则将不能创建域。域是一个单独的实体，具有面积、周长、形心等几何特征，使用它作图与传统的作图方法是截然不同的，此时可采用"并"、"交"、"差"等布尔运算来构造不同形状的图形，图 2-43 所示为 3 种布尔运算的结果。

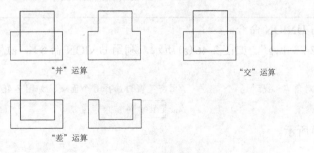

"并"运算　　　　　　　　　　　"交"运算

"差"运算

图 2-43　布尔运算

命令启动方法如下

● 功能区：单击【常用】选项卡【绘图】面板底部的 绘图 ▼ 按钮，在打开的下拉列表中单击 ◎ 按钮。

● 命令：REGION 或简写 REG。

【案例 2-22】练习 REGION 命令。

打开素材文件 "2-22.dwg"，如图 2-44 所示。利用 REGION 命令将该图创建成面域。

命令: _region

选择对象: 指定对角点: 找到 3 个   //用交叉窗口选择圆及两个矩形，如图 2-44 所示

选择对象: //按 Enter 键结束

已提取 3 个环。

已创建 3 个面域。

图 2-44 中包含 3 个闭合区域，因而 AutoCAD 创建 3 个面域。

面域以线框的形式显示出来，用户可以对面域进行移动、复制等操作，

还可用 EXPLODE 命令分解面域，使其还原为原始图形对象。

图 2-44 创建面域

 默认情况下，REGION 命令在创建面域的同时将删除源对象，如果用户希望原始对象被保留，需将 DELOBJ 系统变量设置为 0。

2.4.3 并运算

并运算将所有参与运算的面域合并为一个新面域。

命令启动方法如下。

- 功能区：在【三维建模】工作空间下，单击【常用】选项卡【实体编辑】面板上的 按钮。
- 命令：UNION 或简写 UNI。

 单击状态栏上的 ⚙二维草图与注释▼ 按钮，弹出工作空间切换菜单，如图 2-45 所示，选取相应工作空间选项，即可实现工作空间的切换。

图 2-45 工作空间切换菜单

【案例 2-23】练习 UNION 命令。

打开素材文件 "2-23.dwg"，如图 2-46(a)所示，利用 UNION 命令将(a)修改为(b)。

命令: union

选择对象: 指定对角点: 找到 6 个   //用交叉窗口选择 6 个面域，如图 2-46(a)所示

选择对象: //按 Enter 键结束

结果如图 2-46(b)所示。

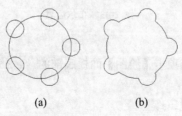

    (a)   (b)

对 6 个面域进行并运算   结果

图 2-46 执行并运算

2.4.4 差运算

用户可利用差运算从一个面域中去掉一个或多个面域，从而形成一个新面域。

命令启动方法如下。

- 功能区：在【三维建模】工作空间下，单击【常用】选项卡【实体编辑】面板上的 按钮。
- 命令：SUBTRACT 或简写 SU。

【案例 2-24】练习 SUBTRACT 命令。

打开素材文件"2-24.dwg"，如图 2-47(a)所示，用 SUBTRACT 命令将(a)修改为(b)。

```
命令: subtract
选择对象: 找到 1 个              //选择大圆面域, 如图 2-47(a)所示
选择对象:                       //按 Enter 键确认
选择对象:总计 5 个              //选择 5 个小圆面域
选择对象                        //按 Enter 键结束
```

结果如图 2-47(b)所示。

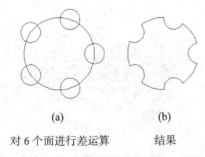

(a)   (b)

对 6 个面进行差运算   结果

图 2-47 执行差运算

2.4.5 交运算

交运算可以求出各个相交面域的公共部分。

命令启动方法如下。

- 功能区：在【三维建模】工作空间下，单击【常用】选项卡【实体编辑】面板上的 中间部分明显按钮。

- 命令：INTERSECT 或简写 IN。

【案例 2-25】练习 INTERSECT 命令。

打开素材文件"2-25.dwg"，如图 2-48(a)所示，利用 INTERSECT 命令将(a)修改为(b)。

(a)   (b)

对两个面域进行交运算   结果

图 2-48 执行交运算

```
命令: intersect
选择对象: 指定对角点: 找到 2 个    //选择大圆面域及小圆面域, 如图 2-48(a)所示
选择对象:                        //按 Enter 键结束
```

2.4.6 上机练习——利用面域构造法绘图

【案例 2-26】利用面域构造法绘制如图 2-49 所示的图形。

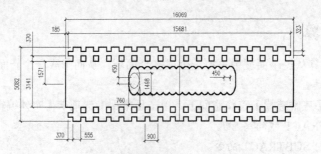

图 2-49　利用面域构造法绘图

2.5　网络课堂——利用面域构造法绘图

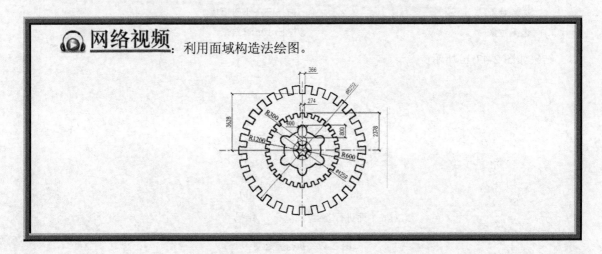

网络视频：利用面域构造法绘图。

习题

1．打开正交模式，通过输入线段的长度绘制如图 2-50 所示的建筑平面图。

2．设定极轴追踪角度为 15°，并打开极轴追踪，然后通过输入线段的长度绘制如图 2-51 所示的钢制建筑平台。

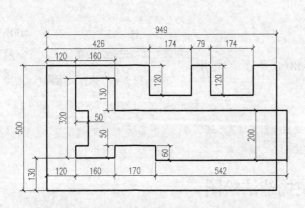

图 2-50　利用正交模式绘制建筑平面图

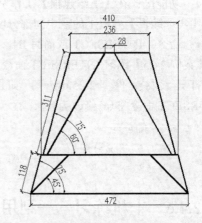

图 2-51　利用极轴追踪绘制钢制建筑平台

3．绘制如图 2-52 所示的平面图形。

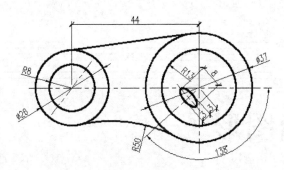

图 2-52　绘制圆、椭圆及圆弧连接线

4．绘制如图 2-53 所示的底座及圆弧连接线。

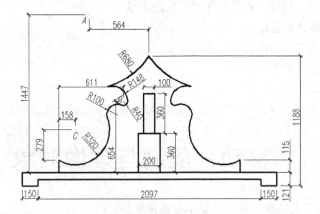

图 2-53　绘制底座及圆弧连接线

提示：其中，A、B 和 C 分别为 R680、R40 和 R320 的圆心。

5．利用 CIRCLE 命令的"3P"选项绘制相切圆弧，结果如图 2-54 所示。

6．利用面域构造法绘图，如图 2-55 所示。

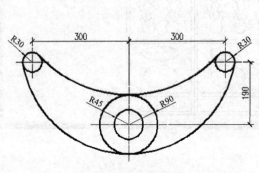

图 2-54　绘制相切圆弧

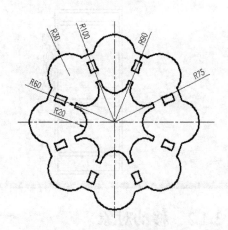

图 2-55　面域构造法绘图

第 3 章

编辑平面图形

【学习目标】

- 掌握移动、复制、镜像、旋转与阵列对象的方法。
- 掌握倒圆角和斜角的方法。
- 掌握在两点间或在一点处打断对象的方法。
- 掌握拉伸或缩放对象的方法。
- 熟悉关键点编辑模式。

通过本章的学习，读者掌握平面图形编辑处理的方法，并能够灵活运用相应的命令。

3.1 移动、复制与镜像对象

本节主要内容包括平面图形的移动、复制与镜像操作。

3.1.1 网络课堂——引入案例

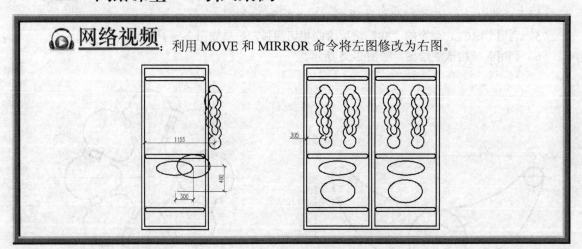

🎧 **网络视频**：利用 MOVE 和 MIRROR 命令将左图修改为右图。

3.1.2 移动对象

移动图形实体的命令是 MOVE（简写 M），该命令可以在二维或三维空间中使用。执行 MOVE 命令后，选择要移动的图形元素，然后通过两点或直接输入位移值来指定对象移动的距离和方向。

命令启动方法如下。

- 功能区：单击【常用】选项卡【修改】面板上的 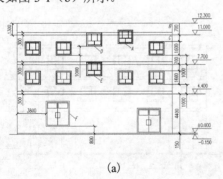 按钮。
- 命令：MOVE 或简写 M。

【案例 3-1】练习使用 MOVE 命令。打开素材文件 "3-1.dwg"，如图 3-1（a）所示，使用 MOVE 命令将（a）修改为（b）。

（1）激活极轴追踪、对象捕捉及自动追踪等功能，设定对象捕捉方式为端点、交点。

（2）单击【常用】选项卡【修改】面板上的 按钮，AutoCAD 提示如下。

```
命令:_move
选择对象: 指定对角点: 找到 24 个          //选择窗户 A, 如图 3-1(a)所示
选择对象:                               //按 Enter 键确认
指定基点或 [位移(D)]<位移>:            //捕捉交点 B
指定第二个点或 <使用第一个点作为位移>:   //捕捉交点 C
命令:MOVE                              //重复命令
选择对象: 指定对角点: 找到 48 个          //选择窗户 D、E
选择对象:                               //按 Enter 键确认
指定基点或 [位移(D)]<位移>:            //单击一点
指定第二个点或 <使用第一个点作为位移>: 1000   //向下追踪并输入追踪距离
命令:MOVE                              //重复命令
选择对象: 指定对角点: 找到 15 个          //选择门 F
选择对象:                               //按 Enter 键确认
指定基点或 [位移(D)]<位移>: -2000,-800   //输入沿 x、y 轴移动的距离
指定第二个点或 <使用第一个点作为位移>:   //按 Enter 键结束命令
```

结果如图 3-1（b）所示。

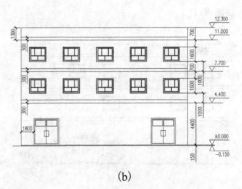

（a）　　　　　　　　　　　　　（b）

图 3-1　移动对象

使用 MOVE 命令时，可以通过以下几种方式指明对象移动的距离和方向。

（1）在屏幕上指定两个点，这两点间的距离和方向代表了实体移动的距离和方向。

当系统提示"指定基点:"时，指定移动的基准点。当系统提示"指定第二个点:"时，捕捉第二点或输入第二点相对于基准点的相对直角坐标或极坐标值。

（2）以 "x,y" 方式输入对象沿 x、y 轴移动的距离，或用 "距离<角度" 方式输入对象移动的距离和方向。

当系统提示"指定基点:"时，输入位移值。当系统提示"指定第二个点:"时，按 Enter 键确认，这样系统就会以输入的位移值来移动选定的实体对象。

（3）激活正交或极轴追踪功能，就能方便地将实体只沿 x 或 y 轴方向移动。

当系统提示"指定基点："时，单击一点并把实体向水平或竖直方向移动，然后输入位移的数值。

使用"位移(D)"选项，使用该选项后，系统会提示"指定位移："，此时可以"x,y"方式输入对象沿 x、y 轴移动的距离，或以"距离<角度"方式输入对象移动的距离和方向。

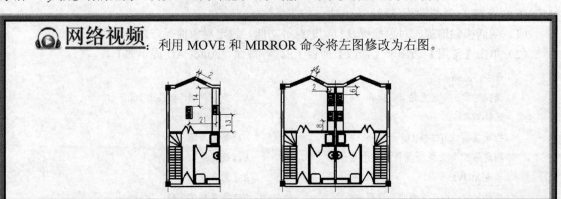

：利用 MOVE 和 MIRROR 命令将左图修改为右图。

3.1.3　复制对象

复制图形实体的命令是 COPY（简写 CO），该命令可以在二维或三维空间中使用。执行 COPY 命令后，选择要复制的图形元素，然后通过两点或直接输入位移值来指定复制的距离和方向。

命令启动方法如下。

- 功能区：单击【常用】选项卡【修改】面板上的 按钮。
- 命令：COPY 或简写 CO。

【案例 3-2】练习使用 COPY 命令。打开素材文件"3-2.dwg"，如图 3-2(a)所示，使用 COPY 命令将(a)修改为(b)。

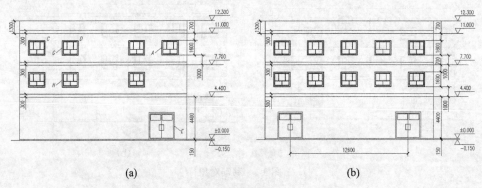

(a)　　　　　　　　　　　　　　　(b)

图 3-2　复制对象

（1）激活极轴追踪、对象捕捉及自动追踪等功能，设定对象捕捉方式为端点、交点。

（2）单击【常用】选项卡【修改】面板上的 按钮，AutoCAD 提示如下。

命令：_copy

选择对象：指定对角点：找到 24 个　　　　　　//选择窗户 A，如图 3-2(a)所示

选择对象：　　　　　　　　　　　　　　　　//按 Enter 键确认

当前设置：复制模式 = 多个

指定基点或 [位移(D)/模式(O)] <位移>：　　　//单击一点

指定第二个点或 <使用第一个点作为位移>: 3300	//向下追踪并输入追踪距离
指定第二个点或 [退出(E)/放弃(U)] <退出>:	//按 Enter 键结束命令
命令:COPY	//重复命令
选择对象: 指定对角点: 找到 48 个	//选择窗户 G、H
选择对象:	//按 Enter 键确认
当前设置: 复制模式 = 多个	
指定基点或 [位移(D)/模式(O)] <位移>:	//捕捉交点 C
指定第二个点或 <使用第一个点作为位移>:	//捕捉交点 D
指定第二个点或 [退出(E)/放弃(U)] <退出>:	//按 Enter 键结束命令
命令:COPY	//重复命令
选择对象: 指定对角点: 找到 15 个	//选择门 E
选择对象:	//按 Enter 键确认
当前设置: 复制模式 = 多个	
指定基点或 [位移(D)/模式(O)] <位移>:0,−12600	//输入沿 x、y 轴复制的距离
指定第二个点或 <使用第一个点作为位移>:	//按 Enter 键结束命令

结果如图 3-2 (b) 所示。

使用 COPY 命令时，需指定源对象移动的距离和方向，具体方法请参考 MOVE 命令。COPY 命令有"模式(O)"选项，该选项可以设置复制模式是"单个"还是"多个"，当设置为"多个"时，在一次操作中可同时对源对象进行多次复制。当将某一个实体复制在不同的位置时，该模式是很有用的，这个过程比每次调用 COPY 命令来复制对象要方便许多。

3.1.4　镜像对象

对于对称图形来说，只需绘制出图形的一半，另一半即可使用 MIRROR 命令镜像出来。操作时，先告诉系统要对哪些对象进行镜像，然后再指定镜像线位置即可，还可选择删除或保留原来的对象。

命令启动方法如下。

- 功能区：单击【常用】选项卡【修改】面板上的 按钮。
- 命令：MIRROR 或简写 MI。

【案例 3-3】打开素材文件"3-3.dwg"，如图 3-3 (a) 所示。下面使用 MIRROR 命令将 (a) 修改为 (b) 或 (c)。

命令:_mirror	
选择对象: 指定对角点: 找到 8 个	//选择源对象，如图 3-3 (a) 所示
选择对象:	//按 Enter 键
指定镜像线的第一点:	//拾取镜像线上的第一点
指定镜像线的第二点:	//拾取镜像线上的第二点
是否删除源对象? [是(Y)/否(N)] <N>:	//按 Enter 键，镜像时不删除源对象

结果如图 3-3 (b) 所示，(c) 中还显示了镜像时删除源对象的结果。

　　　　当对文字进行镜像时，结果会使它们被倒置，要避免这一点，需将 MIRRTEXT 系统变量设置为"0"。

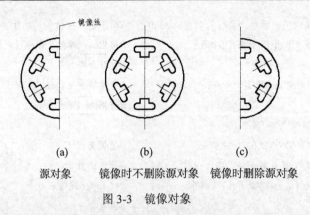

图 3-3　镜像对象

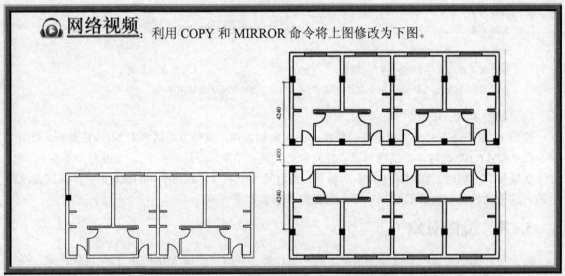

3.2　旋转、阵列对象

本节主要内容包括平面图形的旋转、阵列操作。

3.2.1　网络课堂——引入案例

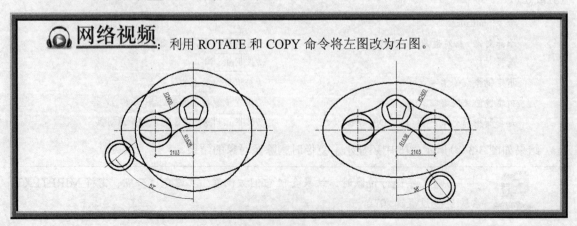

3.2.2 旋转对象

使用 ROTATE 命令可以旋转图形对象,改变图形对象的方向。使用此命令时,只需指定旋转基点并输入旋转角度就可以转动图形实体。此外,也可以将某个方位作为参照位置,然后选择一个新对象或输入一个新角度值来指明要旋转到的位置。

1. 命令启动方法

● 功能区:单击【常用】选项卡【修改】面板上的 按钮。

● 命令:ROTATE 或简写 RO。

【案例 3-4】打开素材文件 "3-4.dwg",如图 3-4(a)所示。使用 ROTATE 和 EXTEND 命令将(a)修改为(b)。

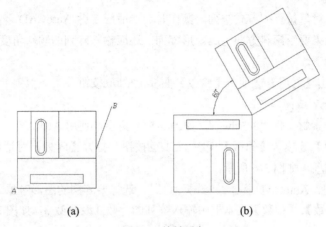

(a)   (b)

图 3-4 旋转对象

单击【常用】选项卡【修改】面板上的 按钮,AutoCAD 提示如下。

命令:_rotate	
UCS 当前的正角方向: ANGDIR=逆时针 ANGBASE=0	
选择对象: 指定对角点: 找到 13 个	//选择对象 B
选择对象:	//按 Enter 键
指定基点:	//捕捉端点 A
指定旋转角度, 或 [复制(C)/参照(R)] <0>: c	//选择 "复制(C)" 选项
旋转一组选定对象。	
指定旋转角度, 或 [复制(C)/参照(R)] <0>: 180	//输入旋转角度
命令:ROTATE	//重复命令
UCS 当前的正角方向: ANGDIR=逆时针 ANGBASE=0	
选择对象: 指定对角点: 找到 13 个	//选择对象 B
选择对象:	//按 Enter 键
指定基点:	//捕捉端点 A
指定旋转角度, 或 [复制(C)/参照(R)] <180>: 30	//输入旋转角度

结果如图 3-4(b)所示。

2. 命令选项

● 指定旋转角度:指定旋转基点并输入绝对旋转角度来旋转实体。旋转角是基于当前用户坐标系测量的，如果输入负的旋转角，则选定的对象将顺时针旋转；反之，被选择的对象将逆时针旋转。

- 复制(C)：旋转对象的同时复制对象。
- 参照(R)：指定某个方向作为起始参照，然后拾取一个点或两个点来指定源对象要旋转到的位置，也可以输入新角度值来指明要旋转到的方位。

3.2.3 阵列对象

几何元素的均布以及图形的对称是作图中经常遇到的问题。在绘制均布特征时，使用 ARRAY 命令可指定矩形阵列或环形阵列。

1．矩形阵列对象

矩形阵列是指将对象按行列方式排列。操作时，一般应告诉 AutoCAD 阵列的行数、列数、行间距、列间距等，如果要沿倾斜方向生成矩形阵列，还应输入阵列的倾斜角度值。

命令启动方法如下。

- 功能区：单击【常用】选项卡【修改】面板上的██按钮。
- 命令：ARRAY 或简写 AR。

【案例 3-5】打开素材文件 "3-5.dwg"，如图 3-5(a) 所示，使用 ARRAY 命令将 (a) 修改为 (b)。

（1）单击【常用】选项卡【修改】面板上的██按钮，打开【阵列】对话框，在该对话框中选择【矩形阵列】单选项，如图 3-6 所示。

（2）单击██按钮，AutoCAD 提示："选择对象"，选择要阵列的图形对象 A，如图 3-5 所示。

（3）分别在【行数】、【列数】文本框中输入阵列的行数 3 及列数 3，如图 3-6 所示。"行"的方向与坐标系的 x 轴平行，"列"的方向与 y 轴平行。

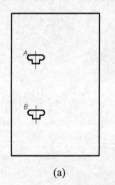
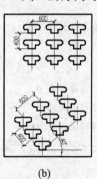
(a)　　(b)

图 3-5　矩形阵列

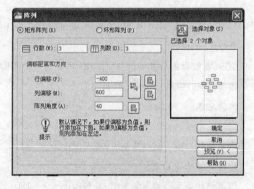

图 3-6　【阵列】对话框

（4）分别在【行偏移】、【列偏移】文本框中输入行间距 400 及列间距 600，行、列间距的数值可为正或负。若是正值，则沿 x、y 轴的正方向形成阵列；否则，沿反方向形成阵列。

（5）在【阵列角度】文本框中输入阵列方向与 x 轴的夹角 0°，该角度逆时针为正，顺时针为负。

（6）单击 预览(V)< 按钮，可预览阵列效果。

（7）单击 确定 按钮，结果如图 3-5(b) 所示。

（8）用同样方法，沿倾斜方向创建对象 B 的矩形阵列，如图 3-5(b) 所示。阵列参数为：行数 3、列数 3、行间距-400、列间距 600、阵列角度 40°。

2．环形阵列对象

使用 ARRAY 命令既可以创建矩形阵列，也可以创建环形阵列。环形阵列是指把对象绕阵列中心等角度均匀分布，决定环形阵列的主要参数有阵列中心、阵列总角度及阵列数目。此外，也可通过输入阵列总数及每个对象间的夹角生成环形阵列。

【案例 3-6】打开素材文件 "3-6.dwg"，如图 3-7(a)所示，使用 ARRAY 命令将(a)修改为(b)。

（1）单击【常用】选项卡【修改】面板上的 ⊞ 按钮，打开【阵列】对话框，在该对话框中选择【环形阵列】单选项，如图 3-8 所示。

（2）单击 按钮，AutoCAD 提示 "选择对象"，选择要阵列的图形对象 A，如图 3-7 所示。

（3）在【中心点】区域中单击 按钮，AutoCAD 切换到绘图窗口，然后在屏幕上指定阵列中心。此外，也可直接在【X】、【Y】文本框中输入中心点的坐标值。

（4）【方法】下拉列表中提供了 3 种创建环形阵列的方法，选择其中一种，AutoCAD 列出需设定的参数。默认情况下，【项目总数和填充角度】是当前选项，此时，需输入的参数有【项目总数】和【填充角度】。

（5）在【项目总数】文本框中输入环形阵列的数目；在【填充角度】文本框中输入阵列分布的总角度值，如图 3-8 所示。若阵列角度为正，则沿逆时针方向创建阵列；否则，按顺时针方向创建阵列。

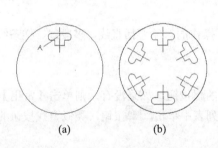

(a)　　　　　　(b)

图 3-7　环形阵列

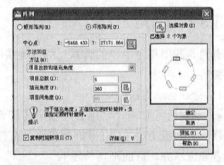

图 3-8　【阵列】对话框

（6）单击 预览(V) < 按钮，预览阵列效果。

（7）单击 确定 按钮，结果如图 3-7(b)所示。

🎧 网络视频：执行 LINE、CIRCLE、ARRAY、ROTATE 等命令绘图。

3.3 圆角和倒角

本节介绍倒圆角和倒斜角两种倒角的方法。

3.3.1 网络课堂——引入案例

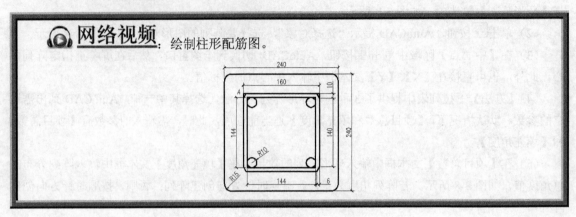

🎧 **网络视频**：绘制柱形配筋图。

3.3.2 圆角

圆角是利用指定半径的圆弧光滑地连接两个对象，操作的对象包括直线、多段线、样条线、圆和圆弧等。

1. 命令启动方法

● 功能区：单击【常用】选项卡【修改】面板上的□按钮；如果没有，则单击【常用】选项卡【修改】面板上□按钮右侧的▿按钮，在打开的下拉列表中单击◯圆角按钮（类似查找按钮的方法请读者熟练掌握，后面不再赘述）。

● 命令：FILLET 或简写 F。

【案例 3-7】练习 FILLET 命令。

打开素材文件"3-7.dwg"，如图 3-9（a）所示，下面用 FILLET 命令将（a）修改为（b）。

```
命令: _fillet
当前设置: 模式 = 修剪, 半径 = 0.0000
选择第一个对象或 [放弃(U)/多段线(P)/半径(R)/修剪(T)/多个(M)]: r
                                        //设置圆角半径
指定圆角半径 <0.0000>: 5                   //输入圆角半径值
选择第一个对象或 [放弃(U)/多段线(P)/半径(R)/修剪(T)/多个(M)]:
                                        //选择要倒圆角的第一个对象
选择第二个对象，或按住 Shift 键选择要应用角点的对象: //选择要倒圆角的第二个对象
```

结果如图 3-9（b）所示。

2. 命令选项

● 放弃(U)：放弃倒圆角操作。

● 多段线(P)：选择多段线后，AutoCAD 对多段线每个顶点进行

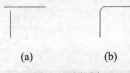

(a)　　　　　　(b)

图 3-9　倒圆角

倒圆角操作，如图 3-10 (a) 所示。

- 半径(R)：设定圆角半径。若圆角半径为 0，则系统将使被修剪的两个对象交于一点。
- 修剪(T)：指定倒圆角操作后是否修剪对象，如图 3-10 (b) 所示。

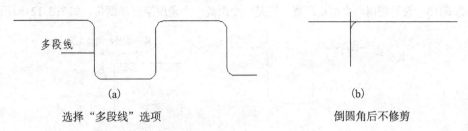

| (a) | (b) |
| 选择"多段线"选项 | 倒圆角后不修剪 |

图 3-10 倒圆角的两种情况

3.3.3 倒角

倒角使用一条斜线连接两个对象，倒角时既可以输入每条边的倒角距离，也可以指定某条边上倒角的长度及与此边的夹角。使用 CHAMFER 命令时，还可以设定是否修剪被倒角的两个对象。

1. 命令启动方法

- 功能区：单击【常用】选项卡【修改】面板上的▱按钮。
- 命令：CHAMFER 或简写 CHA。

【案例 3-8】练习 CHAMFER 命令。

打开素材文件 "3-8.dwg"，如图 3-11 (a) 所示，下面用 CHAMFER 命令将 (a) 修改为 (b)。

命令：_chamfer

（"修剪"模式）当前倒角距离 1 = 0.0000，距离 2 = 0.0000

选择第一条直线或 [放弃(U)/多段线(P)/距离(D)/角度(A)/修剪(T)/方式(E)/多个(M)]:d

//设置倒角距离

指定第一个倒角距离 <0.0000>: 5　　　　//输入第一个边的倒角距离

指定第二个倒角距离 <5.0000>: 8　　　　//输入第二个边的倒角距离

选择第一条直线或 [放弃(U)/多段线(P)/距离(D)/角度(A)/修剪(T)/方式(E)/多个(M)]:

//选择第一个倒角边，如图 3-11 (a) 所示

选择第二条直线，或按住 Shift 键选择要应用角点的直线：//选择第二个倒角边

结果如图 3-11 (b) 所示。

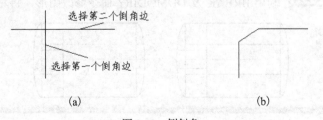

选择第二个倒角边

选择第一个倒角边

(a)　　　　(b)

图 3-11 倒斜角

2. 命令选项

- 多段线(P)：选择多段线后，AutoCAD 将对多段线每个顶点执行倒斜角操作，如图 3-12 (a) 所示。

- 距离(D)：设定倒角距离。若倒角距离为 0，则系统将使被倒角的两个对象交于一点。
- 角度(A)：指定倒角角度，如图 3-12（b）所示。
- 修剪(T)：设置倒斜角时是否修剪对象。该选项与 FILLET 命令的"修剪(T)"选项相同。
- 方式(E)：设置使用两个倒角距离，还是一个距离一个角度来创建倒角，如图 3-12（b）所示。

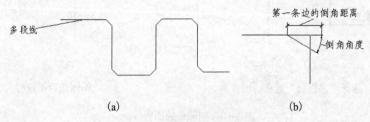

图 3-12　倒斜角的两种情况

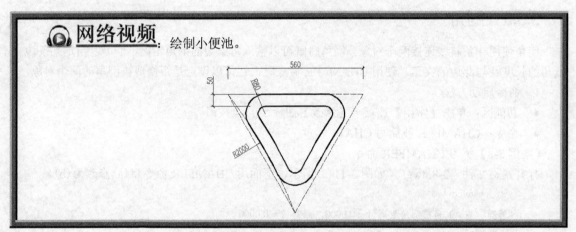

网络视频：绘制小便池。

3.4　打断对象

本节主要内容是对象的打断处理。

3.4.1　网络课堂——引入案例

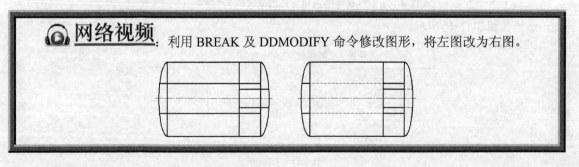

网络视频：利用 BREAK 及 DDMODIFY 命令修改图形，将左图改为右图。

3.4.2　打断对象

打断对象命令既可以在一个点打断对象，也可以在指定的两点打断对象。BREAK 命令可以删除对象的一部分，常用于打断直线、圆、圆弧、椭圆等。

1．命令启动方法

● 功能区：单击【常用】选项卡【修改】面板底部的 ▢ 修改 ▾ ▢ 按钮，在打开的下拉列表中单击 ▣ 按钮（在两点之间打断选定的对象）或 ▢ 按钮（在一点打断选定的对象）。

● 命令：BREAK 或简写 BR。

【案例 3-9】练习 BREAK 命令。

打开素材文件"3-9.dwg"，如图 3-13（a）所示。利用 BREAK 命令将（a）修改为（b）。

    命令: _break 选择对象:

    //在 C 点处选择对象，如图 3-13（a）所示，AutoCAD 将该点作为第一打断点

    指定第二个打断点或 [第一点(F)]:   //在 D 点处选择对象

    命令: //重复命令

    BREAK 选择对象: //选择线段 AB

    指定第二个打断点或 [第一点(F)]: f   //使用"第一点(F)"选项

    指定第一个打断点: //捕捉交点 B

    指定第二个打断点: @   //第二打断点与第一打断点重合，线段 AB 将在 B 点处断开

结果如图 3-13（b）所示。

(a)   (b)

图 3-13 打断线段

 在圆上选择两个打断点后，AutoCAD 沿逆时针方向将第一打断点与第二打断点间的那部分圆弧删除。

2．命令选项

● 指定第二个打断点：在图形对象上选取第二点后，AutoCAD 将第一打断点与第二打断点间的部分删除。

● 第一点(F)：该选项使用户可以重新指定第一打断点。

BREAK 命令还有以下一些操作方式。

（1）如果要删除直线、圆弧或多段线的一端，可在选择被打断的对象后，将第二打断点指定在要删除部分那端的外面。

（2）当 AutoCAD 提示输入第二打断点时，输入"@"，则 AutoCAD 将第一断点和第二断点视为同一点，这样就将一个对象一拆为二而没有删除其中的任何一部分。

3.5 拉伸对象

本节主要介绍对象的拉伸处理。

3.5.1 网络课堂——引入案例

网络视频：利用 LINE、COPY 及 STRETCH 等命令绘图。

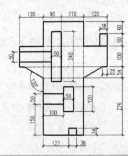

3.5.2 拉伸对象

STRETCH 命令可拉伸、缩短、移动实体。STRETCH 命令通过改变端点的位置来修改图形对象，编辑过程中除被伸长、缩短的对象外，其他图元的大小及相互间的几何关系将保持不变。

操作时首先利用交叉窗口选择对象，如图 3-14 所示，然后指定一个基准点和另一个位移点，则 AutoCAD 将依据两点之间的距离和方向修改图形，凡在交叉窗口中的图元顶点都被移动，而与交叉窗口相交的图元将被延伸或缩短。此外，还可通过输入沿 x、y 轴的位移来拉伸图形，当 AutoCAD 提示"指定基点或位移:"时，直接输入位移值；当提示"指定位移的第二点"时，按 Enter 键完成操作。

如果图样沿 x 轴或 y 轴方向的尺寸有错误，或是想调整图形中某部分实体的位置，就可使用 STRETCH 命令。

命令启动方法如下。

- 功能区：单击【常用】选项卡【修改】面板上的⊡按钮。
- 命令：STRETCH 或简写 S。

【案例 3-10】练习 STRETCH 命令。

打开素材文件"3-10.dwg"，如图 3-14(a)所示，利用 STRETCH 命令将(a)修改为(b)。

```
命令: _stretch
以交叉窗口或交叉多边形选择要拉伸的对象...
选择对象: 指定对角点: 找到 8 个        //以交叉窗口选择要拉伸的对象，如图 3-14(a)所示
选择对象:                             //按 Enter 键
指定基点或 [位移(D)] <位移>:           //在绘图窗口单击一点
指定位移的第二个点或 <用第一个点作位移>: 20  //向右追踪并输入追踪距离
```

结果如图 3-14(b)所示。

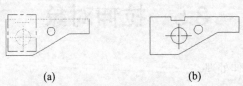

(a)   (b)

图 3-14 拉伸对象

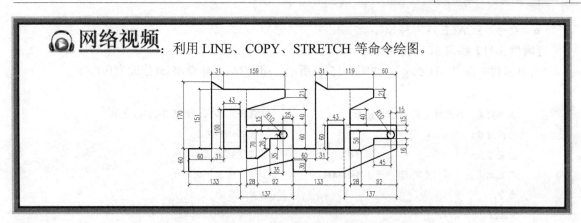

网络视频: 利用 LINE、COPY、STRETCH 等命令绘图。

3.6 按比例缩放对象

本节介绍按比例缩放对象的方法及应用。

3.6.1 网络课堂——引入案例

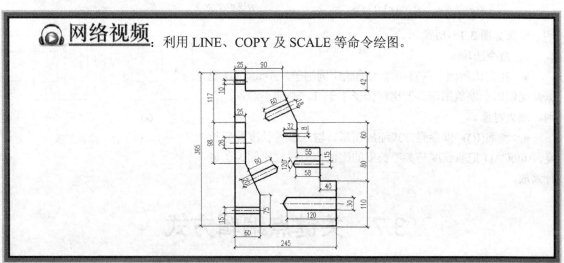

网络视频: 利用 LINE、COPY 及 SCALE 等命令绘图。

3.6.2 按比例缩放对象

SCALE 命令可将对象按指定的比例因子相对于基点放大或缩小。使用此命令时,可以用下面的两种方式缩放对象。

● 选择缩放对象的基点,然后输入缩放比例因子。比例变换图形的过程中,缩放基点在屏幕上的位置将保持不变,它周围的图元以此点为中心按给定的比例因子放大或缩小。

● 输入一个数值或拾取两点来指定一个参考长度(第一个数值),然后再输入新的数值或拾取另外一点(第二个数值),则 AutoCAD 计算两个数值的比率并以此比率作为缩放比例因子。当用户想将某一对象放大到特定尺寸时,就可使用这种方法。

1. 命令启动方法

● 功能区:单击【常用】选项卡【修改】面板上的 按钮。

● 命令：SCALE 或简写 SC。

【案例 3-11】练习 SCLAE 命令。

打开素材文件"3-11.dwg"，如图 3-15(a)所示。用 SCALE 命令将(a)修改为(b)。

命令：_scale	
选择对象：指定对角点：找到 1 个	//选择矩形 A，如图 3-15(a)所示
选择对象：	//按 Enter 键
指定基点：	//捕捉交点 C
指定比例因子或 [复制(C)/参照(R)] <1.0000>：3	//输入缩放比例因子
命令：	//重复命令
SCALE	
选择对象：指定对角点：找到 4 个	//选择线框 B
选择对象：	//按 Enter 键
指定基点：	//捕捉交点 D
指定比例因子或 [复制(C)/参照(R)] <3.0000>：r	//选择"参照(R)"选项
指定参照长度 <1.0000>：	//捕捉交点 D
指定第二点：	//捕捉交点 E
指定新的长度或 [点(P)] <1.0000>：	//捕捉交点 F

结果如图 3-15(b)所示。

2．命令选项

● 指定比例因子：直接输入缩放比例因子，AutoCAD 根据此比例因子缩放图形。若比例因子小于 1，则缩小对象；否则，放大对象。

● 参照(R)：以参照方式缩放图形。输入参考长度及新长度，AutoCAD 把新长度与参考长度的比值作为缩放比例因子进行缩放。

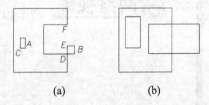

(a)　　　　　　(b)

图 3-15　缩放图形

3.7　关键点编辑方式

本节介绍关键点编辑方式绘图。

3.7.1　网络课堂——引入案例

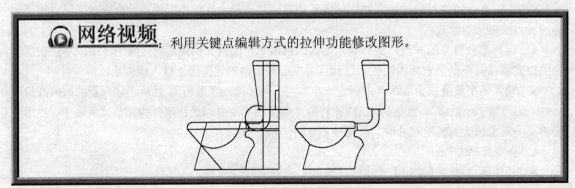

网络视频：利用关键点编辑方式的拉伸功能修改图形。

3.7.2　利用关键点拉伸

关键点编辑方式是一种集成的编辑模式，该模式包含了 5 种编辑方法。

- 拉伸。
- 移动。
- 旋转。
- 比例缩放。
- 镜像。

默认情况下，AutoCAD 的关键点编辑方式是开启的，当选择实体后，实体上将出现若干方框，这些方框被称为关键点。把十字光标靠近方框并单击鼠标左键，即可激活关键点编辑状态，此时，AutoCAD 自动进入【拉伸】编辑方式，连续按 Enter 键，就可以在所有编辑方式间切换。此外，也可在激活关键点后，再单击鼠标右键，弹出快捷菜单，如图 3-16 所示，通过此菜单就能选择某种编辑方法。

图 3-16　关键点编辑方式快捷菜单

在不同的编辑方式间切换时，可观察到 AutoCAD 为每种编辑方式提供的选项基本相同，其中"基点(B)"、"复制(C)"选项是所有编辑方式所共有的。

- 基点(B)：该选项可以拾取某一个点作为编辑过程的基点。例如，当进入了旋转编辑模式，并要指定一个点作为旋转中心时，就使用"基点(B)"选项。默认情况下，编辑的基点是热关键点（选中的关键点）。
- 复制(C)：如果在编辑的同时还需复制对象，则选取此选项。

在拉伸编辑模式下，当热关键点是线条的端点时，将有效地拉伸或缩短对象。如果热关键点是线条的中点、圆或圆弧的圆心或者它属于块、文字、尺寸数字等实体时，这种编辑方式就只移动对象。

【案例 3-12】利用关键点拉伸圆的中心线。

打开素材文件"3-12.dwg"，如图 3-17(a)所示。利用关键点拉伸模式将(a)修改为(b)。

命令：<正交 开>　　　　　　　　　//打开正交

命令：　　　　　　　　　　　　　//选择线段 B

命令：　　　　　　　　　　　　　//选中关键点 A

** 拉伸 **　　　　　　　　　　//进入拉伸模式

指定拉伸点或 [基点(B)/复制(C)/放弃(U)/退出(X)]：　//向右移动鼠标拉伸线段 A

结果如图 3-17(b)所示。

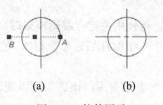

(a)　　　　　(b)

图 3-17　拉伸图元

 　　打开正交状态后就可利用关键点拉伸方式很方便地改变水平或竖直线段的长度。

3.7.3 利用关键点移动及复制对象

关键点移动模式可以编辑单一对象或一组对象，在此方式下使用"复制(C)"选项就能在移动实体的同时进行复制。这种编辑模式的使用与普通的 MOVE 命令很相似。

【案例 3-13】利用关键点复制对象。

打开素材文件"3-13.dwg"，如图 3-18（a）所示。利用关键点移动模式将（a）修改为（b）。

命令：	//选择矩形 A
命令：	//选中关键点 B
** 拉伸 **	
指定拉伸点或 [基点(B)/复制(C)/放弃(U)/退出(X)]：	//进入拉伸模式
** 移动 **	//按 Enter 键进入移动模式
指定移动点或 [基点(B)/复制(C)/放弃(U)/退出(X)]： C	//利用"复制(C)"选项进行复制
** 移动 (多重) **	
指定移动点或 [基点(B)/复制(C)/放弃(U)/退出(X)]： b	//使用"基点(B)"选项
指定基点：	//捕捉 C 点
** 移动 (多重) **	
指定移动点或 [基点(B)/复制(C)/放弃(U)/退出(X)]：	//捕捉 D 点
** 移动 (多重) **	
指定移动点或 [基点(B)/复制(C)/放弃(U)/退出(X)]：	//按 Enter 键结束

结果如图 3-18（b）所示。

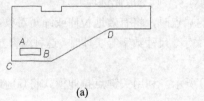 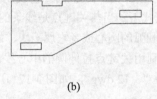

(a)　　　　　　　　　　　　　　　(b)

图 3-18　复制对象

处于关键点编辑模式下，按住 Shift 键，AutoCAD 将自动在编辑实体的同时复制对象。

3.7.4 利用关键点旋转对象

旋转对象是绕旋转中心进行的，当使用关键点编辑模式时，热关键点就是旋转中心，也可以指定其他点作为旋转中心。这种编辑方法与 ROTATE 命令相似，它的优点在于旋转对象的同时还可复制对象。

旋转操作中"参照(R)"选项有时非常有用，该选项可以旋转图形实体使其与某个新位置对齐，下面的案例将演示此选项的用法。

【案例 3-14】利用关键点旋转对象。

打开素材文件"3-14.dwg"，如图 3-19（a）所示。利用关键点旋转模式将（a）修改为（b）。

命令：	//选择线框 A，如图 3-19（a）所示

命令:	//选中任意一个关键点
** 拉伸 **	//进入拉伸模式
指定拉伸点或 [基点(B)/复制(C)/放弃(U)/退出(X)]:	//按 Enter 键进入移动模式
** 移动 **	
指定移动点或 [基点(B)/复制(C)/放弃(U)/退出(X)]:	//按 Enter 键进入旋转模式
** 旋转 **	
指定旋转角度或 [基点(B)/复制(C)/放弃(U)/参照(R)/退出(X)]: b	//使用"基点(B)"选项指定旋转中心
指定基点:	//捕捉圆心 O 作为旋转中心
** 旋转 **	
指定旋转角度或[基点(B)/复制(C)/放弃(U)/参照(R)/退出(X)]: r	//使用"参照(R)"选项指定图形旋转到的位置
指定参照角 <0>:	//捕捉圆心 O
指定第二点:	//捕捉端点 B
** 旋转 **	
指定新角度或 [基点(B)/复制(C)/放弃(U)/参照(R)/退出(X)]:	//捕捉端点 C

结果如图 3-19(b)所示。

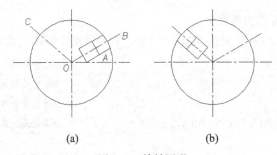

(a)　　　　　　　　(b)

图 3-19　旋转图形

3.7.5　利用关键点缩放对象

关键点编辑方式也提供了缩放对象的功能,当切换到缩放模式时,当前激活的热关键点是缩放的基点。可以输入比例系数对实体进行放大或缩小,也可利用"参照(R)"选项将实体缩放到某一尺寸。

【案例 3-15】利用关键点缩放模式缩放对象。

打开素材文件"3-15.dwg",如图 3-20(a)所示。利用关键点缩放模式将(a)修改为(b)。

命令:	//选择线框 A,如图 3-20(a)所示
命令:	//选中任意一个关键点
** 拉伸 **	//进入拉伸模式
指定拉伸点或 [基点(B)/复制(C)/放弃(U)/退出(X)]:	//按 Enter 键进入移动模式
** 移动 **	
指定移动点或 [基点(B)/复制(C)/放弃(U)/退出(X)]:	//按 Enter 键进入旋转模式
** 旋转 **	
指定旋转角度或 [基点(B)/复制(C)/放弃(U)/参照(R)退出(X)]:	//按 Enter 键进入缩放模式
** 比例缩放 **	
指定比例因子或 [基点(B)/复制(C)/放弃(U)/参照(R)/退出(X)]: b	//使用"基点(B)"选项指定缩放基点

指定基点：　　　　　　　　　　　　　　　　　　//捕捉交点 B

** 比例缩放 **

指定比例因子或 [基点(B)/复制(C)/放弃(U)/参照(R)/退出(X)]: 2　　//输入缩放比例值

结果如图 3-20(b)所示。

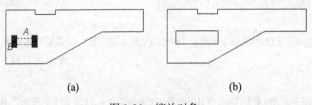

(a)　　　　　　　　　　　　　　(b)

图 3-20　缩放对象

3.7.6　利用关键点镜像对象

进入镜像模式后，AutoCAD 直接提示"指定第二点"。默认情况下，热关键点是镜像线的第一点，在拾取第二点后，此点便与第一点一起形成镜像线。如果用户要重新设定镜像线的第一点，可选择"基点(B)"选项。

【案例 3-16】利用关键点镜像对象。

打开素材文件 "3-16.dwg"，如图 3-21(a)所示。利用关键点镜像模式将(a)修改为(b)。

命令：　　　　　　　　　　　　　　　　　　　//选择要镜像的对象，如图 3-21(a)所示

命令：　　　　　　　　　　　　　　　　　　　//选中关键点 A

** 拉伸 **　　　　　　　　　　　　　　　　　//进入拉伸模式

指定拉伸点或 [基点(B)/复制(C)/放弃(U)/退出(X)]:　　//按 Enter 键进入移动模式

** 移动 **

指定移动点或 [基点(B)/复制(C)/放弃(U)/退出(X)]:　　//按 Enter 键进入旋转模式

** 旋转 **

指定旋转角度或 [基点(B)/复制(C)/放弃(U)/参照(R)/退出(X)]:　//按 Enter 键进入缩放模式

** 比例缩放 **

指定比例因子或 [基点(B)/复制(C)/放弃(U)/参照(R)/退出(X)]:　//按 Enter 键进入镜像模式

** 镜像 **

指定第二点或 [基点(B)/复制(C)/放弃(U)/退出(X)]: c　　//镜像并复制

** 镜像 (多重) **

指定第二点或 [基点(B)/复制(C)/放弃(U)/退出(X)]:　　//捕捉交点 B

** 镜像 (多重) **

指定第二点或 [基点(B)/复制(C)/放弃(U)/退出(X)]:　　//按 Enter 键结束

结果如图 3-21(b)所示。

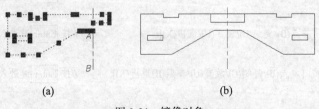

(a)　　　　　　　　　　　　　　(b)

图 3-21　镜像对象

激活关键点编辑模式后，可通过输入下列字母直接进入某种编辑方式。

- MI　　——镜像。
- MO　　——移动。
- RO　　——旋转。
- SC　　——缩放。
- ST　　——拉伸。

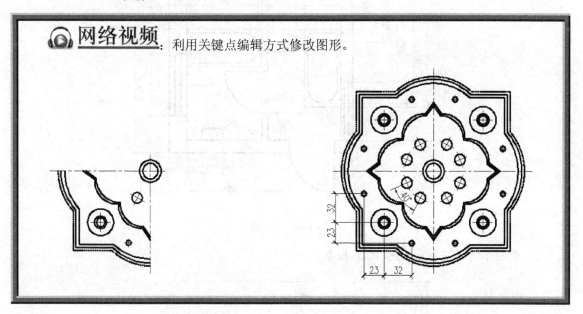

网络视频：利用关键点编辑方式修改图形。

3.8　网络课堂——利用关键点编辑方式绘图

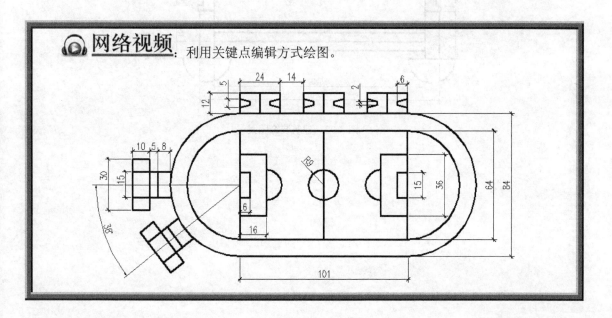

网络视频：利用关键点编辑方式绘图。

习题

1. 绘制如图 3-22 所示的卫生间。

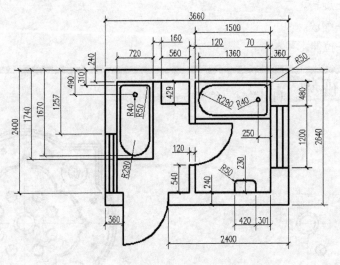

图 3-22　卫生间

2. 绘制如图 3-23 所示的建筑装饰图案。

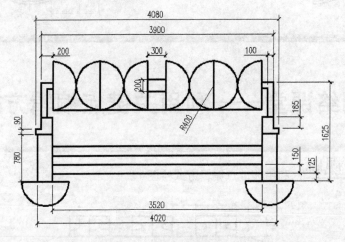

图 3-23　建筑装饰图案

第4章

绘图方法与技巧

【学习目标】

- 掌握偏移、延伸、修剪、对齐和改变线段长度等命令的绘图方法。
- 掌握多线、多段线、射线、构造线及云状线等的绘制方法。
- 熟悉借助 QSELECT 命令绘图的方法。

通过本章的学习，读者可以掌握一些绘图方法和技巧，从而有效提高自己的绘图速度和效率。

4.1 绘图技巧

本节主要介绍一些可提高绘图效率的命令，具体包括偏移（OFFSET）、延伸（EXTEND）、修剪（TRIM）、对齐（ALIGN）、改变线段长度（LENGTHEN）等命令。

4.1.1 网络课堂——引入案例

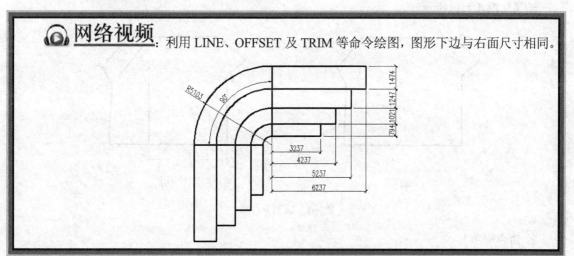

🎧 **网络视频**：利用 LINE、OFFSET 及 TRIM 等命令绘图，图形下边与右面尺寸相同。

4.1.2 偏移对象

执行 OFFSET 命令可以将对象偏移指定的距离，创建一个与源对象类似的新对象，其操作对象包括线段、圆、圆弧、多段线、椭圆、构造线和样条曲线等。

当偏移一个圆时，可创建同心圆；当偏移一条闭合的多段线（具体内容将在 4.2.5 小节中介绍）时，可建立一个与源对象形状相同的闭合图形。

使用 OFFSET 命令可以通过两种方式创建新线段，一种是输入平行线间的距离，另一种是指定新平行线通过的点。

1. 命令启动方法

● 功能区：单击【常用】选项卡【修改】面板上的 按钮。

● 命令：OFFSET 或简写 O。

【案例 4-1】练习使用 OFFSET 命令。

打开素材文件 "4-1.dwg"，如图 4-1(a) 所示。使用 OFFSET 命令将 (a) 修改为 (b)。

命令: _offset	//绘制与线段 AB 平行的线段 CD，如图 4-1 所示
当前设置: 删除源=否 图层=源 OFFSETGAPTYPE=0	
指定偏移距离或 [通过(T)/删除(E)/图层(L)] <通过>: 40	//输入平行线间的距离
选择要偏移的对象，或 [退出(E)/放弃(U)] <退出>:	//选择线段 AB
指定要偏移的那一侧上的点，或 [退出(E)/多个(M)/放弃(U)] <退出>:	
	//在线段 AB 的右侧单击一点
选择要偏移的对象，或 [退出(E)/放弃(U)] <退出>:	//按 Enter 键结束命令
命令:	//过 K 点绘制线段 EF 的平行线 GH
OFFSET	
当前设置: 删除源=否 图层=源 OFFSETGAPTYPE=0	
指定偏移距离或 [通过(T)/删除(E)/图层(L)] <40.0000>: t	//选取"通过(T)"选项
选择要偏移的对象，或 [退出(E)/放弃(U)] <退出>:	//选择线段 EF
指定通过点或 [退出(E)/多个(M)/放弃(U)] <退出>: end 于	//捕捉平行线通过的点 K
选择要偏移的对象，或 [退出(E)/放弃(U)] <退出>:	//按 Enter 键结束命令

结果如图 4-1(b) 所示。

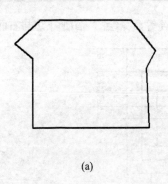

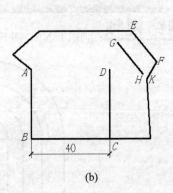

(a)   (b)

图 4-1 绘制平行线

2. 命令选项

● 指定偏移距离：输入偏移距离值，系统将根据此数值偏移原始对象产生新对象。

● 通过(T)：通过指定点创建新的偏移对象。

● 删除(E)：偏移源对象后将其删除。

● 图层(L)：指定将偏移后的新对象放置在当前图层或源对象所在的图层上。

● 多个(M)：在要偏移的一侧单击多次，即可创建出多个等距对象。

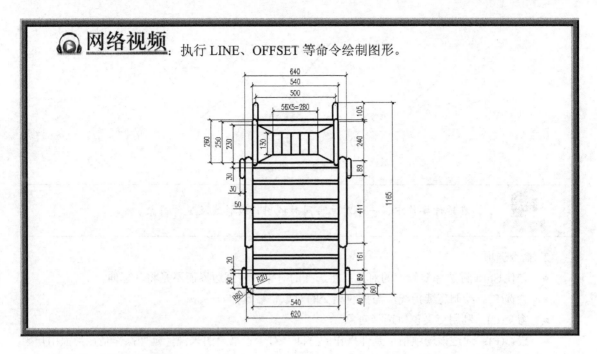

🎧 **网络视频**: 执行 LINE、OFFSET 等命令绘制图形。

4.1.3　延伸线段

利用 EXTEND 命令可以将线段、曲线等对象延伸到一个边界对象上,使其与边界对象相交。有时边界对象可能是隐含边界,即延伸对象而形成的边界,这时对象延伸后并不与实体直接相交,而是与边界的隐含部分(延长线)相交。

1. 命令启动方法
- 功能区:单击【常用】选项卡【修改】面板上的 ⫨ 按钮。
- 命令:EXTEND 或简写 EX。

【案例 4-2】练习使用 EXTEND 命令。

打开素材文件"4-2.dwg",如图 4-2(a)所示。使用 EXTEND 命令将(a)修改为(b)。

命令: _extend	
当前设置:投影=UCS, 边=无	
选择边界的边...	
选择对象或 <全部选择>: 找到 1 个	//选择边界线段 C,如图 4-2(a)所示
选择对象:	//按 Enter 键
选择要延伸的对象,或按住 Shift 键选择要修剪的对象,或[栏选(F)/窗交(C)/投影(P)/边(E)/放弃(U)]:	
	//选择要延伸的线段 A
选择要延伸的对象,或按住 Shift 键选择要修剪的对象,或[栏选(F)/窗交(C)/投影(P)/边(E)/放弃(U)]: E	
	//利用"边(E)"选项将线段 B 延伸到隐含边界
输入隐含边延伸模式 [延伸(E)/不延伸(N)] <不延伸>: E	//选择"延伸(E)"选项
选择要延伸的对象,或按住 Shift 键选择要修剪的对象,或[栏选(F)/窗交(C)/投影(P)/边(E)/放弃(U)]:	
	//选择线段 B
选择要延伸的对象,或按住 Shift 键选择要修剪的对象,或[栏选(F)/窗交(C)/投影(P)/边(E)/放弃(U)]:	
	//按 Enter 键结束命令

结果如图 4-2(b)所示。

(a)　　　　　　　　　　　　　　　(b)

图 4-2　延伸线段

在延伸操作中，一个对象可同时被用作边界线及延伸对象。

2. 命令选项

- 按住 Shift 键选择要修剪的对象：将选择的对象修剪到边界而不是将其延伸。
- 栏选(F)：绘制连续折线，与折线相交的对象将被延伸。
- 窗交(C)：利用交叉窗口选择对象。
- 投影(P)：通过该选项指定延伸操作的空间。对于二维绘图来说，延伸操作是在当前用户坐标平面（xy 平面）内进行的。在三维空间作图时，可通过选择该选项将两个交叉对象投影到 xy 平面或当前视图平面内进行延伸操作。
- 边(E)：通过该选项控制是否把对象延伸到隐含边界。当边界边太短，延伸对象后不能与其直接相交（如图 4-2 所示的边界边 C）时，打开该选项，此时系统假想将边界边延长，然后使延伸边伸长到与边界边相交的位置。
- 放弃(U)：取消上一次的操作。

网络视频：利用 OFFSET 和 EXTEND 命令修改图形。

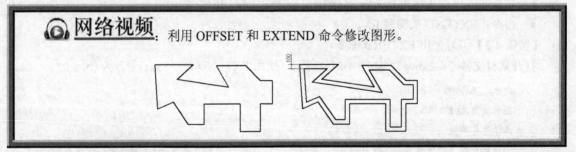

4.1.4　修剪线段

在绘图过程中常有许多线段交织在一起，若想将线段的某一部分修剪掉，可使用 TRIM 命令。执行该命令后，系统提示指定一个或几个对象作为剪切边（可以想象为剪刀），然后选择被剪掉的部分。剪切边可以是线段、圆弧和样条曲线等对象，剪切边本身也可作为被修剪的对象。

1. 命令启动方法

- 功能区：单击【常用】选项卡【修改】面板上的按钮。
- 命令：TRIM 或简写 TR。

【案例 4-3】练习使用 TRIM 命令。

打开素材文件 "4-3.dwg"，如图 4-3(a)所示。使用 TRIM 命令将(a)修改为(b)。

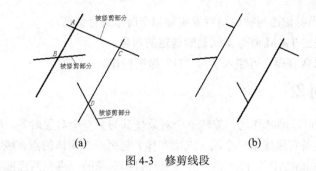

图 4-3 修剪线段

命令: _trim

当前设置:投影=UCS,边=延伸

选择剪切边...

选择对象或 〈全部选择〉: 找到 1 个   //选择剪切边 AB,如图 4-3(a)所示

选择对象: 找到 1 个,总计 2 个   //选择剪切边 CD

选择对象: //按 Enter 键确认

选择要修剪的对象,或按住 Shift 键选择要延伸的对象,或[栏选(F)/窗交(C)/投影(P)/边(E)/删除(R)/放弃(U)]:

//选择被修剪的对象,如图 4-3(a)所示

选择要修剪的对象,或按住 Shift 键选择要延伸的对象,或[栏选(F)/窗交(C)/投影(P)/边(E)/删除(R)/放弃(U)]:

//按 Enter 键结束命令

结果如图 4-3(b)所示。

 当修剪图形中某一区域的线段时,可直接把这部分的所有图元都选中,这样可以使图元之间能够相互修剪,接下来的任务是仔细选择被剪切的对象。

2. 命令选项

● 按住 Shift 键选择要延伸的对象:将选定的对象延伸至剪切边。

● 栏选(F):绘制连续折线,与折线相交的对象将被修剪掉。

● 窗交(C):利用交叉窗口选择对象。

● 投影(P):通过该选项指定执行修剪的空间。例如,三维空间中的两条线段呈交叉关系,那么就可以利用该选项假想将其投影到某一平面上进行修剪操作。

● 边(E):选取此选项,AutoCAD 提示如下。

● 输入隐含边延伸模式 [延伸(E)/不延伸(N)] 〈不延伸〉:

延伸(E):如果剪切边太短,没有与被修剪对象相交,那么系统会假想将剪切边延长,然后进行修剪操作,如图 4-4 所示。

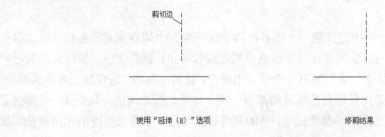

图 4-4 使用 "延伸(E)" 选项完成修剪操作

不延伸(N)：只有当剪切边与被剪切对象实际相交时才进行修剪。

- 删除(R)：不退出 TRIM 命令就能删除选定的对象。
- 放弃(U)：若修剪有误，可输入字母"U"撤销操作。

4.1.5 对齐对象

使用 ALIGN 命令可以同时移动、旋转一个对象使其与另一个对象对齐。例如，用户可以使图形对象中的某个点、某条直线或某一个面（三维实体）与另一个实体的点、线、面对齐。在操作过程中，用户只需按照 AutoCAD 的提示指定源对象与目标对象的一点、两点或三点，即可完成对齐操作。

命令启动方法如下。

- 功能区：单击【常用】选项卡【修改】面板底部的 **修改 ▼** 按钮，在打开的下拉列表中单击 按钮。
- 命令：ALIGN 或简写 AL。

【案例 4-4】练习使用 ALIGN 命令。

打开素材文件"4-4.dwg"，如图 4-5(a)所示。使用 ALIGN 命令将(a)修改为(b)。

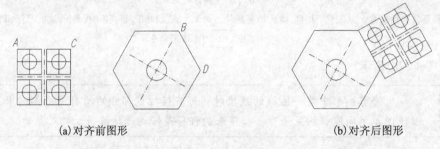

(a)对齐前图形   (b)对齐后图形

图 4-5 对齐对象

命令: align

选择对象: 指定对角点: 找到 26 个   //选择源对象，如图 4-5(a)所示

选择对象: //按 Enter 键

指定第一个源点: int 于   //捕捉第一个源点 A

指定第一个目标点: int 于   //捕捉第一个目标点 B

指定第二个源点: int 于   //捕捉第二个源点 C

指定第二个目标点: int 于   //捕捉第二个目标点 D

指定第三个源点或 <继续>:   //按 Enter 键

是否基于对齐点缩放对象? [是(Y)/否(N)] <否>:   //按 Enter 键不缩放源对象

结果如图 4-5(b)所示。

使用 ALIGN 命令时，可指定按照一个端点、两个端点或 3 个端点来对齐实体。在二维平面绘图中，一般需要将源对象与目标对象按一个或两个端点进行对正。操作完成，源对象与目标对象的第一点将重合在一起，如果要使它们的第二个端点也重合，就需要利用"是否基于对齐点缩放对象"选项缩放源对象。此时，第一目标点是缩放的基点，第一与第二源点间的距离是第一个参考长度，第一和第二目标点间的距离是新的参考长度，新的参考长度与第一个参考长度的比值就是缩放比例因子。

网络视频：利用 LINE、OFFSET、ALIGN 和 ARRAY 等命令绘制图形。

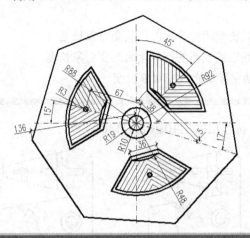

4.1.6 改变线段长度

使用 LENGTHEN 命令可以改变线段、圆弧和椭圆弧等对象的长度。使用此命令时，经常采用的选项是"动态(DY)"，即直观地拖动对象来改变其长度。

1. 命令启动方法

● 功能区：单击【常用】选项卡【修改】面板底部的 ▭ **修改 ▾** 按钮，在打开的下拉列表中单击 ▱ 按钮。

● 命令：LENGTHEN 或简写 LEN。

【案例 4-5】练习使用 LENGTHEN 命令。

打开素材文件"4-5.dwg"，如图 4-6(a)所示。使用 LENGTHEN 命令将(a)修改为(b)。

命令: lengthen	
选择对象或 [增量(DE)/百分数(P)/全部(T)/动态(DY)]: dy	//选择"动态(DY)"选项
选择要修改的对象或 [放弃(U)]:	//选择线段 AB 的左端点，如图 4-6(a)所示
指定新端点:	//调整线段端点到适当位置
选择要修改的对象或 [放弃(U)]:	//选择线段 CD 的右端点
指定新端点:	//调整线段端点到适当位置
选择要修改的对象或 [放弃(U)]:	//按 Enter 键结束命令

结果如图 4-6(b)所示。

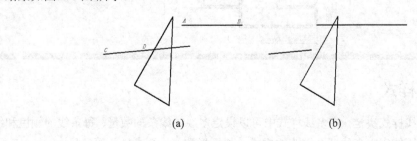

(a)   (b)

图 4-6 改变对象长度

2. 命令选项

● 增量(DE)：以指定的增量值改变线段或圆弧的长度。对于圆弧来说，还可以通过设定角度增量改变其长度。

● 百分数(P)：以对象总长度的百分比形式改变对象长度。

● 全部(T)：通过指定线段或圆弧的新长度来改变对象长度。

● 动态(DY)：通过拖动鼠标动态改变对象长度。

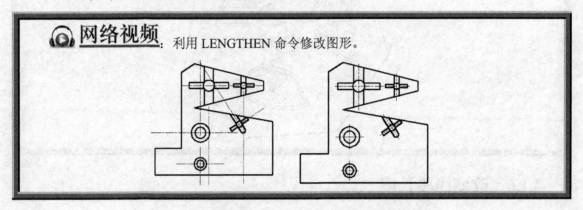

网络视频：利用 LENGTHEN 命令修改图形。

4.2　绘制多线、多段线

本节主要介绍多线、多段线的绘制方法。

4.2.1　网络课堂——引入案例

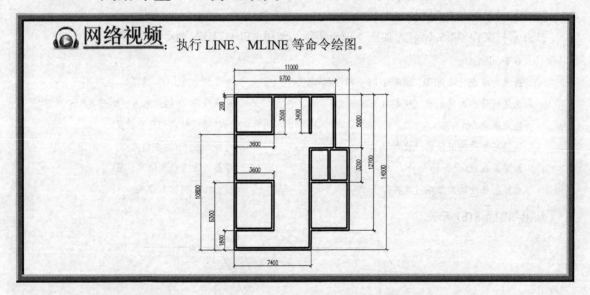

网络视频：执行 LINE、MLINE 等命令绘图。

4.2.2　多线样式

多线的外观由多线样式决定，在多线样式中可以设定多线中线条的数量、每条线的颜色和线型以及线间的距离等，还能指定多线两个端头的样式，如弧形端头、平直端头等。

命令启动方法如下。

命令：MLSTYLE。

【案例 4-6】创建新的多线样式。

（1）执行 MLSTYLE 命令，打开【多线样式】对话框，如图 4-7 所示。

（2）单击 新建(N)... 按钮，弹出【创建新的多线样式】对话框，如图 4-8 所示。在【新样式名】文本框中输入新样式名"墙体 36"，此时因为只有一个多线样式，所以【基础样式】下拉列表为灰色。

图 4-7 【多线样式】对话框　　　　　图 4-8 【创建新的多线样式】对话框

（3）单击 继续 按钮，打开【新建多线样式】对话框，如图 4-9 所示。

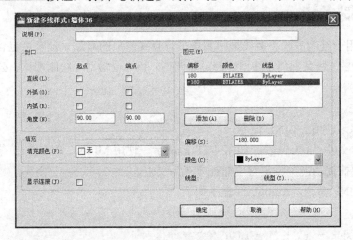

图 4-9 【新建多线样式】对话框

在该对话框中完成以下任务。

① 在【说明】文本框中输入关于多线样式的说明文字。

② 在【图元】列表框中选中"0.5"，然后在【偏移】文本框中输入数值"180"。

③ 在【图元】列表框中选中"-0.5"，然后在【偏移】文本框中输入数值"-180"。

（4）单击 确定 按钮，返回【多线样式】对话框，单击 置为当前(U) 按钮，使新样式成为当前样式。

【新建多线样式】对话框中常用选项的功能如下。

● 添加(A) 按钮：单击此按钮，系统将在多线中添加一条新线，该线的偏移量可在【偏移】文本框中设定。

- 按钮：删除【图元】列表框中选定的线元素。
- 【颜色】下拉列表：通过此下拉列表修改【图元】列表框中选定线元素的颜色。
- 按钮：指定【图元】列表框中选定线元素的线型。
- 【直线】在多线的两端产生直线封口形式，如图 4-10(a)所示。
- 【外弧】在多线的两端产生外圆弧封口形式，如图 4-10(b)所示。
- 【内弧】在多线的两端产生内圆弧封口形式，如图 4-10(c)所示。
- 【角度】该角度是指多线某一端的端口连线与多线的夹角，如图 4-10(d)所示。
- 【填充颜色】下拉列表：设置多线的填充色。
- 【显示连接】选取该复选项后，系统在多线拐角处显示连接线，如图 4-10(e)所示。

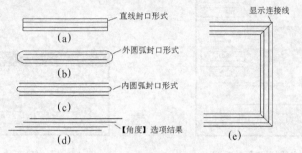

图 4-10　多线的各种特性

4.2.3　绘制多线

MLINE 命令用于绘制多线。多线是由多条平行直线组成的对象，最多可包含 16 条平行线，线间的距离、线的数量、线条颜色及线型等都可以调整。该命令常用于绘制墙体、公路或管道等。

1. 命令启动方法

命令：MLINE。

【案例 4-7】练习使用 MLINE 命令。

（1）打开素材文件"4-7.dwg"，如图 4-11(a)所示。使用 MLINE 命令将(a)修改为(b)。

（2）激活对象捕捉功能，设定对象捕捉方式为交点。

（3）输入 MLINE 命令，AutoCAD 提示如下。

```
命令: mline
当前设置: 对正 = 上, 比例 = 1.00, 样式 = 墙体 24
指定起点或 [对正(J)/比例(S)/样式(ST)]: s          //选择"比例(S)"选项
输入多线比例 <1.00>: 5
当前设置: 对正 = 上, 比例 = 5.00, 样式 = 墙体 24
指定起点或 [对正(J)/比例(S)/样式(ST)]: j          //选择"对正(J)"选项
输入对正类型 [上(T)/无(Z)/下(B)] <上>: z          //设定对正方式为"无(Z)"
当前设置: 对正 = 无, 比例 = 5.00, 样式 = 墙体 24
指定起点或 [对正(J)/比例(S)/样式(ST)]:              //捕捉 A 点, 如图 4-11(a)所示
指定下一点:                                        //捕捉 B 点
指定下一点或 [放弃(U)]:                             //捕捉 C 点
指定下一点或 [闭合(C)/放弃(U)]:                      //捕捉 D 点
```

指定下一点或 [闭合(C)/放弃(U)]:	//捕捉 E 点
指定下一点或 [闭合(C)/放弃(U)]:	//捕捉 F 点
指定下一点或 [闭合(C)/放弃(U)]:	//捕捉 G 点
指定下一点或 [闭合(C)/放弃(U)]:	//捕捉 H 点
指定下一点或 [闭合(C)/放弃(U)]:	//捕捉 I 点
指定下一点或 [闭合(C)/放弃(U)]:	//捕捉 J 点
指定下一点或 [闭合(C)/放弃(U)]:	//捕捉 K 点
指定下一点或 [闭合(C)/放弃(U)]:	//捕捉 L 点
指定下一点或 [闭合(C)/放弃(U)]:	//捕捉 M 点
指定下一点或 [闭合(C)/放弃(U)]:	//捕捉 N 点
指定下一点或 [闭合(C)/放弃(U)]: c	//使多线闭合

结果如图 4-11(b)所示。

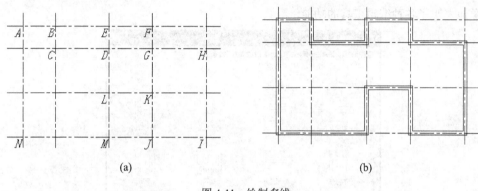

图 4-11　绘制多线

2. 命令选项

对正(J)：设定多线对正方式，即多线中哪条线段的端点与鼠标指针重合并随鼠标指针移动。该选项有 3 个子选项。

上(T)：若从左往右绘制多线，则对正点将在最顶端线段的端点处。

无(Z)：对正点位于多线中偏移量为 0 的位置处。多线中线条的偏移量可在多线样式中设定。

下(B)：若从左往右绘制多线，则对正点将在最底端线段的端点处。

● 比例(S)：指定多线宽度相对于定义宽度（在多线样式中定义）的比例因子，该比例不影响线型比例。

● 样式(ST)：通过该选项可以选择多线样式，默认样式是"STANDARD"。

4.2.4　编辑多线

MLEDIT 命令用于编辑多线，其主要功能如下。

（1）改变两条多线的相交形式。例如，使它们相交成"十"字形或"T"字形。

（2）在多线中加入控制顶点或删除顶点。

（3）将多线中的线条切断或接合。

命令启动方法如下。

命令：MLEDIT。

【案例 4-8】练习使用 MLEDIT 命令。

（1）打开素材文件"4-8.dwg"，如图 4-12（a）所示。使用 MLEDIT 命令将（a）修改为（b）。

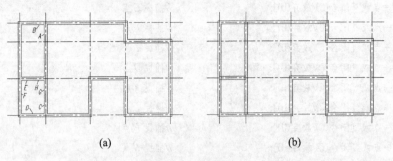

(a)   (b)

图 4-12 编辑多线

（2）执行 MLEDIT 命令，打开【多线编辑工具】对话框，如图 4-13 所示。该对话框中的小型图片形象地表明了各种编辑工具的功能。

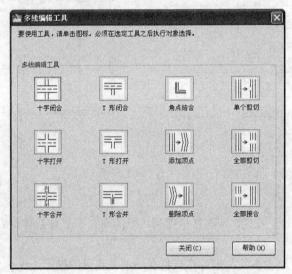

图 4-13 【多线编辑工具】对话框

（3）选取【T 形合并】选项，AutoCAD 提示如下。

```
命令: _mledit
选择第一条多线:                    //在 A 点处选择多线，如图 4-12(b)所示
选择第二条多线:                    //在 B 点处选择多线
选择第一条多线 或 [放弃(U)]:        //在 C 点处选择多线
选择第二条多线:                    //在 D 点处选择多线
选择第一条多线 或 [放弃(U)]:        //在 E 点处选择多线
选择第二条多线:                    //在 F 点处选择多线
选择第一条多线 或 [放弃(U)]:        //在 H 点处选择多线
选择第二条多线:                    //在 G 点处选择多线
选择第一条多线 或 [放弃(U)]:        //按 Enter 键结束命令
```

结果如图 4-12（b）所示。

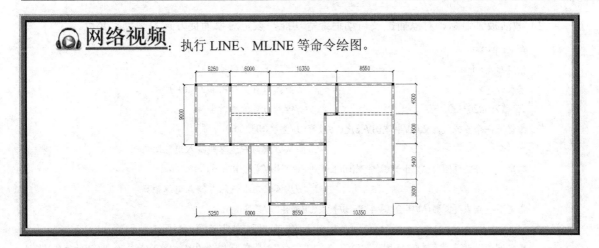

网络视频：执行 LINE、MLINE 等命令绘图。

4.2.5　创建及编辑多段线

PLINE 命令用来创建二维多段线。多段线是由几段线段和圆弧构成的连续线条，它是一个单独的图形对象，具有以下特点。

（1）能够设定多段线中线段及圆弧的宽度。

（2）可以利用有宽度的多段线形成实心圆、圆环或带锥度的粗线等。

（3）能在指定的线段交点处或对整个多段线进行倒圆角、倒斜角处理。

1. PLINE 命令启动方法

- 功能区：单击【常用】选项卡【绘图】面板上的 按钮。

- 命令：PLINE。

编辑多段线的命令是 PEDIT，该命令用于修改整个多段线的宽度值或分别控制各段的宽度值，此外，还能将线段、圆弧构成的连续线编辑成一条多段线。

2. PEDIT 命令启动方法

- 功能区：单击【常用】选项卡【修改】面板底部的 修改 ▼ 按钮，在打开的下拉列表中单击 按钮。

- 命令：PEDIT。

【案例 4-9】练习使用 PLINE 和 PEDIT 命令。

（1）打开素材文件 "4-9.dwg"，如图 4-14（a）所示。使用 PLINE、PEDIT 及 OFFSET 等命令将（a）修改为（b）。

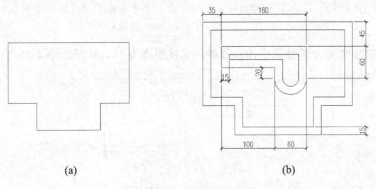

（a）　　　　　　　　　　　　　　　　　　　（b）

图 4-14　绘制及编辑多段线

（2）激活极轴追踪、对象捕捉及自动追踪等功能，设定对象捕捉方式为端点、交点。

命令: pline

指定起点: from   //使用正交偏移捕捉

基点: //捕捉 A 点，如图 4-15(a) 所示

<偏移>: @20,-30   //输入 B 点的相对坐标

指定下一个点或 [圆弧(A)/半宽(H)/长度(L)/放弃(U)/宽度(W)]: 160

                                  //从 B 点向右追踪并输入追踪距离

指定下一点或 [圆弧(A)/闭合(C)/半宽(H)/长度(L)/放弃(U)/宽度(W)]: 60

                                  //从 C 点向下追踪并输入追踪距离

指定下一点或 [圆弧(A)/闭合(C)/半宽(H)/长度(L)/放弃(U)/宽度(W)]: a

                                  //使用"圆弧(A)"选项绘制圆弧

指定圆弧的端点或[角度(A)/圆心(CE)/闭合(CL)/方向(D)/半宽(H)/直线(L)/半径(R)/第二个点(S)/放弃(U)/宽度(W)]: 60   //从 D 点向左追踪并输入追踪距离

指定圆弧的端点或[角度(A)/圆心(CE)/闭合(CL)/方向(D)/半宽(H)/直线(L)/半径(R)/第二个点(S)/放弃(U)/宽度(W)]: l   //使用"直线(L)"选项切换到画直线模式

指定下一点或 [圆弧(A)/闭合(C)/半宽(H)/长度(L)/放弃(U)/宽度(W)]: 20

                                  //从 E 点向上追踪并输入追踪距离

指定下一点或 [圆弧(A)/闭合(C)/半宽(H)/长度(L)/放弃(U)/宽度(W)]:

                                  //从 F 点向左追踪，再以 B 点为追踪参考点确定 G 点

指定下一点或 [圆弧(A)/闭合(C)/半宽(H)/长度(L)/放弃(U)/宽度(W)]:

                                  //捕捉 B 点

指定下一点或 [圆弧(A)/闭合(C)/半宽(H)/长度(L)/放弃(U)/宽度(W)]:

                                  //按 Enter 键结束命令

命令: pedit

选择多段线或 [多条(M)]:   //选择线段 M，如图 4-15(a) 所示

选定的对象不是多段线

是否将其转换为多段线? <Y>   //按 Enter 键将线段 M 转换为多段线

输入选项 [闭合(C)/合并(J)/宽度(W)/编辑顶点(E)/拟合(F)/样条曲线(S)/非曲线化(D)/线型生成(L)/反转(R)/放弃(U)]:j   //使用"合并(J)"选项

选择对象: 总计 7 个   //选择线段 H、I、J、K、L、N 和 O

选择对象: //按 Enter 键

输入选项 [闭合(C)/合并(J)/宽度(W)/编辑顶点(E)/拟合(F)/样条曲线(S)/非曲线化(D)/线型生成(L)/反转(R)/放弃(U)]:   //按 Enter 键结束

（3）使用 OFFSET 命令偏移两个闭合线框，偏移距离为 15，结果如图 4-15(b) 所示。

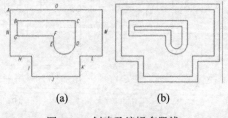

(a)   (b)

图 4-15　创建及编辑多段线

3. PLINE 命令选项

- 圆弧(A)：使用此选项可以绘制圆弧。
- 闭合(C)：选择此选项将使多段线闭合，它与 LINE 命令中的"闭合(C)"选项的作用相同。
- 半宽(H)：该选项用于指定本段多段线的半宽度，即线宽的一半。
- 长度(L)：指定本段多段线的长度，其方向与上一条线段相同或沿上一段圆弧的切线方向。
- 放弃(U)：删除多段线中最后一次绘制的线段或圆弧段。
- 宽度(W)：设置多段线的宽度，此时系统会提示"指定起点宽度："和"指定端点宽度："，用户可输入不同的起始宽度和终点宽度值，以绘制一条宽度逐渐变化的多段线。

4. PEDIT 命令选项

- 合并(J)：将线段、圆弧或多段线与所编辑的多段线连接，以形成一条新的多段线。
- 宽度(W)：修改整条多段线的宽度。

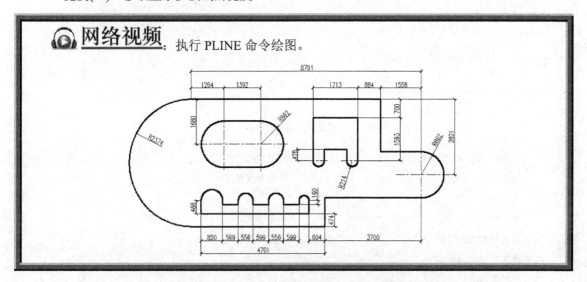

网络视频：执行 PLINE 命令绘图。

4.3　绘制射线、构造线及云状线

本节主要介绍射线、构造线及云状线的绘制方法。

4.3.1　网络课堂——引入案例

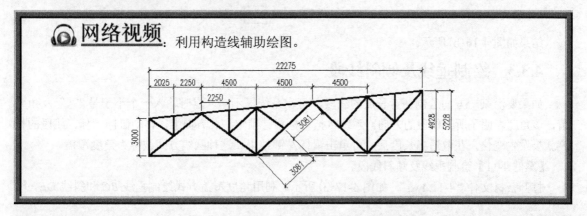

网络视频：利用构造线辅助绘图。

4.3.2 绘制射线

RAY 命令用于创建射线。操作时，只需指定射线的起点及另一通过点即可。使用该命令可一次创建多条射线。

命令启动方法如下。

- 功能区：单击【常用】选项卡【绘图】面板底部的 ▐▔▔**绘图** ▾▔▔▏ 按钮，在打开的下拉列表中单击 ◸ 按钮。
- 命令：RAY。

【案例 4-10】练习使用 RAY 命令。

打开素材文件 "4-10.dwg"，如图 4-16(a)所示。使用 RAY 命令将(a)修改为(b)。

(a)   (b)

图 4-16 绘制射线

命令：_ray 指定起点：cen 于	//捕捉圆心
指定通过点：<20	//设定射线角度
角度替代：20	
指定通过点：	//单击 A 点
指定通过点：<110	//设定射线角度
角度替代：110	
指定通过点：	//单击 B 点
指定通过点：<130	//设定射线角度
角度替代：130	
指定通过点：	//单击 C 点
指定通过点：<260	//设定射线角度
角度替代：260	
指定通过点：	//单击 D 点
指定通过点：	//按 Enter 键结束命令

结果如图 4-16(b)所示。

4.3.3 绘制垂线及倾斜线段

如果要沿某一方向绘制任意长度的线段，可在系统提示输入点时输入一个小于号 "<" 及角度值，该角度表明了所绘线段的方向，系统将把鼠标指针锁定在此方向上，移动鼠标光标，线段的长度就会发生变化，获取适当长度后，可单击鼠标左键结束。这种画线方式被称为角度覆盖。

【案例 4-11】绘制垂线及倾斜线段。

打开素材文件 "4-11.dwg"，如图 4-17(a)所示。利用角度覆盖方式绘制垂线 *BC* 和斜线 *DE*，结果如图 4-17(b)所示。

命令: _line 指定第一点: ext 于	//使用延伸捕捉 "EXT"
20	//输入 A 点到 B 点的距离
指定下一点或 [放弃(U)]: <150	//指定线段 BC 的方向
角度替代: 150	
指定下一点或 [放弃(U)]:	//在 C 点处单击一点
指定下一点或 [放弃(U)]:	//按 Enter 键结束命令
命令:	//重复命令
LINE 指定第一点: ext	//使用延伸捕捉 "EXT"
于 50	//输入 A 点到 D 点的距离
指定下一点或 [放弃(U)]: <173	//指定线段 DE 的方向
角度替代: 173	
指定下一点或 [放弃(U)]:	//在 E 点处单击一点
指定下一点或 [放弃(U)]:	//按 Enter 键结束命令

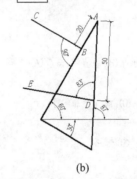

(a)　　　　　　　　　(b)

图 4-17　绘制垂线及斜线

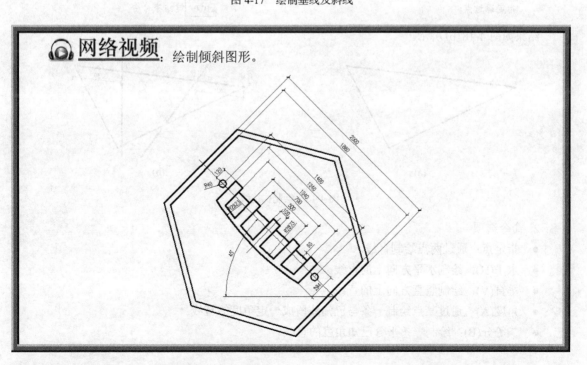

🎧 **网络视频**: 绘制倾斜图形。

4.3.4 绘制构造线

使用 XLINE 命令可以绘制出无限长的构造线，利用它能直接绘制出水平、竖直、倾斜及平行的线段。在作图过程中使用此命令绘制定位线或绘图辅助线是很方便的。

1. 命令启动方法

● 功能区：单击【常用】选项卡【绘图】面板底部的 | 绘图 ▼ | 按钮，在打开的下拉列表中单击 按钮。

● 命令：XLINE 或简写 XL。

【案例 4-12】练习使用 XLINE 命令。

打开素材文件"4-12.dwg"，如图 4-18（a）所示。使用 XLINE 命令将（a）修改为（b）。

命令：_xline 指定点或 [水平(H)/垂直(V)/角度(A)/二等分(B)/偏移(O)]: v

           //选择"垂直(V)"选项

指定通过点: ext   //使用延伸捕捉

于 30   //输入 D 点到 C 点的距离，如图 4-18(b)所示

指定通过点: //按 Enter 键结束命令

命令: //重复命令

XLINE 指定点或 [水平(H)/垂直(V)/角度(A)/二等分(B)/偏移(O)]: a

           //选择"角度(A)"选项

输入构造线的角度 (0) 或 [参照(R)]: r   //选择"参照(R)"选项

选择直线对象: //选择线段 AC

输入构造线的角度 <0>: -60   //输入角度值

指定通过点: ext   //使用延伸捕捉

于 30   //输入 B 点到 A 点的距离

指定通过点: //按 Enter 键结束命令

结果如图 4-18（b）所示。

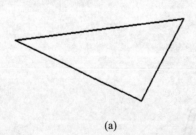 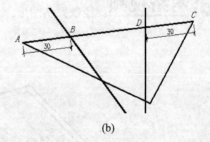

      （a）   （b）

图 4-18 绘制构造线

2. 命令选项

● 指定点：通过两点绘制直线。

● 水平(H)：绘制水平方向上的直线。

● 垂直(V)：绘制竖直方向上的直线。

● 角度(A)：通过某点绘制一条与已知线段成一定角度的直线。

● 二等分(B)：绘制一条平分已知角度的直线。

- 偏移(O)：通过输入偏移距离绘制平行线，或指定直线通过的点来创建平行线。

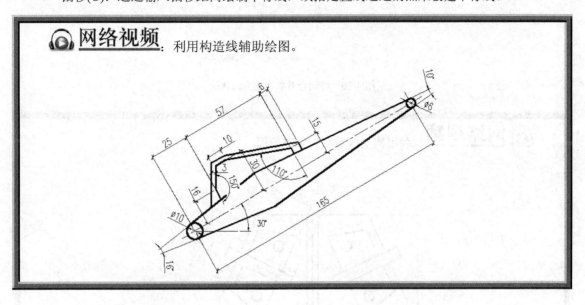

网络视频：利用构造线辅助绘图。

4.3.5 修订云状线

云状线是由连续圆弧组成的多段线，可以设定线中弧长的最大值及最小值。

1. 命令启动方法

- 功能区：单击【常用】选项卡【绘图】面板底部的 ▋▋▋ 绘图 ▾ ▋▋▋ 按钮，在打开的下拉列表中单击 ❀ 按钮。

- 命令：REVCLOUD。

【案例 4-13】练习使用 REVCLOUD 命令。

```
命令: _revcloud
最小弧长: 15.0000    最大弧长: 15.0000    样式: 普通
指定起点或 [弧长(A)/对象(O)/ 样式(S)] <对象>: a
                                //设定云状线中弧长的最大值及最小值
指定最小弧长 <15.0000>: 30        //输入弧长最小值
指定最大弧长 <30.0000>: 50        //输入弧长最大值
指定起点或 [弧长(A)/对象(O)/样式(S)] <对象>: //单击一点以指定云状线的起始点
沿云线路径引导十字光标...          //拖动鼠标指针，画出云状线
修订云线完成                      //当鼠标指针移动到起始点时，系统将自动生成闭合的云状线
```

结果如图 4-19 所示。

2. 命令选项

- 弧长(A)：设定云状线中弧线长度的最大值及最小值，最大弧长不能大于最小弧长的 3 倍。

- 对象(O)：将闭合对象（如矩形、圆及闭合多段线等）转化为云状线，还能调整云状线中弧线的方向，如图 4-20 所示。

图 4-19 绘制云状线

将圆转化为云状线　　反转圆弧方向

图 4-20　将闭合对象转化为云状线

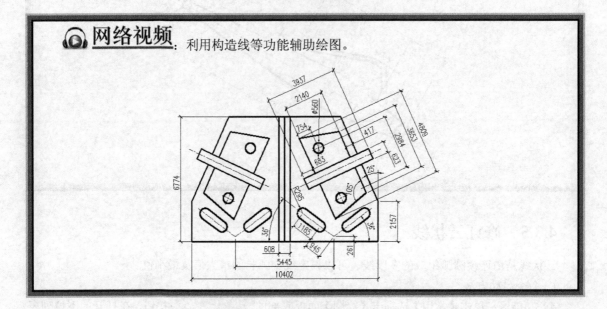

网络视频：利用构造线等功能辅助绘图。

4.4　快速选择

本节通过实例介绍快速选择对象的方法。

绘图过程中可以使用对象特性或对象类型来将对象包含在选择集中或排除对象。可以按特性（例如颜色）和对象类型过滤选择集。例如，只选择图形中所有红色的圆而不选择任何其他对象，或者选择除红色圆以外的所有其他对象。

命令启动方法如下。

● 功能区：单击【常用】选项卡【实用工具】面板上的 按钮（快速选择）。

● 命令：QSELECT（快速选择）或 FILTER（对象选择过滤器）。

使用快速选择功能可以根据指定的过滤条件快速定义选择集。如果使用 Autodesk 或第三方应用程序为对象添加特征分类，则可以按照分类特性选择对象。使用对象选择过滤器功能，可以命名和保存过滤器以供将来使用。

使用快速选择或对象选择过滤器功能，如果要根据颜色、线型或线宽过滤选择集，首先需要确定是否已将图形中所有对象的这些特性设置为"BYLAYER"。例如，一个对象显示为红色，因为它的颜色被设置为"BYLAYER"，并且图层的颜色是红。

下面通过实例介绍利用 QSELECT 命令进行绘图的方法。

【案例 4-14】删除素材文件"4-14.dwg"中的由图层"标注"绘制的图形。

（1）打开素材文件"4-14.dwg"，如图 4-21 所示。

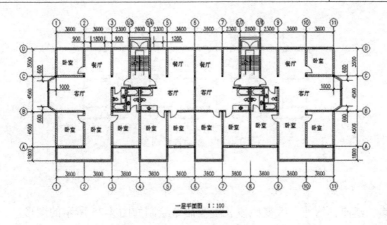

图 4-21 一层平面图

（2）执行 QSELECT 命令，打开【快速选择】对话框，具体设置如图 4-22 所示。

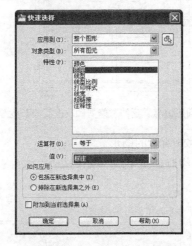

图 4-22 【快速选择】对话框

（3）单击 确定 按钮，完成对"标注"图层的快速选择，结果如图 4-23 所示。

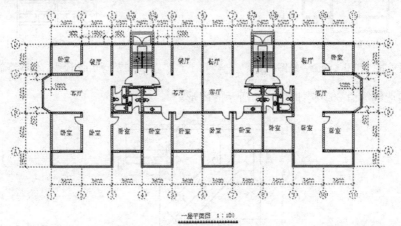

图 4-23 快速选择对象

（4）执行 ERASE 命令，完成删除，结果如图 4-24 所示。

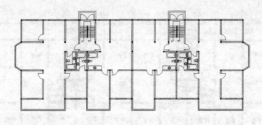

图 4-24　删除选择对象

习题

1. 利用偏移、延伸、修剪、改变线段长度等命令绘制如图 4-25 所示的图形。

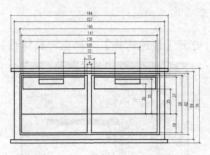

图 4-25　利用偏移、延伸、修剪和改变线段长度等命令绘图

2. 利用多线命令绘制如图 4-26 所示的图形。

3. 利用多段线、偏移等命令绘制如图 4-27 所示的图形。

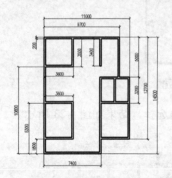

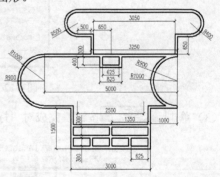

图 4-26　利用多线命令绘图

图 4-27　利用多段线、偏移等命令绘图

4. 利用构造线等命令绘制如图 4-28 所示的图形。

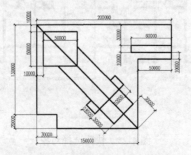

图 4-28　利用构造线等命令绘图

第 5 章

参数化绘图

【学习目标】

- 熟悉约束的概念及其使用、删除或释放。
- 掌握对对象进行几何约束的方法。
- 掌握约束对象之间的距离和角度的方法。

通过本章的学习，读者可以掌握参数化绘图的相关基本概念、方法与技巧。

5.1　约束概述

本节主要内容包括约束的概念及其类型。

5.1.1　网络课堂——引入案例

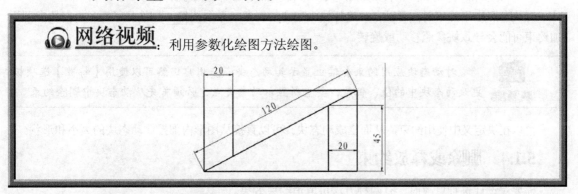

🎧 网络视频：利用参数化绘图方法绘图。

5.1.2　使用约束进行设计

参数化图形是一项用于具有约束的设计技术。约束是应用至二维几何图形的关联和限制。

常用的约束类型有两种：几何约束和标注约束。其中，几何约束用于控制对象的关系；标注约束控制对象的距离、长度、角度和半径值。

创建或更改设计时，图形会处于以下 3 种状态之一。

- 未约束：未将约束应用于任何几何图形。
- 欠约束：将某些约束应用于几何图形。
- 完全约束：将所有相关几何约束和标注约束应用于几何图形。完全约束的一组对象还需要包括至少一个固定约束，以锁定几何图形的位置。

通过约束进行设计的方法有以下两种。

● 可以在欠约束图形中进行操作，同时进行更改，方法是，使用编辑命令和夹点的组合来添加或更改约束。

● 可以先创建一个图形，并对其进行完全约束，然后以独占方式对设计进行控制，方法是，释放并替换几何约束，更改标注约束中的值。

所选的方法取决于设计实践以及主题的要求。

如果出现过约束现象，AutoCAD 会给出提示，如图 5-1 所示，这样会有效防止应用任何会导致过约束情况的约束。

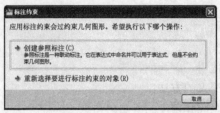

图 5-1 【标注约束】对话框

5.1.3 对块和参照使用约束

可以在以下对象之间应用约束。

● 图形中的对象与块参照中的对象。

● 某个块参照中的对象与其他块参照中的对象（非同一个块参照中的对象）。

● 外部参照的插入点与对象或块，而非外部参照中的所有对象。

对块参照应用约束时，可以自动选择块中包含的对象，无须按 Ctrl 键选择子对象。向块参照添加约束可能会导致块参照移动或旋转。

对动态块应用约束会禁止显示其动态夹点。用户仍然可以使用【特性】选项板更改动态块中的值，但是，要重新显示动态夹点，必须首先从动态块中删除约束。

可以在块定义中使用约束，从而生成动态块。可以直接从图形内部控制动态块的大小和形状。

5.1.4 删除或释放约束

需要对设计进行更改时，有两种方法可取消约束效果。

● 单独删除约束，过后应用新约束。将鼠标指针悬停在几何约束图标上时，可以使用 Delete 键或快捷菜单删除该约束，参见案例 5-1。

● 临时释放选定对象上的约束以进行更改。已选定夹点或在编辑命令使用期间指定选项时，按 Ctrl 键以交替释放约束和保留约束。

进行编辑期间不保留已释放的约束。编辑过程完成后，约束会自动恢复，不再有效的约束将被删除。

DELCONSTRAINT 命令可以用来删除对象中的所有几何约束和标注约束。

【案例 5-1】利用参数化绘图方法绘制如图 5-2 所示的平面图形。

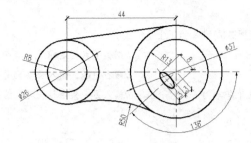

图 5-2 平面图形

（1）设置绘图环境。

① 设定对象捕捉方式为端点、中点，启用对象捕捉追踪和极轴追踪。

② 创建"图形"、"中心线"图层，并将"中心线"图层置为当前图层。

（2）利用极轴追踪绘制中心线。

（3）绘制圆及椭圆。

① 绘制圆。将"图形"图层置为当前图层。单击【常用】选项卡【绘图】面板上的⊙按钮，AutoCAD 提示如下。

> 命令: _circle 指定圆的圆心或 [三点(3P)/两点(2P)/切点、切点、半径(T)]:
>
> > //捕捉 A 点指定圆心，如图 5-3 所示
>
> 指定圆的半径或 [直径(D)] <9.0000>: 8　　　//指定圆半径
>
> 命令:　　　//按 Enter 键重复执行命令
>
> CIRCLE 指定圆的圆心或 [三点(3P)/两点(2P)/切点、切点、半径(T)]:
>
> > //捕捉 A 点指定圆心
>
> 指定圆的半径或 [直径(D)] <8.0000>: 13　　　//指定圆半径

结果如图 5-3 所示。

② 复制圆。单击【常用】选项卡【修改】面板上的⅗按钮，AutoCAD 提示如下。

> 命令: _copy
>
> 选择对象: 指定对角点: 找到 2 个　　　//选取绘制的两个圆
>
> 选择对象:　　　//按 Enter 键结束选择
>
> 当前设置: 复制模式 = 多个
>
> 指定基点或 [位移(D)/模式(O)] <位移>:　　　//捕捉 A 点指定基点
>
> 指定第二个点或 <使用第一个点作为位移>:　　　//捕捉 B 点指定第二点
>
> 指定第二个点或 [退出(E)/放弃(U)] <退出>:　　　//按 Enter 键结束命令

结果如图 5-4 所示。

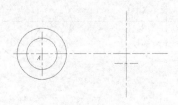

图 5-3 绘制圆

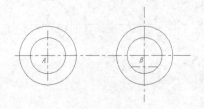

图 5-4 复制圆

③ 绘制椭圆。单击【常用】选项卡【绘图】面板上的 ◔ 按钮，AutoCAD 提示如下。

命令: _ellipse

指定椭圆的轴端点或 [圆弧(A)/中心点(C)]: _c

指定椭圆的中心点: //捕捉 C 点指定椭圆中心点，如图 5-5 所示

指定轴的端点: 4   //向右追踪，输入长轴长度指定轴的端点，如图 5-5 所示

指定另一条半轴长度或 [旋转(R)]: 1.5   //输入另一条半轴长度，结果如图 5-6 所示

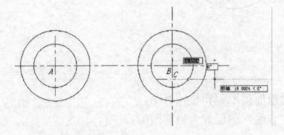

图 5-5　向右追踪，输入长轴长度指定轴的端点   图 5-6　绘制椭圆

（4）旋转椭圆。单击【常用】选项卡【修改】面板上的 ↻ 按钮，AutoCAD 提示如下。

命令: _rotate

UCS 当前的正角方向: ANGDIR=逆时针　ANGBASE=0

选择对象: 找到 1 个   //依次选择椭圆及其两条中心线

选择对象: 找到 1 个，总计 2 个

选择对象: 找到 1 个，总计 3 个

选择对象: //按 Enter 键结束选择

指定基点: //捕捉 B 点指定基点，如图 5-6 所示

指定旋转角度，或 [复制(C)/参照(R)] <0>: -48   //指定旋转角度

结果如图 5-7 所示。

（5）绘制切线及相切圆弧。

① 绘制切线。单击【常用】选项卡【绘图】面板上的 ╱ 按钮，AutoCAD 提示如下。

命令: _line 指定第一点: tan   //输入 tan

到   //在 A 圆上捕捉切点指定第一点，如图 5-8 所示

指定下一点或 [放弃(U)]: tan   //输入 tan

到   //在 B 圆上捕捉切点指定第二点

指定下一点或 [放弃(U)]:   //按 Enter 键结束命令

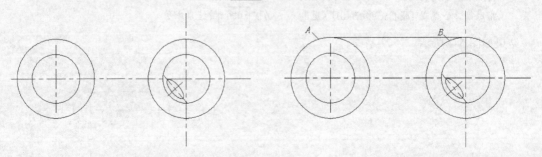

图 5-7　旋转椭圆   图 5-8　绘制切线

② 绘制相切圆弧。单击【常用】选项卡【绘图】面板上 ⊘ 按钮后的 · 按钮，在打开的列表中单击 ⊘ 相切，相切，半径 按钮，AutoCAD 提示如下。

命令: _circle 指定圆的圆心或 [三点(3P)/两点(2P)/切点、切点、半径(T)]: _ttr
指定对象与圆的第一个切点: //指定与 A 圆切点
指定对象与圆的第二个切点: //指定与 B 圆切点
指定圆的半径: 50   //输入圆半径，结果如图 5-9 所示

③ 修剪图形，结果如图 5-10 所示。

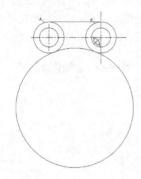

图 5-9　绘制相切圆

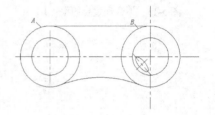

图 5-10　修剪图形

（6）参数化绘图。

① 建立自动约束。单击【参数化】选项卡【几何】面板上的 📐 按钮，AutoCAD 提示如下。

命令: _AutoConstrain
选择对象或 [设置(S)]:指定对角点: 找到 12 个   //框选全部图形
选择对象或 [设置(S)]:   //按 Enter 键完成选择
已将 23 个约束应用于 12 个对象

结果如图 5-11 所示。

② 建立直径标注约束。单击【参数化】选项卡【标注】面板上的 📐 按钮，AutoCAD 提示如下。

命令: _DimConstraint
当前设置: 约束形式 = 动态
选择要转换的关联标注或[线性(LI)/水平(H)/竖直(V)/对齐(A)/角度(AN)/半径(R)/直径(D)/形式(F)] <直径>: _Diameter
选择圆弧或圆: //选择圆 B，如图 5-10 所示
标注文字 = 26   //按 Enter 键
指定尺寸线位置: //输入直径 37

结果如图 5-12 所示。结果显示所绘图形不正确。单击快速访问工具栏中的 🔙 按钮，放弃上述操作。

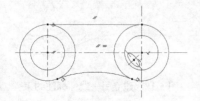

图 5-11　建立自动约束

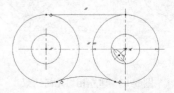

图 5-12　建立直径标注约束

③ 删除不合理几何约束。当鼠标指针移动到如图 5-13 所示的位置时，显示所建重合约束不合理，在图标上单击鼠标右键，选择【删除】选项，如图 5-14 所示，删除该约束。同样方式删除如图 5-15 和图 5-16 所示重合约束、平行约束。

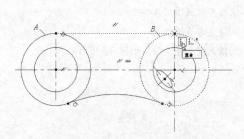

图 5-13 不合理重合约束（1）

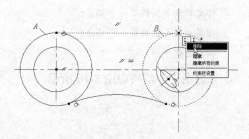

图 5-14 删除重合约束

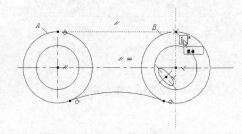

图 5-15 不合理重合约束（2）

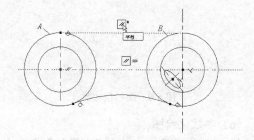

图 5-16 不合理平行约束

④ 建立相切几何约束。单击【参数化】选项卡【几何】面板上的 按钮，AutoCAD 提示如下。

命令: _GeomConstraint

输入约束类型 [水平(H)/竖直(V)/垂直(P)/平行(PA)/相切(T)/平滑(SM)/重合(C)/同心(CON)/共线(COL)/对称(S)/相等(E)/固定(F)] <相切>:_Tangent

选择第一个对象:　　　　　　　　　　//选择线段 *EF*，如图 5-17 所示

选择第二个对象:　　　　　　　　　　//选择 *B* 圆

结果如图 5-17 所示。

⑤ 建立图 5-17 所示的圆 *B* 的直径标注约束，其约束直径为 37。

⑥ 建立图 5-17 所示圆 *C* 的半径标注约束，其约束半径为 13，结果如图 5-18 所示。

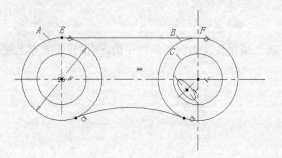

图 5-17 建立相切几何约束

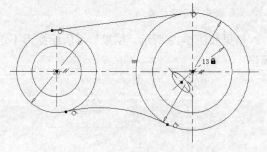

图 5-18 建立另一线性标注约束

（7）隐藏约束。单击【参数化】选项卡【几何】面板上的 全部隐藏 按钮和【标注】面板上的

按钮，隐藏几何约束和动态约束，结果如图 5-2 所示。

从实例中可以看出，通过约束可以做到以下几点。

- 通过约束图形中的几何图形来保持设计规范和要求。
- 立即将多个几何约束应用于对象。
- 在标注约束中增加公式和方程式。
- 通过修改变量值可快速进行设计修改。

在工程的设计阶段，通过约束可以在试验各种设计或进行更改时强制执行要求。对对象所做的更改可能会自动调整其他对象，并将更改限制为距离和角度值。

5.2　对对象进行几何约束

本节主要讲述对对象进行几何约束的方法。

5.2.1　网络课堂——引入案例

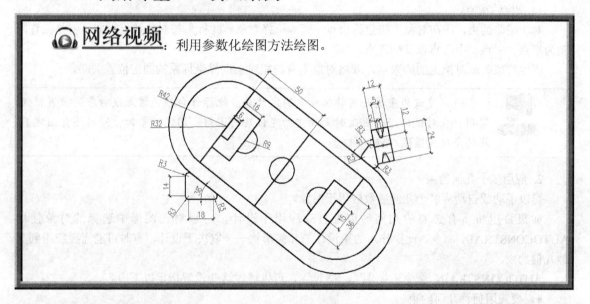

网络视频：利用参数化绘图方法绘图。

5.2.2　几何约束概述

几何约束用来确定二维几何对象之间或对象上的每个点之间的关系。可以从视觉上确定与任意几何约束关联的对象，也可以确定与任意对象关联的约束。可以通过以下方法编辑受约束的几何对象：使用夹点命令、编辑命令或释放及应用几何约束。可指定二维对象或对象上的点之间的几何约束，之后编辑受约束的几何图形时，将保留约束。

如果几何图形并未被完全约束，通过夹点，仍可以更改圆弧的半径、圆的直径、水平线的长度以及垂直线的长度。要指定这些距离，需要应用标注约束。

可以向多段线中的线段添加约束，就像这些线段为独立的对象一样。

5.2.3 应用几何约束

几何约束可将几何对象关联在一起，或者指定固定的位置或角度。

应用约束时，会出现以下两种情况。

- 用户选择的对象将自动调整为符合指定约束。

- 默认情况下，灰色约束图标显示在受约束的对象旁边，且将鼠标指针移至受约束的对象上时，系统将随鼠标指针显示一个小型蓝色轮廓。

应用约束后，只允许对该几何图形进行不违反此类约束的更改，在遵守设计要求和规范的情况下探寻设计方案或对设计进行更改。

 在某些情况下，应用约束时两个对象选择的顺序十分重要。通常，所选的第二个对象会根据第一个对象进行调整。如应用垂直约束时，选择的第二个对象将调整为垂直于第一个对象。

可将几何约束仅应用于二维几何图形对象。不能在模型空间和图纸空间之间约束对象。

1. 指定约束点

对于某些约束，需在对象上指定约束点，而非选择对象。此行为与对象捕捉类似，但是位置限制为端点、中点、中心点以及插入点。

固定约束关联对象上的约束点，或将对象本身与相对于世界坐标系的固定位置关联。

 通常建议为重要几何特征指定固定约束。此操作会锁定该点或对象的位置，使得用户在对设计进行更改时无须重新定位几何图形。固定对象时，同时还会固定直线的角度或圆弧/圆的中心。

2. 应用多个几何约束

可以手动或自动将多个几何参数应用于对象。

如果希望将所有必要的几何约束都自动应用于设计，可以对在图形中选择的对象使用 AUTOCONSTRAIN 命令。此操作可约束设计的几何形状——取决于设计，有时可能需要应用到其他几何约束。

AUTOCONSTRAIN 命令还提供了一些设置，可以通过这些设置指定以下内容。

- 要应用何种几何约束。

- 以何种顺序应用几何约束。

- 使用哪种公差确定对象为水平、垂直还是相交。

 相等约束或固定约束不能与 AUTOCONSTRAIN 一起使用，必须单独应用。要完全约束设计的大小和比例后再去应用标注约束。

3. 为对象应用多个几何约束的步骤

（1）单击【参数化】选项卡【几何】面板上的 ![按钮] 按钮。

（2）选择要约束的对象。

（3）选择要自动约束的对象后按 Enter 键。

命令提示行中将显示应用的约束的数量，命令启动方式如下。

- 功能区：单击【参数化】选项卡【几何】面板上的 ![按钮] 按钮。

● 命令：GeomConstraint。

4. 设置将多个几何约束应用于对象的顺序

（1）单击【参数化】选项卡【几何】面板上的 ⬚ 按钮。

（2）在命令提示下，输入"s"（设置），打开【约束设置】对话框，如图 5-19 所示。

图 5-19　【约束设置】对话框

（3）在【约束设置】对话框的【自动约束】选项卡中选择一种约束类型。

（4）单击 上移(U) 或 下移(D) 按钮。此操作会更改在对象上使用 AUTOCONSTRAIN 命令时约束的优先级。

（5）单击 确定 按钮。

5.2.4　显示和验证几何约束

约束栏可以从视觉上确定与任意几何约束关联的对象，也可以确定与任意对象关联的约束。它提供了有关如何约束对象的信息。约束栏将显示一个或多个图标，这些图标表示已应用于对象的几何约束。

需要移走约束栏时，可以将其拖动，还可以控制约束栏是处于显示还是隐藏状态。

1. 验证对象上的几何约束

可通过两种方式确认几何约束与对象的关联。

● 在约束栏上滚动浏览约束图标时，将亮显与该几何约束关联的对象。

● 将鼠标指针悬停在已应用几何约束的对象上时，系统会亮显与该对象关联的所有约束栏。

这些亮显特征简化了约束的使用，尤其是当图形中应用了多个约束时。

2. 控制约束栏的显示

可单独或全局显示/隐藏几何约束和约束栏，操作方式如下。

● 显示（或隐藏）所有的几何约束。

● 显示（或隐藏）指定类型的几何约束。

● 显示（或隐藏）所有与选定对象相关的几何约束。

使用【约束设置】对话框可控制约束栏上显示或隐藏的几何约束类型。

对设计进行分析并希望过滤几何约束的显示时，隐藏几何约束则会非常有用。例如，可以选择仅显示平行约束图标。下一步，可以选择只显示垂直约束的图标。

不使用几何约束时，建议全局隐藏几何约束。为减少混乱，重合约束应默认显示为蓝色小正方形。如果需要，可以使用【约束设置】对话框中【几何】选项卡【约束栏设置】相应选项将其关闭。

3. 使用约束栏快捷菜单更改约束栏设置的步骤

（1）选择受约束对象。

（2）确保选定对象的约束栏可见。

（3）在约束栏上单击鼠标右键，弹出约束栏快捷菜单，选择【约束栏设置】选项。

（4）在弹出的【约束设置】对话框的【几何】选项卡上，选中或清除相应的复选框。

（5）使用滑块或输入值来设置图形中约束栏的透明度级别，默认值为 50。

（6）单击 确定 按钮。

5.2.5 修改应用了几何约束的对象

可以通过以下方法编辑受约束的几何对象：使用夹点命令、编辑命令，释放或应用几何约束。

1. 使用夹点修改受约束对象

可以使用夹点编辑模式修改受约束的几何图形，几何图形会保留应用的所有约束。例如，如果某条线段对象被约束为与某圆保持相切，可以旋转该线段，并可以更改其长度和端点，但是该线段或其延长线会保持与该圆相切。如果不是圆而是圆弧，则该线段或其延长线会保持与该圆弧或其延长线相切。

修改欠约束对象最终产生的结果取决于已应用的约束以及涉及的对象类型。例如，如果尚未应用半径约束，则会修改圆的半径，而不修改直线的切点。

CONSTRAINTSOLVEMODE 系统变量用来确定对象在应用约束或使用夹点对其进行编辑时的行为方式。

最佳经验可以通过应用其他几何约束或标注约束限制意外更改。常用选项包括重合约束和固定约束。

2. 使用编辑命令修改受约束对象

可以使用编辑命令（如 MOVE、COPY、ROTATE 和 SCALE）修改受约束的几何图形，结果会保留应用于对象的约束。

注意：在某些情况下，TRIM、EXTEND、BREAK 和 JOIN 命令可以删除约束。

默认情况下，如果编辑命令用来复制受约束对象，则也会复制应用于原始对象的约束。此行为由 PARAMETERCOPYMODE 系统变量控制。使用复制命令，可以利用多个对象实例、两侧对称或径向对称保存工作。

3. 对受约束的几何图形进行夹点编辑的步骤

（1）选择受约束对象。

（2）单击夹点并拖动以编辑几何图形。

4. 关闭约束的步骤

（1）单击受约束对象以选择该对象。

（2）将鼠标指针移至夹点上，夹点会显示为红色，表示该对象处于选中状态。

（3）单击该夹点。

（4）按住 Ctrl 键后释放。

（5）移动该对象。该对象将自由移动，因为它已不再被约束。

（6）由于约束已关闭，因此将不再为该对象显示约束栏（如果已启用）。

【案例 5-2】利用几何约束修改图形。

（1）打开素材文件"5-2.dwg"，如图 5-20 所示。

（2）建立重合几何约束。单击【参数化】选项卡【几何】面板上的 按钮，AutoCAD 提示如下。

> 命令：_GeomConstraint
>
> 输入约束类型[水平(H)/竖直(V)/垂直(P)/平行(PA)/相切(T)/平滑(SM)/重合(C)/同心(CON)/共线(COL)/对称(S)/相等(E)/固定(F)]<重合>:_Coincident
>
> 选择第一个点或 [对象(O)/自动约束(A)] <对象>:　　　//捕捉线段 AB 的 B 点，如图 5-21 所示
>
> 选择第二个点或 [对象(O)] <对象>:　　　　　　//捕捉线段 BC 的 B 点

同样方式建立其他重合几何约束，结果如图 5-21 所示。

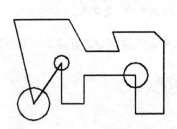

图 5-20　利用几何约束修改图形原图

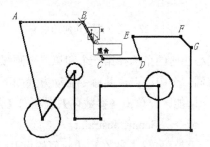

图 5-21　建立重合几何约束

重合几何约束的约束对象为不同的两个对象上的第一个和第二个点，将第二个点置为与第一个点重合，其命令启动方式如下。

- 功能区：单击【参数化】选项卡【几何】面板上的 按钮。
- 命令：GeomConstraint。
- 下拉菜单：【参数】|【几何约束】|【重合】。

（3）建立共线几何约束。单击【参数化】选项卡【几何】面板上的 按钮，AutoCAD 提示如下。

> 命令：_GeomConstraint
>
> 输入约束类型[水平(H)/竖直(V)/垂直(P)/平行(PA)/相切(T)/平滑(SM)/重合(C)/同心(CON)/共线(COL)/对称(S)/相等(E)/固定(F)]<重合>:_Collinear
>
> 选择第一个对象或 [多个(M)]:　　　　　　　//选择线段 AB，如图 5-21 所示
>
> 选择第二个对象:　　　　　　　　　　　//选择线段 EF，结果如图 5-22 所示

共线几何约束选择第一个和第二个对象，将第二个对象置为与第一个对象共线。可以选择直线对象，也可以选择多段线子对象，其命令启动方式如下。

- 功能区：单击【参数化】选项卡【几何】面板上的 按钮。
- 命令：GeomConstraint。
- 下拉菜单：【参数】|【几何约束】|【共线】。

（4）建立同心几何约束。单击【参数化】选项卡【几何】面板上的◎按钮，AutoCAD 提示如下。

命令：_GeomConstraint

输入约束类型［水平(H)/竖直(V)/垂直(P)/平行(PA)/相切(T)/平滑(SM)/重合(C)/同心(CON)/共线(COL)/对称(S)/相等(E)/固定(F)]<共线>:_Concentric

选择第一个对象：　　　　　//选择圆 R，如图 5-22 所示

选择第二个对象：　　　　　//选择圆 S，结果如图 5-23 所示

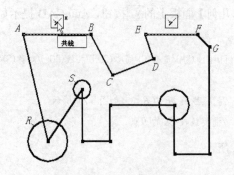

图 5-22　建立共线几何约束

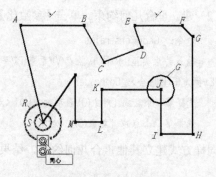

图 5-23　建立同心几何约束

同心几何约束选择第一个和第二个圆弧或圆对象，第二个圆弧或圆会进行移动，以与第一个对象具有同一个中心点，其命令启动方式如下。

- 功能区：单击【参数化】选项卡【几何】面板上的◎按钮。
- 命令：GeomConstraint。
- 下拉菜单：【参数】|【几何约束】|【同心】。

（5）建立固定几何约束。单击【参数化】选项卡【几何】面板上的🔒按钮，AutoCAD 提示如下。

命令：_GeomConstraint

输入约束类型［水平(H)/竖直(V)/垂直(P)/平行(PA)/相切(T)/平滑(SM)/重合(C)/同心(CON)/共线(COL)/对称(S)/相等(E)/固定(F)]<同心>:_Fix

选择点或［对象(O)]<对象>: o //选择"对象(O)"选项

选择对象：　　　　　　　　//选择线段 GH，如图 5-23 所示

结果如图 5-24 所示。

固定几何约束选择对象上的点或对象，对对象上的点或对象应用固定约束会将节点锁定，但仍然可以移动该对象，其命令启动方式如下。

- 功能区：单击【参数化】选项卡【几何】面板上的🔒按钮。
- 命令：GeomConstraint。
- 下拉菜单：【参数】|【几何约束】|【固定】。

（6）建立平行几何约束。单击【参数化】选项卡【几何】面板上的∥按钮，AutoCAD 提示如下。

命令：_GeomConstraint

输入约束类型［水平(H)/竖直(V)/垂直(P)/平行(PA)/相切(T)/平滑(SM)/重合(C)/同心(CON)/共线(COL)/对称(S)/相等(E)/固定(F)]<固定>:_Parallel

选择第一个对象：　　　　　//选择线段 FG，如图 5-24 所示

选择第二个对象：　　　　　//选择线段 ED

结果如图 5-25 所示。

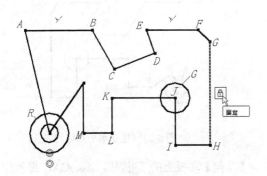 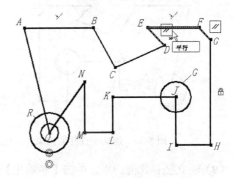

图 5-24　建立固定几何约束　　　　　图 5-25　建立平行几何约束

平行几何约束选择要置为平行的两个对象，第二个对象将被设为与第一个对象平行。可以选择直线对象，也可以选择多段线子对象，其命令启动方式如下。

- 功能区：单击【参数化】选项卡【几何】面板上的 // 按钮。

- 命令：GeomConstraint。

- 下拉菜单：【参数】|【几何约束】|【平行】。

（7）建立垂直几何约束。单击【参数化】选项卡【几何】面板上的 ╲ 按钮，AutoCAD 提示如下。

> 命令: _GeomConstraint
>
> 输入约束类型[水平(H)/竖直(V)/垂直(P)/平行(PA)/相切(T)/平滑(SM)/重合(C)/同心(CON)/共线(COL)/对称(S)/相等
> (E)/固定(F)]<平行>:_Perpendicular
>
> 选择第一个对象:　　　　　　//选择线段 NO，如图 5-25 所示
>
> 选择第二个对象:　　　　　　//选择线段 MN

结果如图 5-26 所示。

垂直几何约束选择要置为垂直的两个对象，第二个对象将置为与第一个对象垂直。可以选择直线对象，也可以选择多段线子对象，其命令启动方式如下。

- 功能区：单击【参数化】选项卡【几何】面板上的 ╲ 按钮。

- 命令：GeomConstraint。

- 下拉菜单：【参数】|【几何约束】|【垂直】。

（8）建立水平几何约束。单击【参数化】选项卡【几何】面板上的 ￣ 按钮，AutoCAD 提示如下。

> 命令: _GeomConstraint
>
> 输入约束类型[水平(H)/竖直(V)/垂直(P)/平行(PA)/相切(T)/平滑(SM)/重合(C)/同心(CON)/共线(COL)/对称(S)/相等
> (E)/固定(F)]<垂直>:_Horizonta
>
> 选择对象或 [两点(2P)]<两点>:　　　　　//选择线段 CD，如图 5-26 所示

结果如图 5-27 所示。

水平几何约束选择要置为水平的直线对象或多段线子对象，其命令启动方式如下。

- 功能区：单击【参数化】选项卡【几何】面板上的 ￣ 按钮。

- 命令：GeomConstraint。

- 下拉菜单：【参数】|【几何约束】|【水平】。

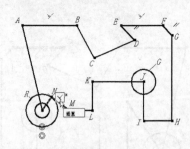

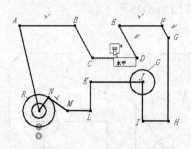

图 5-26 建立垂直几何约束   图 5-27 建立水平几何约束

（9）建立竖直几何约束。单击【参数化】选项卡【几何】面板上的 ⫯ 按钮，AutoCAD 提示如下。

命令：_GeomConstraint

输入约束类型[水平(H)/竖直(V)/垂直(P)/平行(PA)/相切(T)/平滑(SM)/重合(C)/同心(CON)/共线(COL)/对称(S)/相等(E)/固定(F)] <水平>:_Vertical

选择对象或 [两点(2P)] <两点>:   //选择线段 BC，如图 5-27 所示

结果如图 5-28 所示。

竖直几何约束选择要置为竖直的直线对象或多段线子对象，其命令启动方式如下。

- 功能区：单击【参数化】选项卡【几何】面板上的 ⫯ 按钮。
- 命令：GeomConstraint。
- 下拉菜单：【参数】|【几何约束】|【竖直】。

（10）建立对称几何约束。单击【参数化】选项卡【几何】面板上的 ⯒ 按钮，AutoCAD 提示如下。

命令：_GeomConstraint

输入约束类型[水平(H)/竖直(V)/垂直(P)/平行(PA)/相切(T)/平滑(SM)/重合(C)/同心(CON)/共线(COL)/对称(S)/相等(E)/固定(F)] <竖直>:_Symmetric

选择第一个对象或 [两点(2P)] <两点>:   //选择线段 MN，如图 5-28 所示

选择第二个对象：   //选择线段 IJ

选择对称直线：   //选择线段 KL

结果如图 5-29 所示。

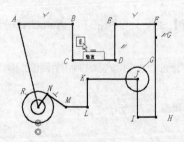

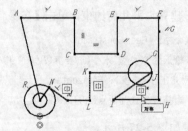

图 5-28 建立竖直几何约束   图 5-29 建立对称几何约束

对称几何约束选择第一个和第二个对象、第二个对称直线，第二个对象将关于选定直线与第一个对象实现对称约束，其命令启动方式如下。

- 功能区：单击【参数化】选项卡【几何】面板上的 ⯒ 按钮。

● 命令：GeomConstraint。

● 下拉菜单：【参数】|【几何约束】|【对称】。

（11）建立相等几何约束。单击【参数化】选项卡【几何】面板上的 = 按钮，AutoCAD 提示如下。

　　命令：_GeomConstraint

　　输入约束类型[水平(H)/竖直(V)/垂直(P)/平行(PA)/相切(T)/平滑(SM)/重合(C)/同心(CON)/共线(COL)/对称(S)/相等(E)/固定(F)] <对称>:_Equal

　　选择第一个对象或 [多个(M)]:　　　　//选择圆 R，如图 5-29 所示

　　选择第二个对象:　　　　　　　　　//选择圆 G

结果如图 5-30 所示。

相等几何约束选择第一个和第二个对象，第二个对象将置为与第一个对象相等，其命令启动方式如下。

● 功能区：单击【参数化】选项卡【几何】面板上的 = 按钮。

● 命令：GeomConstraint。

● 下拉菜单：【参数】|【几何约束】|【相等】。

（12）删除所有几何约束。单击【参数化】选项卡【管理】面板上的按钮，AutoCAD 提示如下。

　　命令：_DelConstraint

　　将删除选定对象的所有约束...

　　选择对象: 指定对角点: 找到 35 个　　//框选全部图形

　　选择对象:　　　　　　　　　　　　//按 Enter 键结束选择

　　已删除 23 个约束

结果如图 5-31 所示。

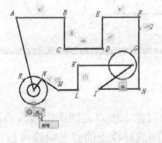

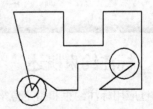

图 5-30　建立相等几何约束　　　　　　　图 5-31　删除所有几何约束

几何约束无法修改，但可以删除并应用其他约束。其命令启动方式如下。

● 功能区：单击【参数化】选项卡【管理】面板上的按钮。

● 命令：DelConstraint。

● 下拉菜单：【参数】|【删除约束】。

其他几何约束类型如下。

（1）相切几何约束。选择要置为相切的两个对象，第二个对象与第一个对象保持相切于一点，其命令启动方式如下。

● 功能区：单击【参数化】选项卡【几何】面板上的按钮。

- 命令：GeomConstraint。
- 下拉菜单：【参数】|【几何约束】|【相切】。

（2）平滑几何约束。选择第一条样条曲线，选择第二条样条曲线、直线、多段线（子对象）或圆弧对象，两个对象将更新为相互连续，其命令启动方式如下。

- 功能区：单击【参数化】选项卡【几何】面板上的 按钮。
- 命令：GeomConstraint。
- 下拉菜单：【参数】|【几何约束】|【平滑】。

5.3　约束对象之间的距离和角度

本节主要讲述约束对象之间的距离和角度的方法。

5.3.1　网络课堂——引入案例

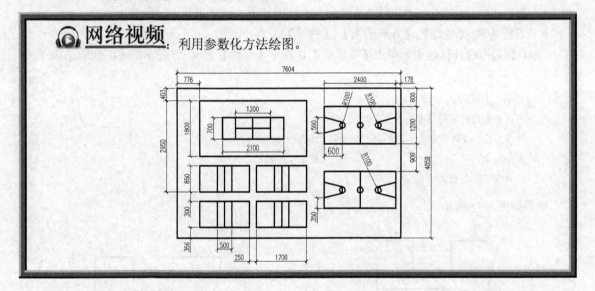

网络视频：利用参数化方法绘图。

5.3.2　标注约束概述

可以通过应用标注约束和指定值来控制二维几何对象或对象上的点之间的距离或角度，也可以通过变量和方程式约束几何图形。标注约束会使几何对象之间或对象上的点之间保持指定的距离和角度。

标注约束控制设计的大小和比例，它们可以约束以下内容。

- 对象之间或对象上的点之间的距离。
- 对象之间或对象上的点之间的角度。
- 圆弧和圆的大小。

如果更改标注约束的值，系统会计算对象上的所有约束，并自动更新受影响的对象。

标注约束中显示的小数位数由 LUPREC 和 AUPREC 系统变量控制。

1．比较标注约束与标注对象

标注约束与标注对象在以下几个方面有所不同。

- 标注约束用于图形的设计阶段，而标注对象通常在文档阶段进行创建。
- 标注约束驱动对象的大小或角度，而标注由对象驱动。

默认情况下，标注约束并不是对象，只是以一种标注样式显示，在缩放操作过程中保持大小相同，且不能打印。如果需要打印标注约束或使用标注样式，可以将标注约束的形式从动态更改为注释性。

2．定义变量和方程式

通过【参数管理器】对话框，用户可以自定义用户变量，也可以从标注约束及其他用户变量内部引用这些变量。定义的表达式可以包括各种预定义的函数和常量。

5.3.3　应用标注约束

标注约束会使几何对象之间或对象上的点之间保持指定的距离和角度。

将标注约束应用于对象时，会自动创建一个约束变量以保留约束值。默认情况下，这些名称为指定的名称，当然也可在【参数管理器】对话框中对其进行重命名。

标注约束可以创建动态约束和注释性约束，两种形式用途不同。此外，可以将所有动态约束或注释性约束转换为参照约束。

1．动态约束

默认情况下，标注约束是动态的，对于常规参数化图形和设计任务来说非常理想。

动态约束具有以下特征。

- 缩小或放大时保持大小不变。
- 可以在图形中全局打开或关闭。
- 使用固定的预定义标注样式进行显示。
- 自动放置文字信息，并提供三角形夹点，可使用这些夹点更改标注约束的值。
- 打印图形时不显示。

2．注释性约束

如果标注约束具有以下特征时，注释性约束会非常有用。

- 缩小或放大时大小发生变化。
- 随图层单独显示。
- 使用当前标注样式显示。
- 提供与标注上的夹点具有类似功能的夹点功能。
- 打印图形时显示。

 如要以标注中使用的相同格式显示注释性约束中使用的文字，则将 CONSTRAINT-NAMEFORMAT 系统变量设置为 1。

打印后，可以使用【特性】对话框将注释性约束转换回动态约束。

3．参照约束

参照约束是一种从动态标注约束（动态或注释性），这表示它并不控制关联的几何图形，但是会将类似的测量报告给标注对象。

可以将参照约束用作显示可能必须要计算的测量的简便方式。例如，插图中的宽度受直径约束和线性约束约束。参照约束会显示总宽度，但不对其进行约束。参照约束中的文字信息始终显示在括号中。

可将【特性】对话框中的【参照】特性设置为将动态或注释性约束转换为参照约束。

 无法将参照约束更改回标注约束（如果执行此操作会过约束几何图形）。

4. 将动态约束转换为注释性约束的步骤

（1）选择动态约束。

（2）在命令行中输入 PROPERTIES。

（3）单击【约束形式】特性右侧的 ∨ 按钮，并选择【注释性】选项。

【特性】选项板将使用其他特性填充，因为此时的约束为注释性约束。

5. 将动态约束或注释性约束转换为参照约束的步骤

（1）选择动态约束或注释性约束。

（2）在命令行中输入 PROPERTIES。

（3）单击【参照】特性右侧的 ∨ 按钮，并选择【是】选项。

【表达式】特性将着色，表示它不可编辑。

6. 更改标注名称格式的步骤

（1）选择注释性约束，在绘图区域中单击鼠标右键，弹出快捷菜单。

（2）在【标注名称格式】选项下选择【值】、【名称】或【名称和表达式】选项。

【表达式】选项将反映选定的标注名称格式。

5.3.4 控制标注约束的显示

可以显示或隐藏图形内的动态约束和注释性约束。

1. 显示或隐藏动态约束

如果只使用几何约束，或需要继续在图形中执行其他操作时，可将所有动态约束全局隐藏在图形内，以减少混乱。可从功能区中或使用 DYNCONSTRAINTDISPLAY 系统变量打开动态约束的显示（如果需要）。

默认情况下，如果选择与隐藏的动态约束关联的对象，系统会显示与该对象关联的所有动态约束。

2. 显示或隐藏注释性约束

可以控制注释性约束的显示，方法与控制标注对象的显示相同，即将注释性约束指定给图层，并根据需要打开或关闭该图层。还可以为注释性约束指定对象特性，如标注样式、颜色和线宽。

5.3.5 修改应用标注约束的对象

更改约束值，使用夹点操作标注约束，或更改与标注约束关联的用户变量或表达式，都可以控制对象的长度、距离和角度。

1. 编辑标注约束的名称、值和表达式

编辑与标注约束关联的名称、值和表达式的方法有以下 4 种。

● 双击标注约束，选择标注约束，然后使用快捷菜单或 TEXTEDIT 命令。

- 打开【特性】选项板并选择标注约束。
- 打开【参数管理器】对话框，从列表或图形中选择标注约束。
- 将【快捷特性】选项板自定义为显示多种约束特性。

输入更改后，结果将立即跨图形扩展。

可以编辑参照约束的【表达式】特性和【值】特性。

2. 使用标注约束的夹点修改标注约束

可以使用关联标注约束上的三角形夹点或正方形夹点修改受约束对象。标注约束上的三角形夹点提供了更改约束值同时保持约束的方法。例如，可以使用对齐标注约束上的三角形夹点更改对角线的长度。对角线保持其角度和其中一个端点的位置不变。

标注约束上的正方形夹点提供了更改文字及其他元素的位置的方法。

与注释性标注约束相比，动态标注约束在可以查找的文字中受到更多限制。

三角形夹点不适用于参照了表达式中的其他约束变量的标注约束。

3. 对标注约束进行夹点编辑的步骤

（1）选择受约束对象。

（2）单击夹点并拖动以编辑几何图形。

4. 在位编辑标注约束的步骤

（1）双击标注约束以显示【在位文字编辑器】。

（2）输入新的名称、值或表达式（名称=值）。

（3）按 Enter 键确认更改。

5. 使用【特性】选项板编辑标注约束的步骤

（1）选择标注约束，在绘图区域中单击鼠标右键，打开快捷菜单，然后选择【特性】选项。

（2）在【名称】、【表达式】和【说明】文本框中输入新值。

6. 关闭标注约束的步骤

（1）单击图形中的受约束对象以选择该对象。对象上将显示夹点，表示该对象处于选中状态。

（2）将鼠标指针移动到夹点上方，夹点颜色变为红色。

（3）单击该夹点。

（4）按住并释放 Ctrl 键，将为该对象释放约束，且应能够移动该对象。

（5）将对象移动到所需位置。

7. 使用【参数管理器】对话框编辑标注的步骤

（1）依次单击【参数化】选项卡【管理】面板中的【参数管理器】，打开【参数管理器】对话框。

（2）双击要编辑的变量。

（3）按 Tab 键在列中导航。

（4）更改相应列中的值。

可以只修改【名称】、【表达式】和【说明】列中相应值。

（5）按 Enter 键。

5.3.6　通过公式和方程式约束设计

可以使用包含标注约束的名称、用户变量和函数的数学表达式控制几何图形。可以在标注约束内或通过定义用户变量将公式和方程式表示为表达式。

1．使用参数管理器

参数管理器显示标注约束（动态约束和注释性约束）、参照约束和用户变量。可以在参数管理器中轻松创建、修改和删除参数。

参数管理器支持以下操作。

（1）单击标注约束的名称以亮显图形中的约束。

（2）双击名称或表达式以进行编辑。

（3）单击鼠标右键并选择【删除】选项以删除标注约束或用户变量。

（4）单击列标题按名称、表达式或其数值对参数的列表进行排序。

使用英制单位时，参数管理器将减号或破折号（——）当作单位分隔符而不是减法运算符。要指定减法，则在减号的前面或后面包含至少一个空格。

标注约束和用户变量支持在表达式内使用表 5-1 中的运算符。

表 5-1　　　　　　　　　　标注约束和用户变量支持的运算符

运算符	说　明	运算符	说　明
+	加	/	除
−	减或取负值	ˆ	求幂
%	浮点模数	（ ）	圆括号或表达式分隔符
*	乘	.	小数分隔符

2．了解表达式中的优先级顺序

表达式是根据以下标准数学优先级规则计算的。

- 括号中的表达式优先，最内层括号优先。
- 标准顺序的运算符为取负值优先，指数次之，乘除加减最后。
- 优先级相同的运算符从左至右计算。
- 表达式是使用表 5-1 中所述的标准优先级规则按降序计算的。

3．表达式中支持的函数

表达式中可以使用表 5-2 中的函数。

表 5-2 表达式中支持的函数

函　数	语　法	函　数	语　法
余弦	cos(表达式)	反双曲正弦	asinh(表达式)
正弦	sin(表达式)	反双曲正切	atanh(表达式)
正切	tan(表达式)	平方根	sqrt(表达式)
反余弦	acos(表达式)	符号函数（-1,0,1）	sign(表达式)
反正弦	asin(表达式)	舍入到最接近的整数	round(表达式)
反正切	atan(表达式)	截取小数	trunc(表达式)
双曲余弦	cosh(表达式)	下舍入	floor(表达式)
双曲正弦	sinh(表达式)	上舍入	ceil(表达式)
双曲正切	tanh(表达式)	绝对值	abs(表达式)
反双曲余弦	acosh(表达式)	阵列中的最大元素	max(表达式 1;表达式 2)
阵列中的最小元素	min(表达式 1;表达式 2)	指数函数，底数为 e	exp(表达式)
将度转换为弧度	d2r(表达式)	指数函数，底数为 10	exp10(表达式)
将弧度转换为度	r2d(表达式)	幂函数	pow(表达式 1;表达式 2)
对数，基数为 e	ln(表达式)	随机小数，0~1	随机
对数，基数为 10	log(表达式)		

除上述函数外，表达式中还可以使用常量 Pi 和 e。

【案例 5-3】利用标注约束修改图形。

（1）打开素材文件"5-3.dwg"。

（2）建立自动几何约束。单击【参数化】选项卡【几何】面板上的 按钮，AutoCAD 提示如下。

```
命令：_AutoConstrain
选择对象或 [设置(S)]:指定对角点: 找到 24 个        //框选全部图形
选择对象或 [设置(S)]:                              //按 Enter 键结束选择
已将 49 个约束应用于 24 个对象
```

结果如图 5-32 所示。

（3）创建线性标注约束。单击【参数化】选项卡【标注】面板上的 按钮，在展开的下拉列表中单击 按钮，AutoCAD 提示如下。

```
命令：_DimConstraint
当前设置：约束形式 = 动态
选择要转换的关联标注或 [线性(LI)/水平(H)/竖直(V)/对齐(A)/角度(AN)/半径(R)/直径(D)/形式(F)] <对齐>:
_Linear
指定第一个约束点或 [对象(O)] <对象>:        //捕捉 A 点，如图 5-32 所示
指定第二个约束点:                           //捕捉 B 点
指定尺寸线位置:                             //在线段 AB 下方单击一点指定尺寸线位置
标注文字 = 10                              //输入线段尺寸为 20
```

单击【参数化】选项卡【标注】面板上的 [　] 按钮，结果如图 5-33 所示。

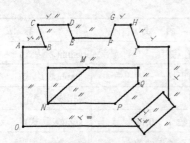

图 5-32　建立自动几何约束

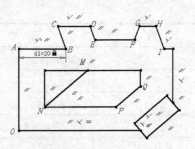

图 5-33　创建线性标注约束

（4）创建水平标注约束。单击【参数化】选项卡【标注】面板上的 [线性] 按钮，在展开的下拉列表中单击 [　*▼] 按钮，AutoCAD 提示如下。

命令：_DimConstraint

当前设置：约束形式 = 动态

选择要转换的关联标注或 [线性(LI)/水平(H)/竖直(V)/对齐(A)/角度(AN)/半径(R)/直径(D)/形式(F)] <线性>:_Horizontal

指定第一个约束点或 [对象(O)] <对象>:　　　//捕捉 C 点，如图 5-33 所示

指定第二个约束点:　　　　　　　　　　　//捕捉 D 点

指定尺寸线位置:　　　　　　　　　　　　//在线段 CD 上方单击一点指定尺寸线位置

标注文字 = 14　　　　　　　　　　　　　//输入线段尺寸为 20

结果如图 5-34 所示。

（5）创建竖直标注约束。单击【参数化】选项卡【标注】面板上的 [线性] 按钮，在展开的下拉列表中单击 [　竖直] 按钮，AutoCAD 提示如下。

命令：_DimConstraint

当前设置：约束形式 = 动态

选择要转换的关联标注或[线性(LI)/水平(H)/竖直(V)/对齐(A)/角度(AN)/半径(R)/直径(D)/形式(F)] <水平>:_Vertical

指定第一个约束点或 [对象(O)] <对象>:　　　//捕捉 A 点，如图 5-34 所示

指定第二个约束点:　　　　　　　　　　　//捕捉 O 点

指定尺寸线位置:　　　　　　　　　　　　//在线段 AO 左边单击一点指定尺寸线位置

标注文字 = 34　　　　　　　　　　　　　//输入线段尺寸为 40

结果如图 5-35 所示。

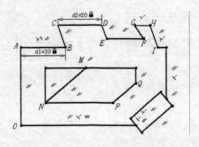

图 5-34　创建水平标注约束

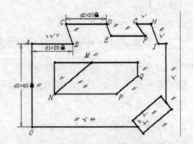

图 5-35　创建竖直标注约束

（6）创建对齐标注约束。单击【参数化】选项卡【标注】面板上的 按钮，AutoCAD 提示如下。

> 命令: _DimConstraint
>
> 当前设置: 约束形式 = 动态
>
> 选择要转换的关联标注或 [线性(LI)/水平(H)/竖直(V)/对齐(A)/角度(AN)/半径(R)/直径(D)/形式(F)] <竖直>:_Aligned
>
> 指定第一个约束点或 [对象(O)/点和直线(P)/两条直线(2L)] <对象>:
>
>   //捕捉 *E* 点，如图 5-35 所示
>
> 指定第二个约束点:　　　　　　　　　//捕捉 *F* 点
>
> 指定尺寸线位置:　　　　　　　　　　//在线段 *EF* 下方单击一点指定尺寸线位置
>
> 标注文字 = 17　　　　　　　　　　　//输入线段尺寸为 *d2*/2

结果如图 5-36 所示。

（7）创建角度标注约束。单击【参数化】选项卡【标注】面板上的 按钮，AutoCAD 提示如下。

> 命令: _DimConstraint
>
> 当前设置: 约束形式 = 动态
>
> 选择要转换的关联标注或 [线性(LI)/水平(H)/竖直(V)/对齐(A)/角度(AN)/半径(R)/直径(D)/形式(F)] <对齐>:_Angular
>
> 选择第一条直线或圆弧或 [三点(3P)] <三点>:　　//选择线段 *NP*，如图 5-36 所示
>
> 选择第二条直线:　　　　　　　　　　//选择线段 *MN*
>
> 指定尺寸线位置:　　　　　　　　　　//在∠ *MNP* 内单击一点
>
> 标注文字 = 40　　　　　　　　　　　//输入角度为 60

结果如图 5-37 所示。

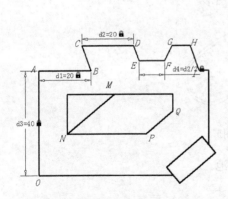

图 5-36　创建对齐标注约束

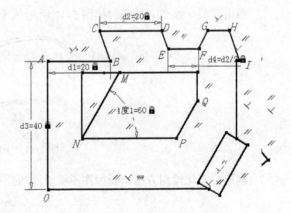

图 5-37　创建角度标注约束

（8）利用参数管理器修改图形。

① 单击【参数化】选项卡【管理】面板上的 *fx* 按钮，打开【参数管理器】对话框，如图 5-38 所示。

② 修改【参数管理器】对话框中的参数，如图 5-39 所示。

图 5-38 【参数管理器】对话框

图 5-39 修改【参数管理器】对话框中的参数

要点提示

可以在【参数管理器】对话框中完成创建用户变量、参照表达式中的变量、在表达式中包括的函数、修改用户参数、删除用户参数和选择与用户参数关联的受约束对象等操作。

③ 单击【参数化】选项卡【几何】面板上的 全部隐藏 按钮，单击【参数化】选项卡【标注】面板上的 按钮，结果如图 5-40 所示。

更改约束值，使用夹点操作标注约束，更改与标注约束关联的用户变量或表达式，这些方法都可以控制对象的长度、距离和角度。

可以使用包含标注约束的名称、用户变量和函数的数学表达式来控制几何图形。

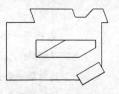

图 5-40 隐藏约束

习题

1. 利用参数化绘图方法绘制如图 5-41 所示的平面图形。

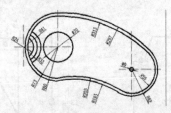

图 5-41 平面图形

2. 利用参数化绘图方法绘制如图 5-42 所示的小便池。

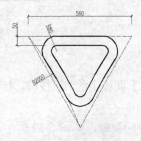

图 5-42 小便池

第 6 章

图块与动态块

【学习目标】

- 掌握创建及插入块的方法。
- 掌握使用几何约束与标注约束创建动态块的方法。
- 掌握使用参数与动作创建动态块的方法。
- 掌握使用查询表创建动态块的方法。
- 通过实例掌握动态块的创建步骤。

通过本章的学习，读者可以掌握图块及动态块的相关知识，并利用它们加快自己的绘图速度，提高绘图质量。

6.1　创建及插入块

本节主要介绍图块的创建及插入。

6.1.1　网络课堂——引入案例

网络视频：利用 ADCENTER 命令插入 AutoCAD 自带图块"树-落叶树（平面）"、"树木或灌木丛-（平面）"、"脚踏石-六角形"、"野餐桌-（平面）"、"游泳池"和"指北向箭头"绘图。（所用图块在【AutoCAD 2010】/【Sample】/【DesignCenter】/【Landscaping.dwg】中）

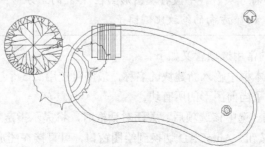

6.1.2　创建块

块是一个或多个连接的对象，可以将块看作对象的集合，类似于其他图形软件中的群组，组成块的对象可位于不同的图层上，并且可具有不同的特性，如线型、颜色等。在建筑图中有许多反复使用的图形，如门、窗、楼梯和家具等，若事先将这些对象创建成块，那么使用时只需插入块即可。

使用块对于绘图有诸多益处，如提高绘图速度、节省存储空间、利于修改编辑等。另外，还可以对块进行文字说明。

使用 BLOCK 命令可以将图形的一部分或整个图形创建成块，可以给块命名，并且可以定义插入基点。

命令启动方法如下。

- 功能区：单击【常用】选项卡【块】面板上的 按钮。
- 功能区：单击【插入】选项卡【块】面板上的 按钮。
- 命令：BLOCK 或简写 B。

【案例 6-1】创建块。

（1）打开素材文件"6-1.dwg"。

（2）单击【常用】选项卡【块】面板上的 按钮，打开【块定义】对话框，在【名称】文本框中输入新建块的名称"平开门 M09"，如图 6-1 所示。

（3）单击 按钮（选择对象），AutoCAD 返回绘图窗口，并提示"选择对象"，选择构成块的图形元素。

（4）按 Enter 键，回到【块定义】对话框。单击 按钮（拾取点），AutoCAD 返回绘图窗口，并提示"指定插入基点"，如图 6-2 所示；拾取点 O，AutoCAD 返回【块定义】对话框。

图 6-1　【块定义】对话框　　　　　　　　　　图 6-2　创建块

（5）单击 确定 按钮，AutoCAD 生成块。

要点提示　　在定制符号块时，一般将图形画在 1×1 的正方形中，这样就便于在插入块时确定图块沿 x、y 方向的缩放比例因子。

【块定义】对话框中的常用选项含义如下。

- 【名称】：在此文本框中输入新建块的名称，最多可使用 255 个字符。单击文本框右边的 按钮，打开的列表中显示了当前图形的所有块。
- 【在屏幕上指定】：选中该选项后，关闭对话框时，将提示指定对象。
- 拾取点：单击此按钮，AutoCAD 切换到绘图窗口，可直接在图形中拾取某点作为块的插入基点。
- 【X】、【Y】、【Z】文本框：在这 3 个框中分别输入插入基点的 x、y、z 坐标值。
- 选择对象：单击此按钮，AutoCAD 切换到绘图窗口，在绘图区中选择构成块的图形对象。
- 【保留】：选中该选项，则 AutoCAD 生成块后，还保留构成块的源对象。

- 【转换为块】：选中该选项，则 AutoCAD 生成块后，把构成块的源对象也转化为块。
- 【删除】：该选项可以设置创建块后，是否删除构成块的源对象。
- 【选定的对象】：显示选定对象的数目。
- 【注释性】：指定块为注释性。单击其后的信息图标可以了解有关注释性对象的更多信息。
- 【使块方向与布局匹配】：指定在图纸空间视口中的块参照的方向与布局的方向匹配。如果未选择【注释性】选项，则该选项不可用。
- 【按统一比例缩放】：指定是否按统一比例对块进行缩放。
- 【允许分解】：指定块参照是否可以被分解。
- 【块单位】：在该下拉列表中设置块的插入单位（也可以是无单位）。当将块从 AutoCAD 设计中心拖入当前图形文件中时，AutoCAD 将根据插入单位及当前图形单位来缩放块。
- 超链接(L)... 按钮：单击该按钮，将打开【插入超链接】对话框，可以使用该对话框将某个超链接与块定义相关联。
- 【说明】文本框：指定块的文字说明。
- 【在块编辑器中打开】：选中该选项，单击 确定 按钮后，在块编辑器中打开当前的块定义。

网络视频：绘制图形并将它们创建成图块，然后存储图形文件，文件名为"室内设施图例.dwg"。

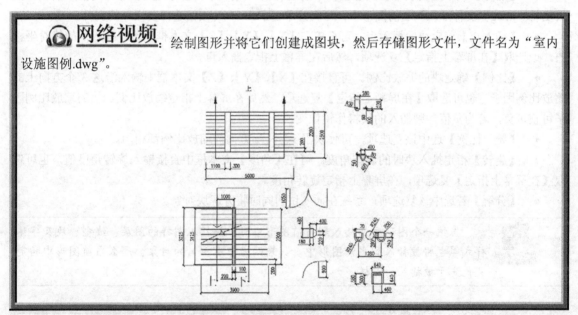

6.1.3　插入块

无论块或被插入的图形多么复杂，AutoCAD 都将它们作为一个单独的对象，如果需编辑其中的单个图形元素，就必须分解图块或文件块。

命令启动方法如下。

- 功能区：单击【常用】选项卡【块】面板上的 按钮。
- 功能区：单击【插入】选项卡【块】面板上的 按钮。
- 命令：INSERT 或简写 I。

【案例 6-2】练习 INSERT 命令。

（1）打开素材文件"6-2.dwg"。

（2）启动 INSERT 命令后，AutoCAD 打开【插入】对话框，如图 6-3 所示。

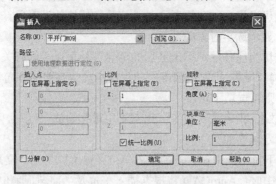

图 6-3　【插入】对话框

（3）在"名称"下拉列表中选择所需块，或单击 浏览(B)... 按钮，选择要插入的图形文件。

（4）单击 确定 按钮完成。

● 【插入】对话框中的常用选项有如下功能。

● 【名称】该下拉列表中罗列了图样中的所有块，用户可以通过此列表选择要插入的块。如果要将".dwg"文件插入到当前图形中，可直接单击 浏览(B)... 按钮选择要插入的文件。

● 【插入点】确定块的插入点。可直接在【X】、【Y】、【Z】文本框中输入插入点的绝对坐标值，或选取【在屏幕上指定】复选项，然后在屏幕上指定插入点。

● 【比例】确定块的缩放比例。可直接在【X】、【Y】、【Z】文本框中输入沿这 3 个方向上的缩放比例因子，也可选取【在屏幕上指定】复选项，然后在屏幕上指定缩放比例。块的缩放比例因子可正可负，若为负值，则插入的块将作镜像变换。

● 【统一比例】选中该复选项，可使块沿 x、y、z 方向的缩放比例都相同。

● 【旋转】指定插入块时的旋转角度。可在【角度】文本框中直接输入旋转角度值，也可选取【在屏幕上指定】复选项，在屏幕上指定旋转角度。

● 【分解】若选中该复选项，系统在插入块的同时将分解块对象。

当把一个图形文件插入到当前图形中时，被插入图样的图层、线型、块及字体样式等也将被插入到当前图形中。如果两者中有重名的对象，那么当前图形中的定义优先于被插入的图样。

🎧 **网络视频**：重新定义图块修改图形，图中椅子还是原来的椅子，桌子变为圆形，半径为原来方桌的宽度。

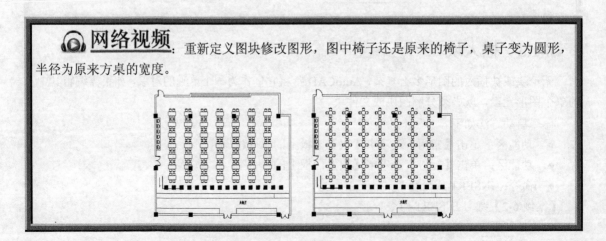

6.1.4　创建及使用块属性

在 AutoCAD 中，可以使块附带属性，属性类似于商品的标签，包含了块所不能表达的一些文字信息，如材料、型号、制造者等，存储在属性中的信息一般称为属性值。当用 BLOCK 命令创建块时，将已定义的属性与图形一起生成块，这样块中就包含属性了。当然，也能仅将属性本身创建成一个块。

属性有助于快速产生关于设计项目的信息报表，或者作为一些符号块的可变文字对象。其次，属性也常用来预定义文本位置、内容或提供文本默认值等，例如，将标题栏中的一些文字项目定制成属性对象，就能方便地填写或修改。

命令启动方法如下。

● 功能区：单击【常用】选项卡【块】面板底部的 ▭块▾ 按钮，在打开的下拉列表中单击 ◇ 按钮。

● 功能区：单击【插入】选项卡【属性】面板上的 ◇ 按钮。

● 命令：ATTDEF 或简写 ATT。

【案例 6-3】定义及使用块属性。

（1）打开素材文件"6-3.dwg"。

（2）执行 ATTDEF 命令，AutoCAD 打开【属性定义】对话框，如图 6-4 所示，在【属性】分组框中输入下列内容。

标记：　　沙发与茶几

提示：　　请输入位置：

值：　　　客厅

图 6-4　【属性定义】对话框

（3）在【文字样式】下拉列表中选择"Standard"；在【文字高度】文本框中输入数值"1"，然后单击 确定 按钮，AutoCAD 提示如下。

　　指定起点：//在沙发与茶几的下边拾取 A 点，如图 6-5 所示

结果如图 6-5 所示。

（4）将属性与图形一起创建成块。单击【常用】选项卡【块】面板上的 ◩ 按钮，打开【块定义】对话框，如图 6-6 所示。

图 6-5　定义属性

（5）在【名称】文本框中输入新建块的名称"沙发与茶几"；在【对象】分组框中选择【保留】单选项，如图 6-6 所示。

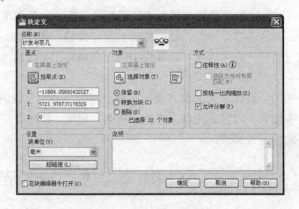

图 6-6　【块定义】对话框

（6）单击 按钮（选择对象），AutoCAD 返回绘图窗口，并提示"选择对象"，选择"沙发与茶几"及属性，如图 6-5 所示。

（7）按 Enter 键，回到【块定义】对话框。单击 按钮（拾取点），AutoCAD 返回绘图窗口，并提示"指定插入基点"，拾取圆心 B，AutoCAD 返回【块定义】对话框。

（8）单击 确定 按钮，AutoCAD 生成块。

（9）插入带属性的块。单击【常用】选项卡【块】面板上的 按钮，AutoCAD 打开【插入】对话框，在【名称】下拉列表中选择"沙发与茶几"，如图 6-7 所示。

（10）单击 确定 按钮，AutoCAD 提示如下。

命令：_insert

指定插入点或 [基点(B)/比例(S)/旋转(R)]:

//在屏幕上的适当位置指定插入点

输入属性值

请输入位置：〈客厅〉：会议室　　　　//输入属性值

结果如图 6-8 所示。

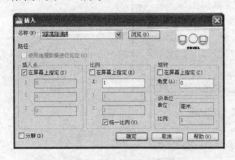

图 6-7　【插入】对话框

会议厅

图 6-8　插入附带属性的块

【属性定义】对话框（见图 6-4）中的常用选项的功能如下。

● 【不可见】：控制属性值在图形中的可见性。如果要使图中包含属性信息，但又不使其在图形中显示出来，就选中该选项。有一些文字信息如零部件的成本、产地、存放仓库等，常不必在图样中显示出来，就可设定为不可见属性。

- 【固定】：选中该选项，属性值将为常量。
- 【验证】：设置是否对属性值进行校验。若选择此选项，则插入块并输入属性值后，AutoCAD 将再次给出提示，让用户校验输入值是否正确。
- 【预设】：该选项用于设定是否将实际属性值设置成默认值。若选中此选项，则插入块时，AutoCAD 将不再提示输入新属性值，实际属性值等于"值"框中的默认值。
- 【锁定位置】：选中该选项，则属性在块中的位置被锁定。

要点提示　　在动态块中，由于属性的位置包括在动作的选择集中，因此必须将其锁定。

- 【多行】：指定属性值可以包含多行文字。选定此选项后，可以指定属性的边界宽度。
- 【插入点】：指定属性位置。输入坐标值或者选择【在屏幕上指定】复选项，并使用定点设备根据与属性关联的对象指定属性的位置。
- 【X】、【Y】、【Z】文本框：在这 3 个文本框中分别输入属性插入点的 x、y、z 坐标值。
- 【对正】：该下拉列表中包含了 15 种属性文字的对齐方式，如对齐、布满、居中、中间、右对齐等。
- 【文字样式】：从该下拉列表中选择文字样式。
- 【注释性】：指定属性为注释性。如果块是注释性的，则属性将与块的方向相匹配。单击信息图标以了解有关注释性对象的详细信息。
- 【文字高度】：可直接在文本框中输入属性文字高度，或单击 按钮切换到绘图窗口，在绘图区中拾取两点以指定高度。
- 【旋转】：设定属性文字旋转角度，或单击 按钮切换到绘图窗口，在绘图区中指定旋转角度。
- 【边界宽度】：换行前，指定多行文字属性中文字行的最大长度。值 0.000 表示对文字行的长度没有限制。此选项不适用于单行文字属性。
- 【在上一个属性定义下对齐】：将属性标记直接置于之前定义的属性的下面。如果之前没有创建属性定义，则此选项不可用。

网络视频：利用 ADCENTER 命令插入 AutoCAD 自带图块"床-双人"和"餐桌椅-36×72 英寸"绘图。（图块在【AutoCAD 2010】/【Sample】/【DesignCenter】/【Home-Space Planner.dwg】中）

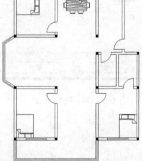

6.1.5 编辑块的属性

若属性已被创建成为块，则可用 EATTEDIT 命令来编辑属性值及属性的其他特性。

命令启动方法如下。

- 功能区：单击【常用】选项卡【块】面板上的 按钮。
- 功能区：单击【插入】选项卡【属性】面板上的 按钮。
- 命令：EATTEDIT。

【案例 6-4】练习 EATTEDIT 命令。

（1）打开素材文件 "6-4.dwg"。

（2）启动 EATTEDIT 命令，AutoCAD 提示 "选择块"，选择要编辑的块后，AutoCAD 打开【增强属性编辑器】对话框，如图 6-9 所示；在此对话框中可对块属性进行编辑。

【增强属性编辑器】对话框中有 3 个选项卡：【属性】、【文字选项】和【特性】，其功能如下。

（1）【属性】选项卡。在该选项卡中，AutoCAD 列出当前块对象中各个属性的标记、提示和值，如图 6-9 所示。选中某一属性，就可以在【值】框中修改属性的值。

（2）【文字选项】选项卡。该选项卡用于修改属性文字的一些特性，如文字样式、字高等，如图 6-10 所示。

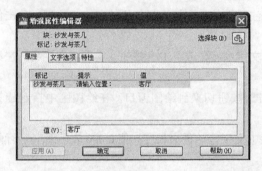

图 6-9 【增强属性编辑器】对话框

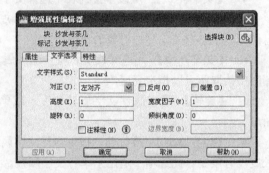

图 6-10 【文字选项】选项卡

（3）【特性】选项卡。在该选项卡中可以修改属性文字的图层、线型、颜色等，如图 6-11 所示。

图 6-11 【特性】选项卡

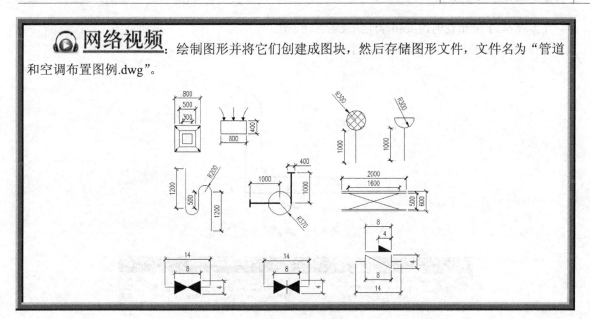

网络视频：绘制图形并将它们创建成图块，然后存储图形文件，文件名为"管道和空调布置图例.dwg"。

6.2 动态块

本节通过一个实例来学习利用几何约束和标注约束创建动态块的过程。该方式适合于创建族类零件的动态块。

6.2.1 网络课堂——引入案例

网络视频：练习利用几何约束和标注约束创建不锈钢内六角螺丝，其中螺丝尺寸 M、L 是可变动的，可以通过查询块特性表的方式确定。规格分别如下表所示。

不锈钢内六角螺丝规格

M4×8	M5×8	M6×10	M8×12	M10×16	M12×20	M14×25	M16×25	M20×40
M4×10	M5×10	M6×12	M8×14	M10×18	M12×22	M14×30	M16×30	M20×45
M4×12	M5×12	M6×14	M8×16	M10×20	M12×25	M14×35	M16×35	M20×50
M4×14	M5×14	M6×16	M8×18	M10×22	M12×30	M14×40	M16×40	M20×55
M4×16	M5×16	M6×18	M8×20	M10×25	M12×35	M14×45	M16×45	M20×60
M4×20	M5×20	M6×22	M8×25	M10×35	M12×45	M14×55	M16×55	M20×70

6.2.2 创建动态块

AutoCAD 2010 大大加强了动态块的功能，可以方便地创建和调用动态块，其优势如下。

● 在动态块的编辑过程中可以使用几何约束和标注约束（尺寸约束）。

● 动态块编辑器中增强了动态参数管理和块属性表格。

● 块编辑器中，可直接测试块属性的效果而不需要退出块外部。

这些新功能为控制动态块的大小和形状提供了更为简便的方法。

【案例 6-5】利用几何约束和标注约束创建动态块。

（1）绘制如图 6-12 所示的图形，并移动坐标原点，如图 6-13 所示。

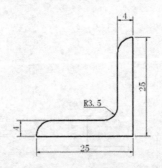

图 6-12　绘制图形

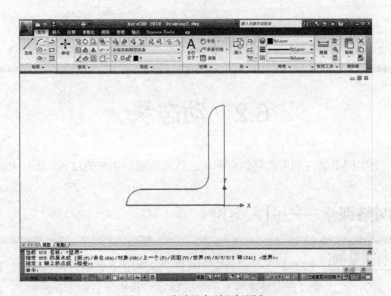

图 6-13　移动基点到坐标原点

（2）单击【常用】选项卡【块】面板中的 按钮，打开【编辑块定义】对话框，如图 6-14 所示。在列表框中选择"<当前图形>"，单击 确定 按钮进入块编辑器，如图 6-15 所示。

图 6-14　【编辑块定义】对话框

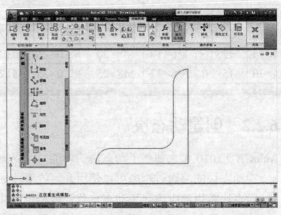

图 6-15　块编辑器

块编辑器是专门用于创建块定义并添加动态行为的编写区域。其中的功能区选项卡和工具栏主要提供了以下功能。

① 添加约束。

② 添加参数。

③ 添加动作。

④ 定义属性。

⑤ 关闭块编辑器。

⑥ 管理可见性状态。

⑦ 保存块定义。

并且在块编辑器中选中任意参数、夹点、动作或几何对象时，可以在【特性】对话框中查看其特性。

（3）添加自动约束，结果如图 6-16 所示。

几何约束用于定义两个对象之间或对象与坐标系之间的关系。在块编辑器中可以像在程序的主绘图区域中一样使用几何约束。

使用 BLOCK 命令创建块时，在块编辑器中会保留图形编辑器中所建立的几何约束。

【块编辑器】选项卡【几何】面板选项及其功能等同于【参数化】选项卡【几何】面板选项，具体内容介绍见第 5 章。

（4）添加标注约束，结果如图 6-17 所示。

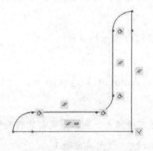

图 6-16 添加自动约束

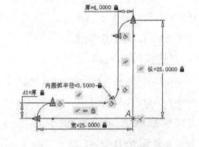

图 6-17 添加所有的标注约束

关于在块编辑器中添加尺寸约束的说明如下。

● 创建夹点数为 1 的标注约束时，应先选择固定约束点，再选择拉伸移动的约束点。

● 在创建标注约束"d1=厚"时，当命令行提示："输入值，或者同时输入名称和值"时，直接输入名称"厚"就创建了约束"d1=厚"。

● 约束参数名称、表达式、参数值也可在参数管理器中进行设置，如图 6-18 所示。单击【块编辑器】选项卡【管理】面板中的 f_x 按钮可调用【参数管理器】对话框。

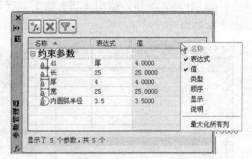

图 6-18 参数管理器

● 默认情况下，【参数管理器】对话框包括一个 3 列（名称、表达式、值）栅格控件。可以在列上单击鼠标右键添加一个或多个其他列（类型、顺序、显示或说明）。也就是说，通过参数管理器可以从块编辑器中显示和编辑约束参数、用户参数、操作参数、标注约束与参照约束、用户变量及块属性。

块编辑器中显示和编辑的类别可通过参数管理器显示和控制以下各项。

- 表达式：用于显示实数或方程式，例如 $d1+d2$。
- 值：用于显示表达式的值。
- 类型：用于显示标注约束类型或变量值类型。
- 顺序：用于控制【特性】对话框中特性的显示顺序。
- 显示：用于显示块参照的特性参数。
- 说明：用于显示与用户变量关联的注释或备注。

使用 BCPARAMETER 命令在块编辑器中应用的标注约束称为约束参数，且只能在块编辑器中创建约束参数。

虽然可以在块定义中使用标注约束和约束参数，但是只有约束参数可以为该块定义显示可编辑的自定义特性。约束参数包含参数信息，可以为块参照显示或编辑参数值。

线性约束和水平约束参数的区别是：水平约束参数包含夹点，而线性约束不包含。水平约束参数是动态的，而线性约束则不是。

【块编辑器】选项卡【标注】面板选项及其功能等同于【参数化】选项卡【标注】面板选项，具体内容介绍见第 5 章。

（5）添加固定约束。单击【块编辑器】选项卡【几何】面板上的🔒按钮，AutoCAD 提示如下。

命令： _GeomConstraint

输入约束类型[水平(H)/竖直(V)/垂直(P)/平行(PA)/相切(T)/平滑(SM)/重合(C)/同心(CON)/共线(COL)/对称(S)/相等(E)/固定(F)]<重合>： _Fix

选择点或 [对象(O)] <对象>：   //捕捉图 6-17 所示的 A 点

（6）创建块特性表。

① 单击【块编辑器】选项卡【标注】面板中的▦ 按钮，AutoCAD 提示如下。

命令： _btable

指定参数位置或 [选项板(P)]：   //在合适位置单击一点，指定参数表的位置

输入夹点数 [0/1] <1>：   //按 Enter 键，使用夹点数 1

打开【块特性表】对话框，如图 6-19 所示。

② 单击 ƒ✕ 按钮，弹出【新参数】对话框，如图 6-20 所示，输入名称为"角钢型号"，类型选择"字符串"。单击 确定 按钮完成新参数的创建，结果如图 6-21 所示。

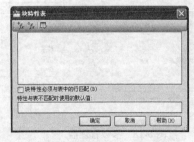
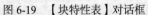

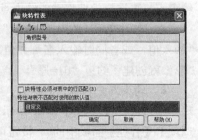

图 6-19 【块特性表】对话框   图 6-20 【新参数】对话框   图 6-21 创建新参数

③ 单击 ƒ✕ 按钮，弹出【添加参数特性】对话框，按住 Ctrl 键选择如图 6-22 所示的参数；单击 确定 按钮，添加参数到块特性表中，结果如图 6-23 所示。在特性表中根据国标输入各参数值，结果如图 6-24 所示。

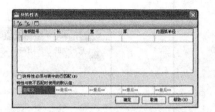

图 6-22　【添加参数特性】
对话框

图 6-23　添加参数

图 6-24　输入参数值

④ 单击 确定 按钮完成块特性表的创建。

使用块特性表可以在块定义中定义及控制参数和特性的值。块特性表由栅格组成，其中包含用于定义列标题的参数和定义不同特性集值的行。选择块参照时，可以将其设置为由块特性表中的某一行定义的值。表格可以包含以下任意参数和特性：操作参数、用户参数、约束参数以及属性。

（7）试动态块。

① 单击【块编辑器】选项卡【打开/保存】面板中的 按钮，进入块测试环境，结果如图 6-25 所示，分别在块属性表中选择角钢不同的型号，则图形随之自动改变。

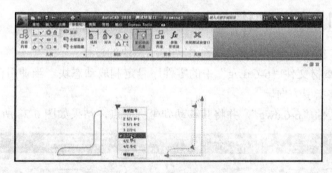

图 6-25　测试动态块

② 单击 按钮，关闭动态块的测试窗口，返回到块编辑器环境中。

在测试窗口中无须保持块定义即可测试在块编辑器中所做的编辑，测试块窗口反映了块编辑器中当前的块定义。测试块窗口中，大多数 AutoCAD 命令都未改变，以下命令除外。

● BEDIT：在测试块窗口中禁用。

● SAVE、SAVEAS 和 QSAVE：在【保存】对话框中不显示默认文件名。如果从测试块窗口中进行保存，则将删除上下文相关选项卡，并创建新图形。将关闭测试块窗口。

● CLOSE 和 QUIT：关闭测试块窗口时不提示保存。

（8）动态块的保存。

① 单击【块编辑器】选项卡【打开/保存】面板底部的 打开/保存 ▼ 选项板，展开命令按钮 ，选择【将块另存为】选项，打开【将块另存为】对话框，如图 6-26 所示。

② 输入块名"不等边角钢"，单击 确定 按钮，完成动态块的创建。

③ 单击【块编辑器】选项卡【关闭】面板上的 按钮，打开【块—未保存更改】对话框，如图 6-27 所示，单击 ◆ 将更改保存到 的(S) 按钮退出块编辑器环境。

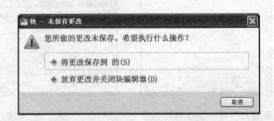

图 6-26 【将块另存为】对话框   图 6-27 【块—未保存更改】对话框

（9）动态块的调用与使用。在绘图环境中，动态块的调用与普通块的调用方法相同。

在块编辑器中，通过单击块编辑器上下文选项卡上的"保存块"按钮，或在命令提示下输入"bsave"，可以保存块定义。然后保存图形，以确保将块定义保存在图形中。

在块编辑器中保存块定义后，该块中的几何图形和参数的当前值就被设置为块参照的默认值。创建使用可见性状态的动态块时，块参照的默认可见性状态为【管理可见性状态】对话框中的列表顶部的那个可见性状态。

保存了块定义之后，可以立即关闭块编辑器并在图形中测试块。

6.2.3　使用参数与动作创建动态块

本节通过一个实例来学习使用参数与动作创建动态块的过程。

【案例 6-6】将素材文件"6-6.dwg"中的零件序号定制成动态块。当使用该块时，要求序号值可变动，并且可调整指引方向。

（1）打开素材文件"6-6.dwg"，并将其移动到坐标原点，结果如图 6-28 所示。

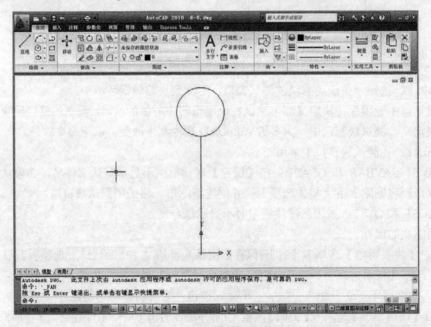

图 6-28 绘制图形

（2）进入块编辑器。单击【常用】选项卡【块】面板上的 按钮，打开【编辑块定义】对话框，如图 6-29 所示。在列表框中选择 "<当前图形>"，单击 确定 按钮打开【块编辑器】选项卡，如图 6-30 所示。

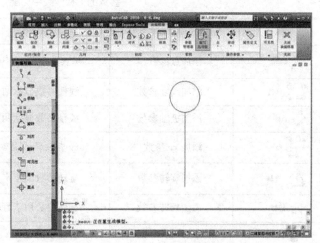

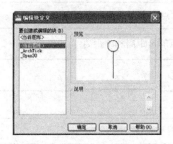

图 6-29 【编辑块定义】对话框 　　　　　　　　　图 6-30 进入块编辑器

（3）编辑块属性。

① 单击【块编辑器】选项卡【操作参数】面板上的 按钮，打开【属性定义】对话框，如图 6-31 所示。

② 在【属性】分组框中的【标记】文本框输入 "1"，在【提示】文本框中输入 "请输入序号："，在【默认】文本框中输入 "1"，在【对正】下拉列表中选择【居中】选项，其余使用默认值。单击 确定 按钮，在图形中单击鼠标左键，结果如图 6-32 所示。

图 6-31 【属性定义】对话框 　　　　　　　　　图 6-32 定义块属性

> 属性是将数据附着到块上的标签或标记。属性中可能包含的数据主要有零件编号、价格、注释和物主的名称等。标记相当于数据库表中的列名。

（4）添加参数。单击【块编写选项板—所有选项板】对话框中【参数】选项组中的 极轴 按钮，如图 6-33 所示，AutoCAD 提示如下。

```
命令：_BParameter 极轴
指定基点或 [名称(N)/标签(L)/链(C)/说明(D)/选项板(P)/值集(V)]：　//捕捉 A 点
指定端点：　　　　　　　　　　　　　　　　　　　　　　　//捕捉 B 点
指定标签位置：　　　　　　　　　　　　　　　　　　　　　//在合适位置单击鼠标左键
```

结果如图 6-34 所示。

参数主要为块几何图形指定自定义位置、距离和角度。参数的主要种类与功能如表 6-1 所示。

表 6-1 参数的主要种类与功能

图 标	参数种类	主要功能
点	添加点参数	点参数为图形中的块定义 x 和 y 位置
线性	添加线性参数	线性参数显示两个目标点之间的距离
极轴	添加极轴参数	极轴参数显示两个目标点之间的距离和角度值
XY	添加 xy 参数	xy 参数显示距参数基点的 x 距离和 y 距离
旋转	添加旋转参数	旋转参数用于定义角度
翻转	添加翻转参数	翻转参数用于翻转对象
对齐	添加对齐参数	对齐参数定义 x、y 位置和角度
可见性	添加可见性参数	可见性参数控制块中对象的可见性
查寻	添加查寻参数	查寻参数定义自定义特性，用户可以指定该特性，也可以将其设置为从定义的列表或表格中计算值
基点	添加基点参数	基点参数用于定义动态块参照相对于块中的几何图形的基点

向块定义中添加参数后，系统会自动向块中添加自定义夹点和特性。使用这些自定义夹点和特性可以操作图形中的块参照。

参数添加到动态块定义中后，夹点将添加到该参数的关键点。关键点是用于操作块参照的参数部分。例如，线性参数在其基点和端点处具有关键点；可以从任一关键点操作参数距离；添加到动态块中的参数类型决定了添加的夹点类型，每种参数类型仅支持特定类型的动作。

（5）添加动作。

① 为引线添加极轴拉伸动作。单击【块编写选项板-所有选项板】对话框中【动作】选项板中的 极轴拉伸 按钮，如图 6-35 所示，AutoCAD 提示如下。

```
命令：_BActionTool 极轴
选择参数：                                           //选择参数"距离 1"，如图 6-36 所示
指定要与动作关联的参数点或输入 [起点(T)/第二点(S)]<第二点>：         //捕捉 B 点
指定拉伸框架的第一个角点或 [圈交(CP)]：              //捕捉 C 点
指定对角点：                                        //捕捉 D 点
指定要拉伸的对象
选择对象：指定对角点：找到 2 个                     //选择 B 点和引线作为拉伸的对象
选择对象：                                          //按 Enter 键
指定仅旋转的对象
选择对象：指定对角点：找到 2 个                     //选择 B 点和引线作为旋转的对象
选择对象：                                          //按 Enter 键
```

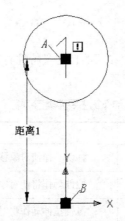

图 6-33 指定第一个约束点　　　　图 6-34 输入尺寸 "120"　　　　图 6-35 建立对齐标注约束

② 为序号添加拉伸动作。单击 拉伸按钮，AutoCAD 提示如下。

命令：_BActionTool 拉伸

选择参数：　　　　　　　　　　　　　　　//选择参数 "距离 1"，如图 6-37 所示

指定要与动作关联的参数点或输入 [起点(T)/第二点(S)] <起点>：　　//捕捉 A 点

指定拉伸框架的第一个角点或 [圈交(CP)]：　　//捕捉 C 点

指定对角点：　　　　　　　　　　　　　　//捕捉 D 点

指定要拉伸的对象

选择对象：找到 1 个

选择对象：　　　　　　　　　　　　　　　//按 Enter 键

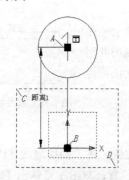

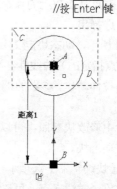

图 6-36 添加极轴拉伸动作　　　　　　　　图 6-37 添加拉伸动作

③ 为符号添加极轴拉伸动作。单击 极轴拉伸按钮，AutoCAD 提示如下。

命令：_BActionTool 极轴

选择参数：　　　　　　　　　　　　　　　//选择参数 "距离 1"

指定要与动作关联的参数点或输入 [起点(T)/第二点(S)] <第二点>：　　//捕捉 A 点

指定拉伸框架的第一个角点或 [圈交(CP)]：　　//捕捉 C 点

指定对角点：　　　　　　　　　　　　　　//捕捉 D 点

指定要拉伸的对象

选择对象：指定对角点：找到 2 个　　　　　//选择圆和引线作为拉伸的对象

选择对象：　　　　　　　　　　　　　　　//按 Enter 键

指定仅旋转的对象

选择对象：指定对角点：找到 2 个   //选择圆和引线作为旋转的对象

选择对象：   //按 Enter 键

动作用于定义在图形中操作动态块参照的自定义特性时，该块参照的几何图形将如何移动或修改。动作的主要种类与功能如表 6-2 所示。

表 6-2   动作的主要种类与功能

图标	参数种类	主要功能
移动	添加移动动作	移动动作使对象移动指定的距离和角度
拉伸	添加拉伸动作	拉伸动作将使对象在指定的位置移动和拉伸指定的距离
极轴拉伸	添加极轴拉伸动作	极轴拉伸动作将对象旋转、移动和拉伸指定角度和距离
缩放	添加缩放动作	缩放动作可以缩放块的选择集
旋转	添加旋转动作	旋转动作使其关联对象进行旋转
翻转	添加翻转动作	翻转动作允许用户围绕一条称为投影线的指定轴来翻转动态块参照
阵列	添加阵列动作	阵列动作会复制关联对象并以矩形样式对其进行阵列
查寻	添加查寻动作	查寻动作将自定义特性和值指定给动态块

一般情况下，向动态块定义中添加动作后，必须将该动作与参数、参数上的关键点以及几何图形相关联。关键点是参数上的点，编辑参数时该点将会驱动与参数相关联的动作。与动作相关联的几何图形称为选择集。

如图 6-38 所示，动态块定义中包含表示书桌的几何图形、带有一个夹点（为其端点指定的）的线性参数以及与参数端点和书桌右侧的几何图形相关联的拉伸动作。参数的端点为关键点。书桌右侧的几何图形是选择集。

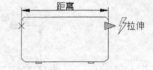

图 6-38　线性参数与拉伸动作

要在图形中修改块参照，可以通过移动夹点来拉伸书桌。

（6）测试动态块。

① 单击【块编辑器】选项卡【打开/保存】面板中的 按钮，进入图块测试环境，如图 6-39 所示。选中对象，激活夹点，可以调整引线或者序号的方向、位置。双击序号弹出【增强属性编辑器】对话框，修改【值】即可修改序号。

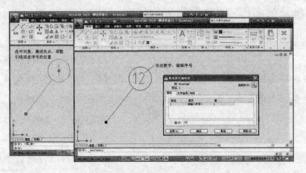

图 6-39　测试动态块

② 单击 ✕ 按钮，关闭动态块的测试，返回到块编辑器环境中。

（7）动态块的保存。展开【打开/保存】面板，选择【将块另存为】选项，弹出【将块另存为】对话框，如图 6-40 所示。输入块名"序号标注 1"，单击 确定 按钮，完成动态块的创建。单击 ✕ 按钮，弹出【块—未保存更改】对话框，如图 6-41 所示，单击 ➜ 将更改保存到 的(S) 按钮退出块编辑器环境。

图 6-40 【将块另存为】对话框　　　　　图 6-41 【块—未保存更改】对话框

（8）动态块的调用与使用。

① 新建一个图形文件，单击 ⎙ 按钮，弹出【插入】对话框，如图 6-42 所示。

② 单击 浏览(B)... 按钮，弹出【选择图形文件】对话框，如图 6-43 所示。选择"序号标注 1"，单击 打开(O) 按钮，返回到【插入】对话框，如图 6-44 所示。单击 确定 按钮，AutoCAD 提示如下。

```
命令：_insert
指定插入点或 [基点(B)/比例(S)/X/Y/Z/旋转(R)]：        //在屏幕上指定插入点单击鼠标左键
输入属性值
请输入序号：<1>：11                              //输入属性值"11"
```

结果如图 6-45 所示。

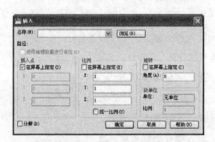

图 6-42 【插入】对话框（1）

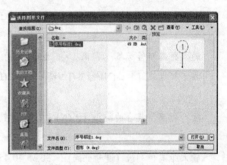

图 6-43 【选择图形文件】对话框

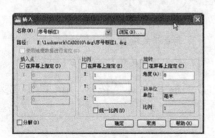

图 6-44 【插入】对话框（2）

图 6-45 动态块的调用与使用

> ◎ 网络视频：将标高定制成动态块。当使用该块时，要求序号值可变动。

6.2.4 使用查询表创建动态块

本节通过一个实例来学习使用查询表创建动态块的过程。

【案例 6-7】利用素材文件"6-7.dwg"创建 M8 六角头螺栓动态块，其中螺栓尺寸 L 是可变动的，可以通过查询参数的方式确定。尺寸 L 的系列值分别为 30、35、40、45 和 55。

（1）打开素材文件"6-7.dwg"，进入块编辑器中，并且将插入基点 A 移动到坐标原点，结果如图 6-46 所示。

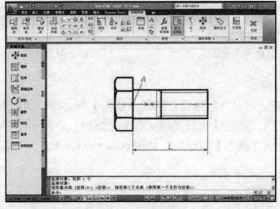

图 6-46　进入块编辑器

（2）添加线性参数。单击【块编辑器】选项卡【标注】面板上的 ⊢ⁱ线性 按钮，AutoCAD 提示如下。

命令：_BParameter 线性

指定起点或 [名称(N)/标签(L)/链(C)/说明(D)/基点(B)/选项板(P)/值集(V)]：L

　　　　　　　　　　　　　　　　　　//选择"标签(L)"选项

输入距离特性标签 <距离1>：公称长度　　//输入新的标签"公称长度"

指定起点或 [名称(N)/标签(L)/链(C)/说明(D)/基点(B)/选项板(P)/值集(V)]：V

　　　　　　　　　　　　　　　　　　//选择"值集(V)"选项

输入距离值集合的类型 [无(N)/列表(L)/增量(I)]<无>：L

　　　　　　　　　　　　　　　　　　//选择"列表(L)"选项

输入距离值列表 (逗号分隔)：30,35,40,45,55　　//输入螺栓公称长度列表

指定起点或 [名称(N)/标签(L)/链(C)/说明(D)/基点(B)/选项板(P)/值集(V)]：

　　　　　　　　　　　　　　　　　　//捕捉 A 点指定起点，如图 6-47 所示

指定端点：　　　　　　　　　　　　　//捕捉 B 点指定端点

指定标签位置：　　　　　　　　　　　//在 C 点处单击鼠标左键指定标签位置

（3）添加查询参数。单击【块编辑器】选项卡【标注】面板上的 ▦查询 按钮，AutoCAD 提示如下。

命令：_BParameter 查询

指定参数位置或 [名称(N)/标签(L)/说明(D)/选项板(P)]：

　　　　　　　　　　　　　　　　　　//捕捉 B 点，如图 6-47 所示

结果如图 6-47 所示。

距离名称及值集也可以在特性管理器中修改，修改方法如下。

输入命令 PROPERTIES，打开【特性】对话框，选中添加的线性参数，如图 6-48 所示，可以通过图示步骤进行修改。单击【块编写选项板—所有选项板】中【参数】选项板中的 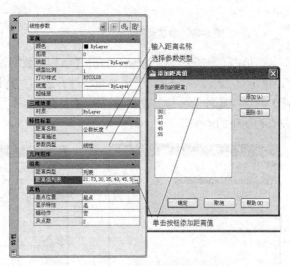 查寻 按钮，AutoCAD 提示如下。

命令：_BParameter 查询
指定参数位置或 [名称(N)/标签(L)/说明(D)/选项板(P)]:

//在图 6-47 所示的位置单击一点

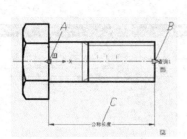

图 6-47　添加参数　　　　　　　　　　图 6-48　修改线性参数特性

（4）添加拉伸动作与查询动作。

① 单击【块编写选项板—所有选项板】中【动作】选项板上的 拉伸 按钮，AutoCAD 提示如下。

命令：_BActionTool 拉伸
选择参数：　　　　　　　　　　　　　　　　　//选择参数"公称长度"
指定要与动作关联的参数点或输入 [起点(T)/第二点(S)] <起点>：　//捕捉 B 点
指定拉伸框架的第一个角点或 [圈交(CP)]：　　　//捕捉 E 点
指定对角点：　　　　　　　　　　　　　　　　//捕捉 F 点
指定要拉伸的对象　　　　　　　　　　　　　　//选择需要拉伸的对象
选择对象：找到 12 个
选择对象：　　　　　　　　　　　　　　　　　//按 Enter 键

结果如图 6-49 所示。

② 单击【块编写选项板—所有选项板】中【动作】选项板上的 查寻 按钮，AutoCAD 提示如下。

命令：_BActionTool 查询
选择参数：　　　　　　　　　　　　　　　　　//选择刚创建的查询参数

打开【特性查询表】对话框，如图 6-50 所示。

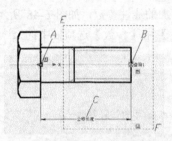

图 6-49　添加动作

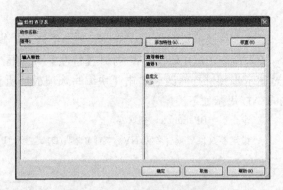

图 6-50　【特性查询表】对话框

③ 单击 添加特性(A)... 按钮，打开【添加参数特性】对话框，如图 6-51 所示。选中"公称长度"，单击 确定 按钮，添加参数特性并返回到特性查询表，如图 6-52 所示。在左侧【输入特性】栏选择螺栓的公称长度，在右侧【查询特性】栏输入查询参数标签，单击 确定 按钮完成查询动作的添加。

图 6-51　【添加参数特性】对话框

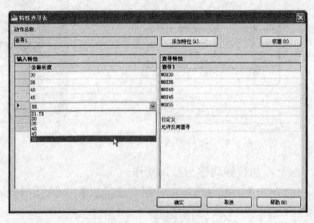

图 6-52　特性查询表

查寻表可以为动态块定义特性以及为其指定特性值。使用查寻表是将动态块参照的参数值与指定的其他数据（例如模型或零件号）相关联的有效方式。

　　不能将约束参数添加到查寻表，约束参数应使用块特性表。

（5）测试动态块。在查询夹点上单击鼠标右键，弹出查询列表，如果从显示的列表中选择一个尺寸，则块的几何图形将根据所选择的改变，如图 6-53 所示。

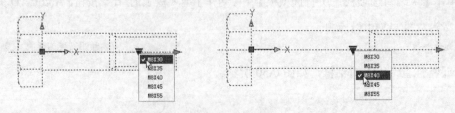

图 6-53　测试动态块

（6）保存动态块。

综上所述，动态块的创建可以分为以下 7 个主要步骤。

① 在创建动态块之前规划动态块的内容

在创建动态块之前，应当了解其外观以及在图形中的使用方式。确定当操作动态块参照时，块中的哪些对象会更改或移动，还要确定这些对象将如何更改。例如，用户可以创建一个可调整大小的动态块。另外，调整块参照的大小时可能会显示其他几何图形。这些因素决定了添加到块定义中的参数和动作的类型，以及如何使参数、动作和几何图形共同作用。

② 绘制几何图形

可以在绘图区域或【块编辑器】选项卡中为动态块绘制几何图形。也可以使用图形中的现有几何图形或现有的块定义。

③ 了解块元素如何共同作用

在向块定义中添加参数和动作之前，应了解它们相互之间以及它们与块中的几何图形的相关性。在向块定义添加动作时，需要将动作与参数以及几何图形的选择集相关联。此操作将创建相关性。向动态块参照添加多个参数和动作时，需要设置正确的相关性，以便块参照在图形中正常工作。

例如，要创建一个包含若干对象的动态块，其中一些对象关联了拉伸动作。同时，用户还希望所有对象围绕同一基点旋转。在这种情况下，应当在添加其他所有参数和动作之后添加旋转动作。如果旋转动作并非与块定义中的其他所有对象（几何图形、参数和动作）相关联，那么块参照的某些部分可能不会旋转，或者操作该块参照时可能会造成意外结果。

④ 添加参数

按照命令提示向动态块定义中添加适当的参数。使用【块编写选项板—所有选项板】中的【参数】选项板可以同时添加参数和关联动作。

⑤ 添加动作

向动态块定义中添加适当的动作。按照命令提示进行操作，确保将动作与正确的参数和几何图形相关联。

⑥ 定义动态块参照的操作方式

可以指定在图形中操作动态块参照的方式，通过自定义夹点和自定义特性来操作动态块参照。在创建动态块定义时，将定义显示哪些夹点以及如何通过这些夹点来编辑动态块参照。另外还指定了是否在【特性】对话框中显示出块的自定义特性，以及是否可以通过该选项板或自定义夹点来更改这些特性。

⑦ 测试块

单击【块编辑器】选项卡【打开/保存】面板中的 🔲 按钮。

🎧 **网络视频**：创建 M12 六角头螺栓动态块，其中螺栓尺寸 L 是可变动的，可以通过查询参数的方式确定。尺寸 L 的系列值分别为 45、60、80、100 和 120。

习题

1．打开素材文件"习题 6-1.dwg"，该文件中已包含了块"桌椅"，请重新定义此块，将图 6-54 中的左图修改为右图，图中椅子还是原来的椅子，桌子变为圆形，半径为原来方桌的宽度。

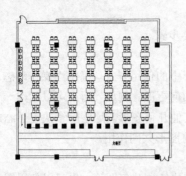
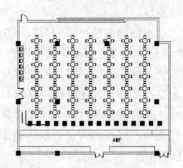

图 6-54　重新定义块

2．应用实体属性。

操作步骤提示

（1）建立新的图形文件，绘制如图 6-55 所示的标高及定位轴线符号。

（2）创建属性 *A*、*B*，如图 6-56 所示，该属性包含的内容如表 6-3 所示。

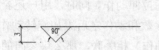

图 6-55　标高及定位轴线符号 　　　　　　　　　　图 6-56　创建属性 *A*、*B*

表 6-3　　　　　　　　　　　　　　　　属性项目包含的内容

项　目	标　记	提　示	值
属性 *A*	HIGN	标高	5.000
属性 *B*	N	定位轴线	5

（3）将高度符号与属性 *A* 一起生成图块"标高"，同样把编号符号与属性 *B* 一起生成图块"定位轴线"，两个图块的插入点分别是（1）、（2）点，然后保存素材文件为"习题 6-2.dwg"。

（4）打开素材文件"习题 6-2.dwg"，利用已创建的符号图块标注该图形，结果如图 6-57 所示。

3．利用几何约束和标注约束创建图幅动态块，结果如图 6-58 所示。

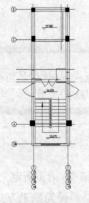
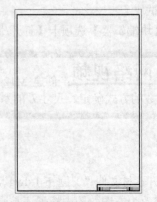

图 6-57　利用已创建的符号块标注图形 　　　　　　图 6-58　创建图幅动态块

第7章

图形标注

【学习目标】
● 创建文字样式,标注单行及多行文字。
● 编辑文字内注容及属性。
● 创建标注样式,并标注直线型、角度型、直径型及半径型尺寸。
● 标注尺寸公差及形位公差。
● 编辑尺寸文字及调整标注位置。

通过本章的学习,读者可以掌握图形文字和尺寸的标注方法,并能够灵活运用相应的命令。

7.1 文字标注

本节主要内容包括文字样式设置、单行文字与多行文字标注、文字编辑。

7.1.1 网络课堂——引入案例

> **网络视频**:在表格中填写单行文字,文字字体为"仿宋_GB2312",字母及数字为"romans.shx",最底一行文字的高度为"4",其余文字、字母及数字高度均为"3.5",宽度比例为"0.7"。

编号	名称及规范	件数	材料	每件重量	总计(kg)	图 号	备 注
4	角钢 <30x4	20m	Q235-AF	1.786	35.72		
3	无缝钢管 ∅25x2	200m	20	1.13	226	GB3087-82	
2	铁丝 d=1.2mm	100m					
1	铁皮 δ=3	60m²		7.08	424.8		

7.1.2 文字样式

在 AutoCAD 中有两类文字对象,一类称为单行文字,另一类是多行文字,它们分别由 DTEXT 和 MTEXT 命令来创建。一般来讲,一些比较简短的文字项目,如标题栏信息、尺寸标注说明等,常常采用单行文字;而对带有段落格式的信息,如建筑设计说明、技术条件等,则常使用多行文字。

AutoCAD 生成的文字对象,其外观由与它关联的文字样式所决定。默认情况下 Standard 文字样式是当前样式，当然也可根据需要创建新的文字样式。

文字样式主要控制与文本链接的字体文件、字符宽度、文字倾斜角度及高度等项目，另外，还可通过它设计出相反的、颠倒的以及竖直方向的文本。

针对每一种不同风格的文字应创建对应的文字样式，这样在输入文本时就可用相应的文字样式来控制文本的外观。例如，可建立专门用于控制尺寸标注文字及技术说明文字外观的文字样式。

1．命令启动方式

● 功能区：单击【常用】选项卡【注释】面板底部的 ⬛⬛⬛⬛⬛ 注释 ▾ ⬛⬛⬛⬛ 按钮，在打开的下拉列表中单击 **A** 按钮。

● 功能区：单击【注释】选项卡【文字】面板底部 ⬛⬛⬛⬛⬛⬛⬛⬛⬛⬛ 文字 ▾ ⬛⬛⬛⬛⬛⬛⬛⬛ 按钮右边的 ▾ 按钮。

● 命令：STYLE。

【案例 7-1】创建文字样式。

（1）执行 STYLE 命令，打开【文字样式】对话框，如图 7-1 所示。

（2）单击 新建(N)... 按钮，打开【新建文字样式】对话框，在【样式名】文本框中输入文字样式的名称"文字样式"，如图 7-2 所示。

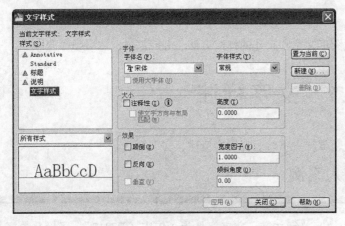

图 7-1 【文字样式】对话框

图 7-2 【新建文字样式】对话框

（3）单击 确定 按钮，返回【文字样式】对话框，在【字体名】下拉列表中选择"宋体"，如图 7-1 所示。

（4）单击 应用(A) 按钮，单击 关闭(C) 按钮，关闭【文字样式】对话框，完成文字样式的创建。

设置字体、字高、特殊效果等外部特征以及修改、删除文字样式等操作是在【文字样式】对话框中进行的。该对话框的常用选项介绍如下。

● 【样式】该列表框显示图样中所有文字样式的名称，可从中选择一个，使其成为当前样式。

● 新建(N)... 按钮：单击此按钮，就可以创建新文字样式。

● 删除(D) 按钮：在【样式】列表框中选择一个文字样式，再单击此按钮就删除它。当前样式以及正在使用的文字样式不能被删除。

● 【字体名】：在此下拉列表中罗列了所有字体的清单。带有双"T"标志的字体是 TrueType 字体，其他字体是 AutoCAD 自己的字体。

● 【字体样式】：如果用户选择的字体支持不同的样式，如粗体或斜体等，就可在【字体样式】

下拉列表中选择。

- 【高度】：在此文本框中可输入字体的高度。如果在文本框中指定了文本高度，则当使用 DTEXT（单行文字）命令时，AutoCAD 将不提示"指定高度"。
- 【颠倒】：选中此选项，文字将上下颠倒显示，该选项仅影响单行文字，如图 7-3 所示。

AutoCAD   ∀ⁿ⊥oⅽ∀ꓒ
关闭【颠倒】选项   打开【颠倒】选项

图 7-3　关闭或打开【颠倒】选项

- 【反向】：选中此选项，文字将首尾反向显示，该选项仅影响单行文字，如图 7-4 所示。

AutoCAD   ꓒⱯϽoⱢuⱯ
关闭【反向】选项   打开【反向】选项

图 7-4　关闭或打开【反向】选项

- 【垂直】：选中此选项，文字将沿竖直方向排列，该选项仅影响单行文字，如图 7-5 所示。

A
u
t
o
C
A
D

AutoCAD
关闭【垂直】选项   打开【垂直】选项

图 7-5　关闭或打开【垂直】选项

- 【宽度因子】：默认的宽度因子为 1。若输入小于 1 的数值，则文本将变窄；否则，文本变宽，如图 7-6 所示。

AutoCAD   AutoCAD
宽度比例因子为 1.0   宽度比例因子为 0.5

图 7-6　调整宽度比例因子

- 【倾斜角度】：该选项指定文本的倾斜角度，角度值为正时向右倾斜，为负时向左倾斜，如图 7-7 所示。

AutoCAD   AutoCAD
倾斜角度为 30°   倾斜角度为-30°

图 7-7　设置文字倾斜角度

2．修改文字样式

修改文字样式也是在【文字样式】对话框中进行的，其过程与创建文字样式相似，这里不再重复。

修改文字样式时，应注意以下两点。

- 修改完成后，单击【文字样式】对话框中的 应用(A) 按钮，则修改生效，AutoCAD 立即更新图样中与此文字样式关联的文字。
- 当修改文字样式链接的字体及文字的"颠倒"、"反向"、"垂直"等特性时，AutoCAD 将改变文字外观，而修改文字高度、宽度比例及倾斜角时，则不会引起原有文字外观的改变，但将影响此后创建的文字对象。

要点提示　　打开图纸后，如果发现有文字是乱码，这是因为字体样式不匹配的缘故，可尝试着在【文字样式】对话框中修改一下，有可能就把乱码纠正过来。

🎧 **网络视频**：创建文字样式：文字高度为"3"，宽度比例为"0.7"，字体为"仿宋_GB2312"。

7.1.3　单行文字

用 DTEXT 命令可以非常灵活地创建文字项目。执行此命令，不仅可以设定文本的对齐方式及文字的倾斜角度，而且还能用十字光标在不同的地方选取点以定位文本的位置，该特性只发出一次命令就能在图形的任何区域放置文本。另外，DTEXT 命令还提供了屏幕预演的功能，即在输入文字的同时该文字也将在屏幕上显示出来，这样就能很容易地发现文本输入的错误，以便及时修改。

用 DTEXT 命令可连续输入多行文字，每行按 Enter 键结束，但不能控制各行的间距。DTEXT 命令的优点是文字对象的每一行都是一个单独的实体，因而对每行进行重新定位或编辑都很容易。

默认情况下，单行文字关联的文字样式是"Standard"。如果要输入中文，应修改当前文字样式，使其与中文字体相联。此外，也可创建一个采用中文字体的新文字样式。

1．命令启动方法
- 功能区：单击【常用】选项卡【注释】面板上的 📝·按钮，在打开的下拉列表中单击 **A** 单行文字按钮。
- 功能区：单击【注释】选项卡【文字】面板上的 📝·按钮，在打开的下拉列表中单击 **A** 单行文字按钮。
- 命令：DTEXT 或简写 DT。

【案例 7-2】练习 DTEXT 命令。

执行 DTEXT 命令，AutoCAD 提示如下。

```
命令：_dtext
当前文字样式：　"说明"　文字高度：　3.0000　注释性：　是
指定文字的起点或 [对正(J)/样式(S)]:
                            //拾取 A 点作为单行文字的起始位置，如图 7-8 所示
指定文字的旋转角度 <0.00>:　  //输入文字的倾斜角或按 Enter 键接受默认值
输入文字：　AutoCAD 单行文字　//输入一行文字
                            //按两次 Enter 键结束
```

结果如图 7-8 所示。

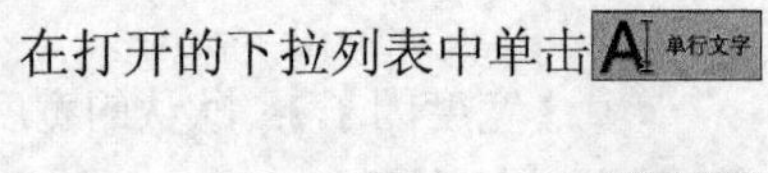

2．命令选项
- 样式(S)：指定当前文字样式。
- 对正(J)：设定文字的对齐方式。

*A*AutoCAD单行文字

图 7-8　创建单行文字

3．单行文字的对齐方式

执行 DTEXT 命令后，AutoCAD 提示指定文本的起点，此点与实际字符的位置关系由对齐方式

"对正(J)"所决定。对于单行文字，AutoCAD 提供了 14 种对正选项，默认情况下，文本是左对齐的，即指定的插入点是文字的左基线点，如图 7-9 所示。

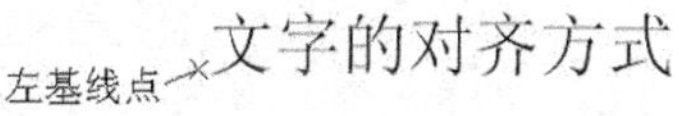

如果要改变单行文字的对齐方式，就使用"对正(J)"选项。在"指定文字的起点或[对正(J)/样式(S)]："提示下，输入"j"，则 AutoCAD 提示如下。

左基线点 文字的对齐方式

图 7-9 左对齐方式

  [对齐(A)/布满(F)/居中(C)/中间(M)/右对齐(R)/左上(TL)/中上(TC)/右上(TR)/左中(ML)/正中(MC)/右中(MR)/左下(BL)/中下(BC)/右下(BR)]：

下面对以上选项给出详细的说明。

● 对齐(A)：使用这个选项时，AutoCAD 提示指定文本分布的起始点和结束点。当用户选定两点并输入文本后，AutoCAD 把文字压缩或扩展使其充满指定的宽度范围，而文字的高度则按适当比例进行变化。

● 布满(F)：与选项"对齐(A)"相比，利用此选项时，AutoCAD 增加了"指定高度："提示（需将"Standard"文字样式置为当前样式）。"布满(F)"也将压缩或扩展文字使其充满指定的宽度范围，但保持文字的高度值等于指定的数值。

分别利用"对齐(A)"和"布满(F)"选项在矩形框中填写文字，结果如图 7-10 所示。

房屋建筑学实训指导   房屋建筑学实训指导

起始点   结束点 起始点   结束点

"对齐(A)"选项   "布满(F)"选项

图 7-10 "对齐(A)"及"布满(F)"选项的应用实例

● 居中(C)/中间(M)/右对齐(R)/左上(TL)/中上(TC)/右上(TR)/左中(ML)/正中(MC)/右中(MR)/左下(BL)/中下(BC)/右下(BR)：通过这些选项设置文字的插入点，各插入点位置如图 7-11 所示。

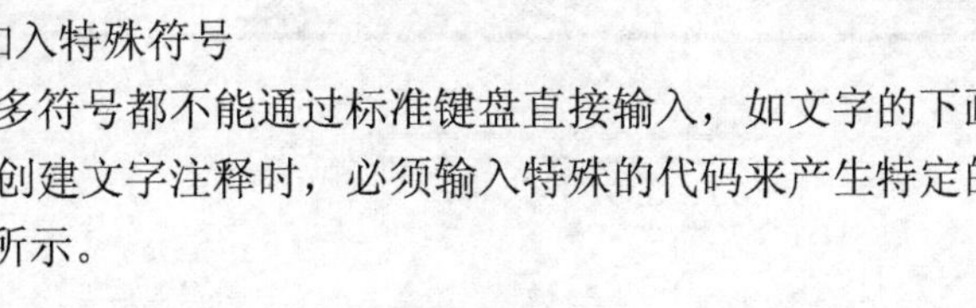

图 7-11 设置插入点

4．在单行文字中加入特殊符号

工程图中用到的许多符号都不能通过标准键盘直接输入，如文字的下画线、直径代号等。当用户利用 DTEXT 命令创建文字注释时，必须输入特殊的代码来产生特定的字符，这些代码及对应的特殊符号如表 7-1 所示。

表 7-1   特殊字符的代码

代　码	字　符	代　码	字　符
%%o	文字的上画线	%%p	表示"±"
%%u	文字的下画线	%%c	直径代号
%%d	角度的度符号		

使用表中代码生成特殊字符的样例如图 7-12 所示。

代码	添加特殊字符
%%c	⌀120
%%d	90°

图 7-12　创建特殊字符

7.1.4　多行文字

MTEXT 命令可以创建复杂的文字说明。用 MTEXT 命令生成的文字段落称为多行文字，它可由任意数目的文字行组成，所有的文字构成一个单独的实体。使用 MTEXT 命令时，首先要指定一个文本边框，此边框限定了段落文字的左右边界，但文字沿竖直方向可无限延伸。另外，多行文字中单个字符或某一部分文字的属性（包括文本的字体、倾斜角度和高度等）也能进行设定。

要创建多行文字，首先要了解多行文字编辑器，以下先介绍多行文字编辑器的使用方法及常用选项的功能。

命令启动方法如下。

- 功能区：单击【常用】选项卡【注释】面板上的 **A** 按钮。
- 功能区：单击【注释】选项卡【文字】面板上的 **A** 按钮。
- 命令：MTEXT 或简写 MT。

【案例 7-3】练习 MTEXT 命令。

（1）单击【常用】选项卡【注释】面板上的 **A** 按钮，AutoCAD 提示如下。

```
命令：_mtext 当前文字样式： "说明" 文字高度： 3.0000 注释性： 是
指定第一角点：                        //在左边处单击一点，如图 7-13 所示
指定对角点或 [高度(H)/对正(J)/行距(L)/旋转(R)/样式(S)/宽度(W)/栏(C)]：
                                    //指定文本边框的对角点
```

（2）当指定了文本边框的第一个角点后，再拖动鼠标指针指定矩形分布区域的另一个角点。一旦建立了文本边框，AutoCAD 就打开【文字编辑器】选项卡，如图 7-13 所示。按默认设置输入文字，当文字到达定义边框的右边界时，AutoCAD 将自动换行。

图 7-13　输入多行文字

（3）文字输入结束后，单击【文字编辑器】选项卡【关闭】面板上的 ⬚ 按钮，结果如图 7-14 所示。

房屋建筑学实训指导

图 7-14　创建多行文字

【文字编辑器】选项卡中主要选项的功能如下。

1．【样式】面板

- ⬚或⬚按钮：单击它们可以选择文字样式。
- ⬚按钮：单击它可以打开所有文字样式列表框，从中可以选取相应文字样式。
- ⬚：从该下拉列表中选择或输入文字高度。

2．【格式】面板

- 【字体】下拉列表：从该列表中选择需要的字体。
- B 按钮：如果所用字体支持粗体，就可通过此按钮将文本修改为粗体形式，按下按钮为打开状态。
- I 按钮：如果所用字体支持斜体，就可通过此按钮将文本修改为斜体形式，按下按钮为打开状态。
- U 按钮：可利用此按钮将文字修改为下画线形式。
- O 按钮：可利用此按钮将文字修改为上画线形式。
- ByLayer 按钮：从这个下拉列表中选择字体的颜色。
- 单击【格式】面板底部的 格式▼ 按钮，打开下拉列表。
- 0/ 列表：从该列表中选择或输入文字的倾斜角度。
- o 列表：从该列表中选择或输入文字的宽度因子。

3．【插入】面板

@ 按钮：单击此按钮可以打开字符列表，如图 7-15 所示。选择【其他】选项，则打开【字符映射表】对话框，如图 7-16 所示，从中可以设置字体，通过复制、粘贴方式输入选择的字符。

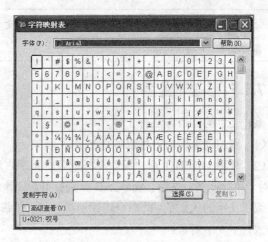

图 7-15　字符列表　　　　　　　　　图 7-16　【字符映射表】对话框

4．【选项】面板

单击 ☑▼ 按钮，在打开的下拉列表中依次选择【编辑器设置】|【显示工具栏】，如图 7-17 所示，

则打开【文字格式】工具栏，如图 7-18 所示。如要关闭该工具栏，重复该类似操作。

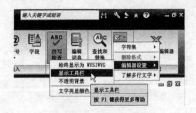

图 7-17　下拉列表　　　　　　　　　　　　　图 7-18　【文字格式】工具栏

【文字格式】工具栏中主要选项的功能如下。

- Standard 下拉列表：从该下拉列表中选择文字样式。

- 【字体】下拉列表：从该下拉列表中选择需要的字体。

- 【字体高度】下拉列表：从该下拉列表中选择或输入文字高度。

- **B** 按钮：如果所用字体支持粗体，就可通过此按钮将文本修改为粗体形式，按下按钮为打开状态。

- *I* 按钮：如果所用字体支持斜体，就可通过此按钮将文本修改为斜体形式，按下按钮为打开状态。

- U 按钮：可利用此按钮将文字修改为下画线形式。

- ᵇₐ 按钮：按下此按钮就使可层叠的文字堆叠起来，如图 7-19 所示，这对创建分数及公差形式的文字很有用。AutoCAD 通过特殊字符 "/" 及 "^" 表明多行文字是可层叠的。输入层叠文字的方式为：左边文字+特殊字符+右边文字，堆叠后，左面文字被放在右边文字的上面。

输入　　　　　堆叠结果

2/5　　　　　　$\frac{2}{5}$

图 7-19　堆叠文字

- ■ ByLayer 下拉列表：从该下拉列表中选择字体的颜色。

通过堆叠文字的方法也可创建文字的上标或下标，输入方式为 "上标^"、"^下标"。

要点提示

7.1.5　编辑文字

编辑文字的常用方法有 3 种。

（1）双击要编辑的单行或多行文字。

（2）使用 DDEDIT 命令编辑单行或多行文字。选择的对象不同，AutoCAD 将打开不同的对话框。对于单行或多行文字，AutoCAD 分别打开【编辑文字】对话框和【文字格式】工具栏。用 DDEDIT 命令编辑文字的优点是：此命令连续地提示选择要编辑的对象，因而只要发出 DDEDIT 命令就能一次修改许多文字对象。

（3）用 PROPERTIES 命令修改文字。选择要修改的文字后，执行 PROPERTIES 命令，AutoCAD 打开【特性】对话框，在这个对话框中，不仅能修改文字的内容，还能编辑文字的其他许多属性，如倾斜角度、对齐方式、高度及文字样式等。

【案例 7-4】修改单行及多行文字。

（1）打开素材文件"7-4.dwg"，该文件所包含的文字内容如下。

说明

1. 该设备安装图是根据某发电机厂提供的图纸绘制的。

2. 设备重：5200kg，安装位置见设备平面布置图。

（2）双击"说明"文字处，将其更改为"注释说明"，如图 7-20 所示。

（3）单击下面多行文字处，打开【文字编辑器】选项卡，选中文字"5200"，将其修改为"4800"。

（4）选中文字"4800kg"，然后在【字体】下拉列表中选择"黑体"，再单击 $\boxed{\text{U}}$ 按钮，结果如图 7-21 所示。

 可以使用 MATCHPROP（属性匹配）命令将某些文字的字体、字高等属性传递给另一些文字。

（5）单击【文字编辑器】选项卡【关闭】面板上的 ✕ 按钮，结果如图 7-20 所示。

注释说明

1.该设备安装图是根据某发电机厂
提供的图纸绘制的。
2.设备重：4800kg，安装位置见设
备平面布置图。

图 7-20　修改单行及多行文字

图 7-21　修改字体及加上下画线

 建立多行文字时，如果在文字中链接了多个字体文件，那么当把段落文字的文字样式修改为其他样式时，只有一部分文字的字体发生变化，而其他文字的字体保持不变。

7.2　尺寸标注

本节主要讲述图形的尺寸标注。

7.2.1　网络课堂——引入案例

🎧 **网络视频**：利用 DIMLINEAR 命令标注图样。

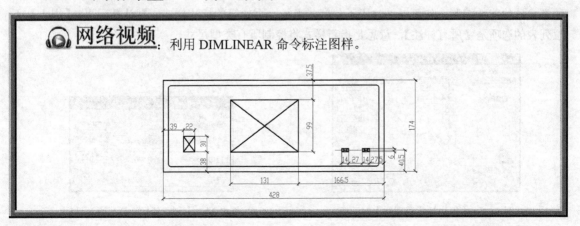

7.2.2 创建尺寸样式

AutoCAD 的尺寸标注命令很丰富，用户可以轻松地创建出各种类型的尺寸。所有尺寸与尺寸样式关联，通过调整尺寸样式，就能控制与该样式关联的尺寸标注的外观。以下介绍创建尺寸样式的方法及 AutoCAD 的尺寸标注命令。

尺寸标注是一个复合体，它以块的形式存储在图形中，其组成部分包括尺寸线、延伸线、标注文字和箭头等，如图 7-22 所示，所有这些组成部分的格式都由尺寸样式来控制。

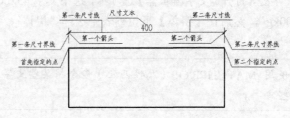

图 7-22　尺寸标注组成

命令启动方法如下。

● 功能区：单击【常用】选项卡【注释】面板底部的 注释 ▾ 按钮，在打开的下拉列表中单击 按钮。

● 功能区：单击【注释】选项卡【文字】面板底部 标注 ▾ 按钮右边的 按钮。

在标注尺寸前，一般都要创建尺寸样式，否则，AutoCAD 将使用默认样式 ISO-25 生成尺寸标注。AutoCAD 中可以定义多种不同的标注样式并为之命名，标注时，只需指定某个样式为当前样式，就能创建相应的标注形式。

【案例 7-5】建立新的尺寸样式。

（1）创建一个新文件。

（2）单击【注释】选项卡【文字】面板底部 标注 ▾ 按钮右边的 按钮，打开【标注样式管理器】对话框，如图 7-23 所示。该对话框用来管理尺寸样式，通过这个对话框可以命名新的尺寸样式或修改样式中的尺寸变量。

（3）单击 新建(N)... 按钮，打开【创建新标注样式】对话框，如图 7-24 所示。在该对话框的【新样式名】文本框中输入新的样式名称。在【基础样式】下拉列表中指定某个尺寸样式作为新样式的副本，则新样式将包含副本样式的所有设置。此外，还可在【用于】下拉列表中设定新样式对某一种类尺寸的特殊控制，如可以创建用于角度、半径、直径等的标注样式。默认情况下，【用于】下拉列表的选项是【所有标注】，意思是指新样式将控制所有类型尺寸。

图 7-23　【标注样式管理器】对话框

图 7-24　【创建新标注样式】对话框

（4）单击 [继续] 按钮，打开【新建标注样式】对话框，如图 7-25 所示。该对话框有 7 个选项卡，在这些选项卡中可设置各个尺寸变量。设置完成后，单击 [确定] 按钮就得到一个新的尺寸样式。

（5）在【标注样式管理器】对话框的【样式】列表框中选择新样式，然后单击 [置为当前(U)] 按钮使其成为当前样式。

图 7-25　【新建标注样式】对话框

【新建标注样式】对话框中常用选项的功能如下。

1．【线】选项卡

● 【超出标记】：该选项决定了尺寸线超过延伸线的长度。若尺寸线两端是箭头，则此选项无效，但若在【符号和箭头】选项卡的【箭头】分组框中设定了箭头的形式是"倾斜"或"建筑标记"时，该选项是有效的。在建筑图的尺寸标注中经常用到这两个选项，如图 7-26 所示。

● 【基线间距】：此选项决定了平行尺寸线间的距离。例如，当创建基线型尺寸标注时，相邻尺寸线间的距离由该选项控制，如图 7-27 所示。

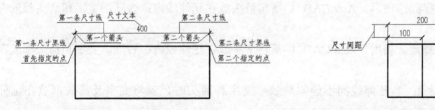

图 7-26　尺寸线超出延伸线　　　　　图 7-27　控制尺寸线间的距离

● 【超出尺寸线】：控制延伸线超出尺寸线的距离。国标中规定，延伸线一般超出尺寸线 2～3mm，如果准备使用 1：1 比例出图则延伸值要输入 2 或 3。

● 【起点偏移量】：控制延伸线起点与标注对象端点间的距离。通常应使延伸线与标注对象不发生接触，这样才能较容易地区分尺寸标注和被标注的对象。

2．【符号和箭头】选项卡

● 【第一个箭头及第二个箭头】：这是两个用于选择尺寸线两端箭头的样式。AutoCAD 中提供了 20 种标准的箭头类型，通过调整【箭头】分组框的【第一个】或【第二个】选项就可控制尺寸线两端箭头的类型。如果选择了第一个箭头的形式，第二个箭头也将采用相同的形式，要想使它们不同，就需要在第一个下拉列表和第二个下拉列表中分别进行定制。建筑专业图形标注该选项一般选用【建筑标记】。

- 【引线】：通过此下拉列表设置引线标注的箭头样式。
- 【箭头大小】：利用此选项设定箭头大小。

3.【文字】选项卡

- 【文字样式】：在该下拉列表中选择文字样式，或单击其右侧的⬚按钮，打开【文字样式】对话框，创建新的文字样式。
- 【文字高度】：在此文本框中指定文字的高度。若在文本样式中已设定了文字高度，则此文本框中设置的文字高度将是无效的。
- 【分数高度比例】：该选项用于设定分数形式字符与其他字符的比例。只有当选择了支持分数的标注格式时（标注单位为"分数"），此选项才可用。
- 【绘制文字边框】：通过此选项用户可以给标注文字添加一个矩形边框，如图 7-28 所示。
- 【从尺寸线偏移】：该选项设定标注文字与尺寸线间的距离，如图 7-29 所示。若标注文本在尺寸线的中间（尺寸线断开），则其值表示断开处尺寸线端点与尺寸文字的间距。另外，该值也用来控制文字边框与其中文字的距离。

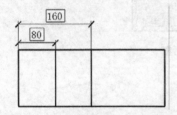

图 7-28　给标注文字添加矩形框

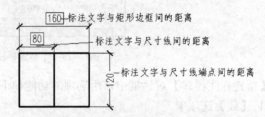

图 7-29　控制文字相对于尺寸线的偏移量

4.【调整】选项卡

- 【文字或箭头（取最佳效果）】：对标注文字及箭头进行综合考虑，自动选择将其中之一放在延伸线外侧，以达到最佳标注效果。
- 【箭头】：选择此选项后，AutoCAD 尽量将箭头放在延伸线内；否则，文字和箭头都放在延伸线外。
- 【文字】：选择此选项后，AutoCAD 尽量将文字放在延伸线内；否则，文字和箭头都放在延伸线外。
- 【箭头和文字】：当延伸线间不能同时放下文字和箭头时，就将文字及箭头都放在延伸线外。
- 【文字始终保持在延伸线之间】：选择此选项后，AutoCAD 总是把文字放置在延伸线内。
- 【使用全局比例】：全局比例值将影响尺寸标注所有组成元素的大小，如标注文字、尺寸箭头等，如图 7-30 所示。

（a）全局比例为 1.0　　　　（b）全局比例为 2.0

图 7-30　全局比例对尺寸标注的影响

5.【主单位】选项卡

- 线性标注的【单位格式】：在此下拉列表中选择所需的长度单位类型。

- 线性标注的【精度】：设定长度型尺寸数字的精度（小数点后显示的位数）。
- 【比例因子】：可输入尺寸数字的缩放比例因子。当标注尺寸时，AutoCAD 用此比例因子乘以真实的测量数值，然后将结果作为标注数值。
- 角度标注的【单位格式】：在此下拉列表中选择角度的单位类型。
- 角度标注的【精度】：设置角度型尺寸数字的精度（小数点后显示的位数）。

6.【公差】选项卡

（1）【方式】下拉列表中包含 5 个选项。

- 【无】：只显示基本尺寸。
- 【对称】：如果选择【对称】选项，则只能在【上偏差】文本框中输入数值，标注时 AutoCAD 自动加入"±"符号。
- 【极限偏差】：利用此选项可以在【上偏差】和【下偏差】文本框中分别输入尺寸的上、下偏差值，默认情况下，AutoCAD 将自动在上偏差前面添加"+"号，在下偏差前面添加"−"号。若在输入偏差值时加上"+"或"−"号，则最终显示的符号将是默认符号与输入符号相乘的结果。
- 【极限尺寸】：同时显示最大极限尺寸和最小极限尺寸。
- 【基本尺寸】：将尺寸标注值放置在一个长方形的框中（理想尺寸标注形式）。

（2）【精度】：设置上、下偏差值的精度（小数点后显示的位数）。

（3）【上偏差】：在此文本框中输入上偏差数值。

（4）【下偏差】：在此文本框中输入下偏差数值。

（5）【高度比例】：该选项能调整偏差文字相对于尺寸文字的高度，默认值是 1，此时偏差文字与尺寸文字高度相同。在标注机械图时，建议将此数值设定为 0.7 左右，但若使用【对称】选项，则"高度"值仍选为 1。

（6）【垂直位置】：在此下拉列表中可指定偏差文字相对于基本尺寸的位置关系。当标注建筑图时，建议选择【中】选项。

（7）【前导】：隐藏偏差数字中前面的 0。

（8）【后续】：隐藏偏差数字中后面的 0。

网络视频：创建尺寸标注样式。

7.2.3　标注水平、竖直及倾斜方向尺寸

DIMLINEAR 命令可以标注水平、竖直及倾斜方向尺寸。标注时，若要使尺寸线倾斜，则输入"R"选项，然后输入尺寸线倾角即可。

1．命令启动方法

- 功能区：单击【常用】选项卡【注释】面板上的 线性 按钮。
- 功能区：单击【注释】选项卡【标注】面板上的 标注 按钮，在打开的下拉列表中单击 线性 按钮。
- 命令：DIMLINEAR 或简写 DIMLIN。

【案例 7-6】练习 DIMLINEAR 命令。

打开素材文件"7-6.dwg"，用 DIMLINEAR 命令创建尺寸标注，如图 7-31 所示。

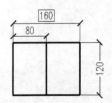

图 7-31　标注水图平和竖直方向尺寸

命令：_dimlinear

指定第一条延伸线原点或〈选择对象〉：

//指定第一条延伸线的起始点，或按 Enter 键，选择要标注的对象

指定第二条延伸线原点：　　　//选取第二条延伸线的起始点

指定尺寸线位置或[多行文字(M)/文字(T)/角度(A)/水平(H)/垂直(V)/旋转(R)]：

//拖动鼠标指针将尺寸线放置在适当位置，然后单击一点，完成操作

2．命令选项

- 多行文字(M)：使用该选项则打开【文字编辑器】选项卡。

- 文字(T)：此选项可以在命令行上输入新的尺寸文字。

- 角度(A)：通过该选项设置文字的放置角度。

- 水平(H)/垂直(V)：创建水平或垂直型尺寸。也可通过移动

鼠标指针指定创建何种类型尺寸。若左右移动鼠标指针，将生成

垂直尺寸；上下移动鼠标指针，则生成水平尺寸。

- 旋转(R)：使用 DIMLINEAR 命令时，AutoCAD 自动将尺

寸线调整成水平或竖直方向。"旋转(R)"选项可使尺寸线倾斜一个

角度，因此可利用这个选项标注倾斜对象，如图 7-32 所示。

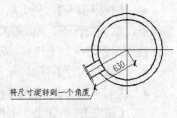

图 7-32　标注倾斜对象

3．利用对齐尺寸标注倾斜对象

要标注倾斜对象的真实长度可使用对齐尺寸，对齐尺寸的尺寸线平行于倾斜的标注对象。如果

选择两个点来创建对齐尺寸，则尺寸线与两点的连线平行。

命令启动方法如下。

- 功能区：单击【常用】选项卡【注释】面板上的 ↖对齐 按钮。

- 功能区：单击【注释】选项卡【标注】面板上的 标注 按钮，在

打开的下拉列表中单击 ↖对齐 按钮。

- 命令：DIMALIGNED 或简写 DIMALI。

【案例 7-7】练习 DIMALIGNED 命令。

打开素材文件"7-7.dwg"，利用 DIMALIGNED 命令创建尺寸标

注，如图 7-33 所示。

图 7-33　标注对齐尺寸

命令：_dimaligned

指定第一条延伸线原点或〈选择对象〉：//捕捉交点 A，或按 Enter 键选择要标注的对象，如图 7-33 所示

指定第二条延伸线原点：　　　　　　//捕捉交点 O

指定尺寸线位置或[多行文字(M)/文字(T)/角度(A)]：　//移动鼠标指针指定尺寸线的位置

🎧 网络视频：利用 DIMALIGNED 命令标注图样。

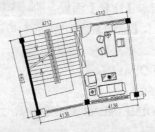

7.2.4　连续型及基线型尺寸标注

连续型尺寸是一系列首尾相连的尺寸标注形式，而基线型尺寸是指所有的尺寸都从同一点开始标注，即它们公用一条延伸线。连续型和基线型尺寸的标注方法是类似的，在创建这两种形式的尺寸时，应首先建立一个尺寸标注，然后发出标注命令，当 AutoCAD 提示"指定第二条延伸线起点或 [放弃(U)/选择(S)] <选择>："时，采取下面的某种操作方式。

- 直接拾取对象上的点。由于已事先建立了一个尺寸，因此 AutoCAD 将以该尺寸的第一条延伸线为基准线生成基线型尺寸，或者以该尺寸的第二条延伸线为基准线建立连续型尺寸。
- 若不想在前一个尺寸的基础上生成连续型或基线型尺寸，则按 [Enter] 键，AutoCAD 提示"选择连续标注："或"选择基准标注："。此时，选择某条延伸线作为建立新尺寸的基准线。

1. 基线标注

命令启动方法如下。

- 功能区：单击【注释】选项卡【标注】面板上的![]按钮。
- 命令：DIMBASELINE 或简写 DIMBASE。

【案例 7-8】练习 DIMBASELINE 命令。

打开素材文件"7-8.dwg"，用 DIMBASELINE 命令创建尺寸标注，如图 7-34 所示。

```
命令：_dimbaseline
//AutoCAD 以最后一次创建尺寸标注的起始点 A 作为基点，如图 7-34 所示
指定第二条延伸线原点或 [放弃(U)/选择(S)] <选择>：        //指定基线标注第二点 B
标注文字 = 160
指定第二条延伸线原点或 [放弃(U)/选择(S)] <选择>：        //指定基线标注第三点 C
标注文字 = 320
指定第二条延伸线原点或 [放弃(U)/选择(S)] <选择>：        //按 Enter 键
选择基准标注：                                       //按 Enter 键结束
```

2. 连续标注

命令启动方法如下。

- 功能区：单击【注释】选项卡【标注】面板上的![]按钮。
- 命令：DIMCONTINUE 或简写 DIMCONT。

【案例 7-9】练习 DIMCONTINUE 命令。

打开素材文件"7-9.dwg"，用 DIMCONTINUE 命令创建尺寸标注，如图 7-35 所示。

```
命令：_dimcontinue
//AutoCAD 以最后一次创建尺寸标注的终止点 A 作为基点，如图 7-35 所示
指定第二条延伸线原点或 [放弃(U)/选择(S)] <选择>：        //指定连续标注第二点 B
标注文字 = 80
指定第二条延伸线原点或 [放弃(U)/选择(S)] <选择>：        //指定连续标注第三点 C
标注文字 = 160
指定第二条延伸线原点或 [放弃(U)/选择(S)] <选择>：        //按 Enter 键
选择连续标注：                                       //按 Enter 键结束
```

也可以对角度型尺寸使用 DIMBASELINE 和 DIMCONTINUE 命令。

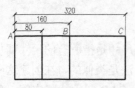

图 7-34　基线标注

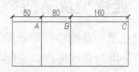

图 7-35　连续标注

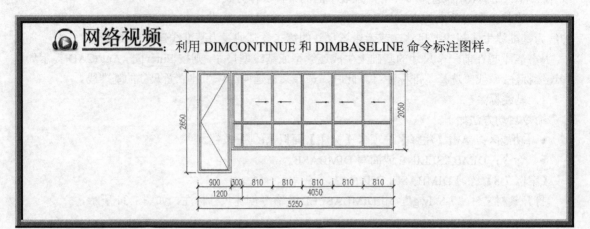

网络视频：利用 DIMCONTINUE 和 DIMBASELINE 命令标注图样。

7.2.5　标注角度尺寸

标注角度时，通过拾取两条边线、三个点或一段圆弧来创建角度尺寸。

命令启动方法如下。

- 功能区：单击【常用】选项卡【注释】面板上的 角度 按钮。
- 功能区：单击【注释】选项卡【标注】面板上的 标注 按钮，在
打开的下拉列表中单击 角度 按钮。
- 命令：DIMANGULAR 或简写 DIMANG。

【案例 7-10】练习 DIMANGULAR 命令。

打开素材文件"7-10.dwg"，用 DIMANGULAR 命令创建尺寸标注，
如图 7-36 所示。

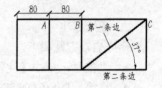

图 7-36　指定角边标注角度

```
命令：_dimangular
选择圆弧、圆、直线或〈指定顶点〉：                    //选择角的第一条边，如图 7-36 所示
选择第二条直线：                                    //选择角的第二条边
指定标注弧线位置或［多行文字(M)/文字(T)/角度(A)］：   //移动鼠标指针指定尺寸线的位置
标注文字 = 37
```

DIMANGULAR 命令各选项的功能参见 7.2.3 小节。

以下两个练习演示了圆上两点或某一圆弧对应圆心角的标注方法。

【案例 7-11】标注圆弧所对应的圆心角。

```
命令：_dimangular
选择圆弧、圆、直线或〈指定顶点〉：                    //选择圆弧，如图 7-37 左图所示
指定标注弧线位置或［多行文字(M)/文字(T)/角度(A)］：  //移动鼠标指针指定尺寸线位置
标注文字 = 121
```

选择圆弧时，AutoCAD 直接标注圆弧所对应的圆心角，移动鼠标指针到圆心的不同侧时标注数值不同。

【案例 7-12】标注圆上两点所对应圆心角。

```
命令：_dimangular
选择圆弧、圆、直线或 <指定顶点>：          //在 A 点处拾取圆，如图 7-37 右图所示
指定角的第二个端点：                       //在 B 点处拾取圆
指定标注弧位置或[多行文字(M)/文字(T)/角度(A)]：  //移动鼠标指针指定尺寸线位置
标注文字 = 116
```

在圆上选择的第一个点是角度起始点，选择的第二个点是角度终止点，AutoCAD 标出这两点间圆弧所对应的圆心角。当移动鼠标指针到圆心的不同侧时，标注数值不同。

DIMANGULAR 命令具有一个选项，允许用户利用 3 个点标注角度。当 AutoCAD 提示"选择圆弧、圆、直线或 <指定顶点>："时，直接按 Enter 键，AutoCAD 继续提示如下。

```
指定角的顶点：                          //指定角的顶点，如图 7-38 所示
指定角的第一个端点：                     //拾取角的第一个端点
指定角的第二个端点：                     //拾取角的第二个端点
指定标注弧线位置或 [多行文字(M)/文字(T)/角度(A)]：//移动鼠标指针指定尺寸线位置
标注文字 = 37
```

 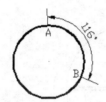

图 7-37　标注圆弧和圆　　　　　　　　　图 7-38　通过 3 点标注角度

注意，当鼠标指针移动到角顶点的不同侧时，标注值将不同。

　　　　可以使用角度尺寸或长度尺寸的标注命令来查询角度值和长度值。当发出命令并选择对象后，就能看到标注文本，此时按 Esc 键取消正在执行的命令，就不会将尺寸标注出来。

国标中对于角度标注有规定，角度数值一律水平书写，一般注写在尺寸线的中断处，必要时可注写在尺寸线上方或外面，也可画引线标注，如图 7-39 所示。显然角度文本的注写方式与线性尺寸文本是不同的。

为使角度数值的放置形式符合国标规定，可采用当前样式覆盖方式标注角度。

【案例 7-13】用当前样式覆盖方式标注角度。

（1）单击【注释】选项卡【文字】面板底部 **标注 ▾** 按钮右侧的 ╝ 按钮，打开【标注样式管理器】对话框。

（2）单击 替代(O)... 按钮（注意不要使用 修改(M)... 按钮），打开【替代当前样式】对话框。进入【文字】选项卡，在【文字对齐】分组框中选择【水平】单选项，如图 7-40 所示。

（3）返回 AutoCAD 主窗口，标注角度尺寸，角度数值将水平放置。

（4）度标注完成后，若要恢复原来的尺寸样式，就进入【标注样式管理器】对话框，在此对话

框的列表栏中选择尺寸样式，然后单击 置为当前⑪ 按钮，此时，AutoCAD 打开一个提示性对话框，继续单击 确定 按钮完成。

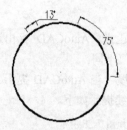

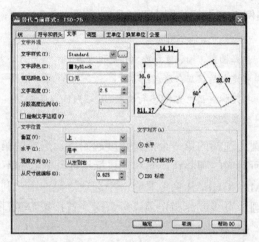

图 7-39　角度文本注写规则　　　　　　　　　图 7-40　【替代当前样式】对话框

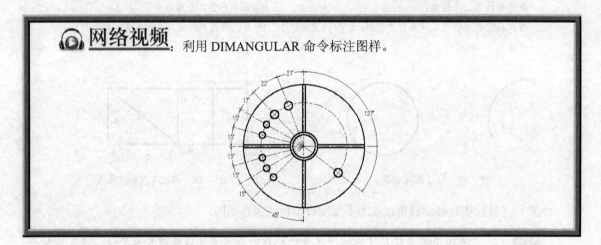

🔊 **网络视频**：利用 DIMANGULAR 命令标注图样。

7.2.6　标注直径和半径型尺寸

在标注直径和半径型尺寸时，AutoCAD 自动在标注文字前面加入 "∅" 或 "R" 符号。实际标注中，直径和半径型尺寸的标注形式多种多样，若通过当前样式的覆盖方式进行标注就非常方便。

1. 标注直径尺寸

命令启动方法如下。

● 功能区：单击【常用】选项卡【注释】面板上的 ⊘直径 按钮。

● 功能区：单击【注释】选项卡【标注】面板上的 标注 按钮，在打开的下拉列表中单击 ⊘直径 按钮。

● 命令：DIMDIAMETER 或简写 DIMDIA。

【案例 7-14】标注直径尺寸。

打开素材文件 "7-14.dwg"，利用 DIMDIAMETER 命令创建尺寸标注，如图 7-41 所示。

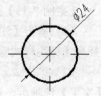

图 7-41　标注直径

命令：_dimdiameter

选择圆弧或圆：　　　　　　　　//选择要标注的圆，如图 7-41 所示

标注文字 = 24

指定尺寸线位置或 [多行文字(M)/文字(T)/角度(A)]: //移动光标指定标注文字的位置

DIMDIAMETER 命令各选项的功能参见 7.2.3 小节。

2. 标注半径尺寸

命令启动方法如下。

- 功能区：单击【常用】选项卡【注释】面板上的 按钮。
- 功能区：单击【注释】选项卡【标注】面板上的 按钮，在打开的下拉
列表中单击 按钮。
- 命令：DIMRADIUS 或简写 DIMRAD。

【案例 7-15】标注半径尺寸。

打开素材文件 "7-15.dwg"，用 DIMRADIUS 命令创建尺寸标注，如图 7-42 图 7-42　标注半径
所示。

命令：_dimradius

选择圆弧或圆：　　　　　　　　　　　//选择要标注的圆弧，如图 7-42 所示

标注文字 = 12

指定尺寸线位置或 [多行文字(M)/文字(T)/角度(A)]:　//移动光标指定标注文字的位置

DIMRADIUS 命令各选项的功能参见 7.2.3 节。

网络视频：利用 DIMRADIUS 和 DIMDIAMETER 命令标注图样。

7.2.7　引线标注

QLEADER 命令可以绘制出一条引线来标注对象，在引线末端可输入文字、添加形位公差框格和图形元素等。此外，在操作中还能设置引线的形式（直线或曲线）、控制箭头外观及注释文字的对齐方式。该命令在标注孔、形位公差及生成装配图的零件编号时特别有用。

命令启动方法如下。

命令：QLEADER 或简写 LE。

【案例 7-16】创建引线标注。

打开素材文件 "7-16.dwg"，利用 QLEADER 命令创建尺寸标注，如图 7-43 所示。

命令：_qleader

指定第一个引线点或 [设置(S)]<设置>:　　　//指定引线起始点 A，如图 7-43 所示

指定下一点：　　　　　　　　　//指定引线下一个点 B

指定下一点：　　　　　　　　　//按 Enter 键

指定文字宽度 <7.9467>：　　　//把鼠标指针向右移动适当距离并单击一点

输入注释文字的第一行 <多行文字(M)>：　//按 Enter 键，进入【文字编辑器】选项卡，然后输入标注

文字，如图 7-43 所示。也可在此提示下直接输入文字

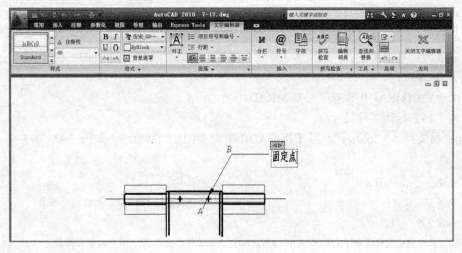

图 7-43　引线标注

创建引线标注时，若文本或指引线的位置不合适，可利用关键点编辑方式进行调整。激活标注文字的关键点并移动时，指引线将跟随移动，而通过关键点移动指引线时，文字将保持不动。

　　该命令有一个"设置(S)"选项，此选项用于设置引线和注释的特性。当提示"指定第一个引线点或 [设置(S)]<设置>："时，按 Enter 键，打开【引线设置】对话框，如图 7-44 所示。该对话框包含 3 个选项卡：【注释】选项卡主要用于设置引线注释的类型；【引线和箭头】选项卡用于控制引线及箭头的外观特征；当指定引线注释为多行文字时，【附着】选项卡才显示出来，通过此选项卡可设置多行文本附着于引线末端的位置。

　　以下说明【注释】选项卡中常用选项的功能。

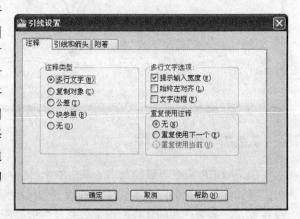

图 7-44　【引线设置】对话框

● 多行文字：该选项使用户能够在引线的末端加入多行文字。

● 复制对象：将其他图形对象复制到引线的末端。

● 公差：打开【形位公差】对话框，可以方便地标注形位公差。

● 块参照：在引线末端插入图块。

● 无：引线末端不加入任何图形对象。

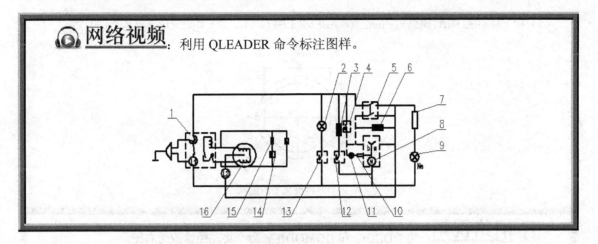

7.2.8　修改标注文字及调整标注位置

使用 DDEDIT 命令和利用修改特性栏均可实现修改标注文字及调整标注位置的目的。

1．使用 DDEDIT 命令

修改尺寸标注文字的最佳方法是使用 DDEDIT 命令，发出该命令后，可以连续地修改想要编辑的尺寸。关键点编辑方式非常适合于移动尺寸线和标注文字，进入这种编辑模式后，一般利用尺寸线两端或标注文字所在处的关键点来调整标注位置。

2．利用修改特性栏

输入 PROPERTIES 命令，AutoCAD 打开【特性】对话框，用鼠标单击选择想要修改的尺寸，在【特性】对话框中找到想要修改的项后，填入相应内容，按 Enter 键确认即可。

【案例 7-17】修改标注文字内容及调整标注位置。

（1）打开素材文件 "7-17.dwg"，如图 7-45（a）所示。

（2）输入 PROPERTIES 命令，AutoCAD 打开【特性】对话框，选择尺寸 "800" 后，在【特性】对话框文字栏中的【文字替代】文本框中输入 "%%c800"，如图 7-46 所示。

（3）按 Enter 键确认后，按 Esc 键，再选择尺寸 "960"，在【文字替代】文本框中输入%%c960，按 Enter 键确认。编辑结果如图 7-45（b）所示。

（4）选择尺寸 "ϕ960"，并激活文字所在处的关键点，AutoCAD 自动进入拉伸编辑模式。

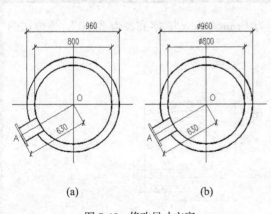

图 7-45　修改尺寸文字

图 7-46　标注圆弧和圆

（5）向下移动鼠标指针调整文字的位置，结果如图 7-47 所示。按 Esc 键完成标注文字的修改。

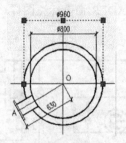

图 7-47　调整文字的位置

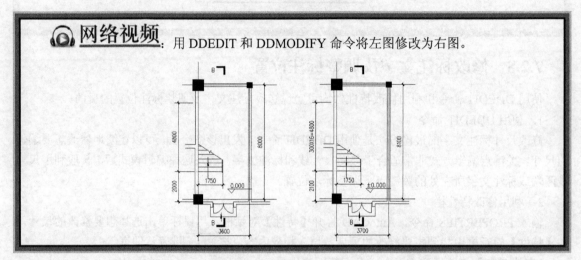

网络视频：用 DDEDIT 和 DDMODIFY 命令将左图修改为右图。

7.2.9　尺寸公差和形位公差标注

创建尺寸公差的方法有两种。

- 在【替代当前样式】对话框的【公差】选项卡中设置尺寸上、下偏差。
- 标注时，利用"多行文字(M)"选项打开多行文字编辑器，然后采用堆叠文字方式标注公差。

标注形位公差可使用 TOLERANCE 命令及 QLEADER 命令，前者只能产生公差框格，而后者既能形成公差框格又能形成标注指引线。

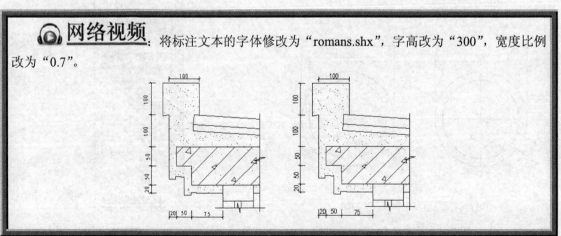

网络视频：将标注文本的字体修改为"romans.shx"，字高改为"300"，宽度比例改为"0.7"。

习题

1. 打开素材文件"习题 7-1.dwg",添加单行文字。文字高度为"500",宽度比例为"0.7",字体为"仿宋_GB2312",结果如图 7-48 所示。

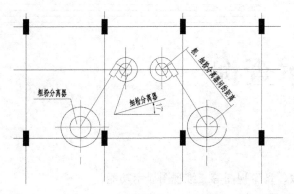

图 7-48 添加单行文字

2. 打开素材文件"习题 7-2.dwg",如图 7-49(a)所示。请用 PROPERTIES 命令把图形中的文字字体修改为"仿宋_GB2312",字宽比例修改为"0.7",结果如图 7-49(b)所示。

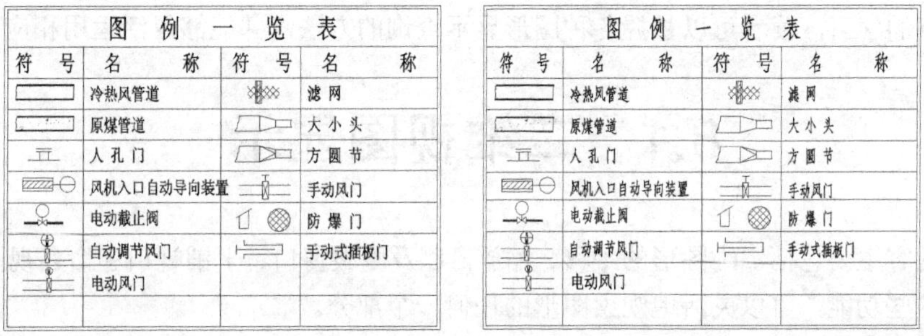

(a)	(b)

图 7-49 修改文字

3. 打开素材文件"习题 7-3.dwg",请改变图中直径、半径的标注样式,如图 7-50 所示。

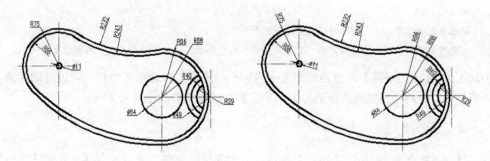

图 7-50 标注图样

第8章

图形显示查询

【学习目标】

- 掌握平移、缩放、鸟瞰视图等二维视图显示功能。
- 掌握设置观察视点的方法。
- 熟悉三维动态旋转工具的使用。
- 了解透视图原理及其使用方法。
- 掌握三维图形的消隐与着色方法。

通过本章的学习，读者可以掌握各种图形显示查询的方法，并能够灵活运用相应的命令。

8.1　二维视图显示

本节的内容主要包括二维图形的平移、缩放，以及鹰眼窗口、平铺视口和命名视图等二维视图功能。利用这些功能，可以灵活地观察图形的任何一个部分。

8.1.1　平移

在 1.2.7 节中介绍了【实时平移】命令的操作，除此之外，还有【定点平移】命令，其启动方式是在命令行中输入"_-PAN"命令，输入后，命令行提示如下。

> 命令: _-PAN
> 指定基点或位移:　　　//指定基点，这是要平移的点
> 指定第二点:　　　　　//指定第二点，是要平移的目标点，这是第一个选定点的新位置

由此可见，【定点平移】命令需要用十字光标在绘图窗口中选择两个点或者通过键盘输入两个点的坐标值，以这两个点之间的距离和方向决定整个图形平移的位移和方向。

8.1.2　缩放

除了【实时缩放】命令外，【缩放】命令还包含其他控制图形显示的方式，单击【视图】选项卡【导航】面板上图 8-1 所示处，打开【缩放】下拉菜单，通过菜单中的按钮可以很方便地放大图形局部区域或是观察图形全貌。单击底部状态栏上的 🔍 按钮，通过其中功能选项的选择也可完成相应的功能操作。

1．窗口缩放

窗口缩放是指通过一个矩形框指定放大的区域，该矩形的中心是新的显示中心，AutoCAD 将尽可能地将矩形内的图形放大以充满整个绘图窗口。如图 8-2 所示，(a)中虚线矩形框是指定的缩放区域，(b)是缩放结果。

图 8-1　【缩放】工具栏

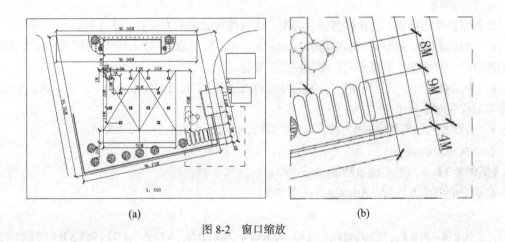

（a）　　　　　　　　　　　　　　　　（b）

图 8-2　窗口缩放

2．动态缩放

动态缩放是指利用一个可平移并能改变其大小的矩形框缩放图形。可首先将此矩形框移动到要缩放的位置，然后调整矩形框的大小，按 Enter 键后，AutoCAD 将当前矩形框中的图形布满整个视口。

【案例 8-1】练习动态缩放功能。

（1）打开素材文件"8-1.dwg"。

（2）启动动态缩放功能，AutoCAD 将图形界限（即栅格的显示范围，用 LIMITS 命令设定）及全部图形都显示在图形窗口中，并提供一个缩放矩形框，该框表示当前视口的大小，框中包含一个"×"，表明处于平移状态，如图 8-3 所示。此时，移动鼠标指针，矩形框将跟随移动。

（3）单击鼠标左键，矩形框中的"×"变成一个水平箭头，表明处于缩放状态，再向左或向右移动鼠标指针，就减小或增大矩形框。若向上或向下移动鼠标指针，矩形框就随着鼠标指针沿竖直方向移动。注意，此时矩形框左端线在水平方向的位置是不变的。

（4）调整完矩形框的大小后，若再想移动矩形框，可再单击鼠标左键切换回平移状态，此时，矩形框中又出现"×"。

（5）将矩形框的大小及位置都确定后，如图 8-3 所示，按 Enter 键，则 AutoCAD 在整个绘图窗口显示矩形框中的图形。

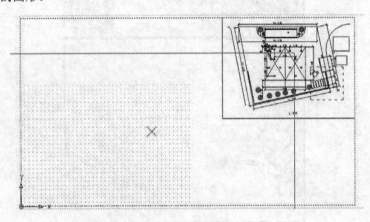

图 8-3　动态缩放

3．比例缩放

比例缩放是指以输入的比例值缩放视图，输入缩放比例的方式有以下 3 种。

● 直接输入缩放比例数值，此时，AutoCAD 并不以当前视图为准来缩放图形，而是放大或缩小图形界限，从而使当前视图的显示比例发生变化。

● 如果要相对于当前视图进行缩放，则需在比例因子的后面加上字母"X"，例如，"0.5X"表示将当前视图缩小一半。

● 若要相对于图纸空间缩放图形，则需在比例因子后面加上字母"XP"。

4．中心缩放

【案例 8-2】练习中心缩放功能。

启动中心缩放方式后，AutoCAD 提示如下。

命令 : '_zoom

指定窗口的角点，输入比例因子（nX 或 nXP），或者[全部（A）/中心（C）/动态（D）/范围（E）/上一个（P）/比例（S）/窗口（W）/对象（O）]<实时>:_c

指定中心点：　　　　　　　　//指定中心点

输入比例或高度 <200.1670>：　　//输入缩放比例或视图高度值

AutoCAD 将以指定点为显示中心，并根据缩放比例因子或图形窗口的高度值显示一个新视图。缩放比例因子的输入方式是"nx"，n 表示放大倍数。

此外，还有以下控制图形显示的功能。

● 放大缩放：AutoCAD 将当前视图放大一倍。

● 缩小缩放：AutoCAD 将当前视图缩小 50%。

● 全部缩放：将全部图形及图形界限显示在图形窗口中。如果各图形对象均没有超出由 LIMITS 命令设置的绘图界限，AutoCAD 则按该图纸边界显示，即在绘图窗口中显示绘图界限中的内容；如果有图形对象画在了图纸范围之外，显示的范围则被扩大，以便将超出边界的部分也显示在屏幕上，如图 8-4 所示。

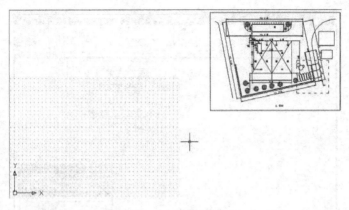

图 8-4　全部缩放

● 范围缩放：AutoCAD 将尽可能大地将整个图形显示在图形窗口中。与"全部缩放"相比，"范围缩放"与图形界限无关，如图 8-5 所示。

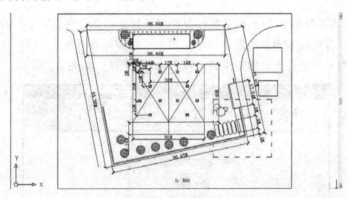

图 8-5　范围缩放

● 上一个缩放：在设计过程中，该操作使用频率是很高的。执行此操作，AutoCAD 将显示上一次的视图。若连续单击此按钮，则系统将恢复前几次显示过的图形（最多 10 次）。作图时，常利用此功能返回到原来的某个视图。还可以通过单击【视图】选项卡【视图】面板上的 按钮进行该操作。

8.1.3　鹰眼窗口/鸟瞰视图

鹰眼窗口/鸟瞰视图和图形窗口是分离的，它提供了观察图形的另一个区域，当打开它时，窗口中显示整幅图形。如果绘制的图形很大并且又有很多细节时，利用鹰眼窗口平移或缩放图形就极为方便。

在鹰眼窗口中建立矩形框来观察图样时，如果要放大图样，就使矩形框缩小一些；否则，让矩形框变大一些。当矩形框放置在图样的某一位置时，在 AutoCAD 的图形窗口中就显示该位置处的实时缩放视图。

【案例 8-3】利用鹰眼窗口/鸟瞰视图功能观察图形。

（1）打开素材文件"8-3.dwg"。

（2）执行 DSVIEWER 命令，打开鹰眼窗口，该窗口中显示了整幅图样。单击此窗口的图形区域就将它激活，与此同时在鹰眼窗口中出现一个可随光标移动的矩形框，如图 8-16 所示。

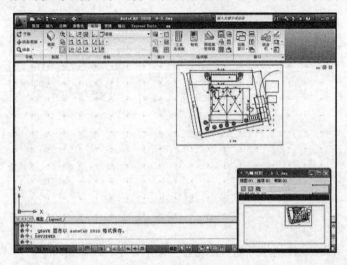

图 8-6　鹰眼窗口

（3）移动矩形框到要观察的部位，然后按住鼠标左键并拖动光标调整矩形框的大小，在 AutoCAD 绘图窗口中立即可以看到新的缩放图形。

（4）当主窗口中显示出要观察的效果时，按 Enter 键确认，如图 8-7 所示。

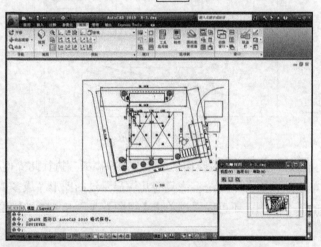

图 8-7　用鹰眼窗口缩放

8.1.4　命名视图

在作图的过程中，常常要返回到前面的显示状态，此时可以利用 ZOOM 命令的"上一个（P）"选项或单击【视图】选项卡【视图】面板上的 按钮，但如果要观察很早以前使用的视图，而且需要经常切换到这个视图时，这些操作就无能为力了。此外，若图形很复杂，使用 ZOOM 和 PAN 命令寻找想要显示的图形部分或经常返回图形的相同部分时，就要花费大量时间。要解决这些问题，最好的办法是将以前显示的图形命名成一个视图，这样就可以在需要的时候根据视图的名字恢复视图。

【案例 8-4】使用命名视图。

（1）打开素材文件"8-4.dwg"。

（2）单击【视图】选项卡【视图】面板上的 按钮，打开【视图管理器】对话框，如图 8-8 所示。

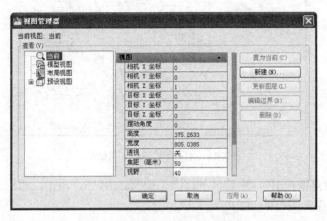

图 8-8 【视图管理器】对话框

（3）单击 新建(N)... 按钮，打开【新建视图/快照特性】对话框，在【视图名称】文本框中输入"主视图"，如图 8-9 所示。

（4）在【视图特性】选项卡【边界】分组框中选择【定义窗口】单选项，然后单击其右侧的 按钮，则 AutoCAD 提示如下。

指定第一个角点：	//在 *A* 点处单击一点，如图 8-10 所示
指定对角点：	//在 *B* 点处单击一点
指定第一个角点 （或按 ENTER 键以接受）：	//按 Enter 键接受

（5）用同样的方法将矩形 *CD* 内的图形命名为"加油雨棚视图"，如图 8-10 所示。

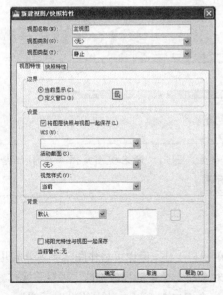

图 8-9 【新建视图/快照特性】对话框

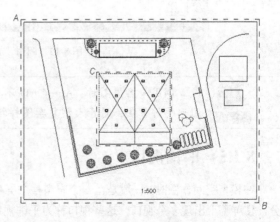

图 8-10 命名视图

（6）单击 按钮，打开【视图管理器】对话框，如图 8-11 所示。

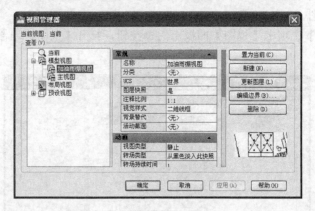

图 8-11 【视图管理器】对话框

（7）选择"加油雨棚视图"，然后单击 置为当前(C) 按钮，单击 确定 按钮，则屏幕显示"加油雨棚视图"的图形，如图 8-12 所示。

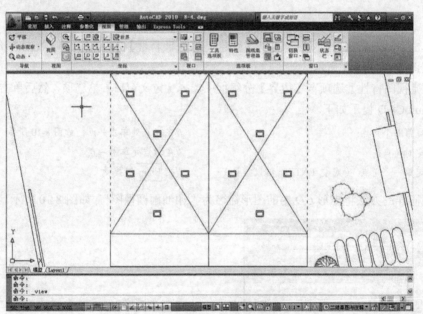

图 8-12 调用"加油雨棚视图"

 调用命名视图时，AutoCAD 不再重新生成图形。命名视图是保存屏幕上某部分图形的好方法，对于大型复杂图样特别有用。

8.1.5 平铺视口

在模型空间作图时，一般是在一个充满整个屏幕的单视口工作。但也可将作图区域划分成几个部分，使屏幕上出现多个视口，这些视口称为平铺视口。对于每一个平铺视口都能进行以下操作。

- 平移、缩放、设置栅格、建立用户坐标等，且每个视口都可以有独立的坐标系统。
- 可通过【命名视口】选项卡进行配置，以便在模型空间中恢复视口或者将它们应用到布局。

● 在 AutoCAD 执行命令的过程中，能随时单击任一视口，使其成为当前视口，从而进入这个激活的视口中继续绘图。当然，用户只能在当前视口里进行工作。

● 只有在当前视口中，鼠标指针才显示为"十"形状；将鼠标指针移出当前视口后，就变为"↳"形状。

在有些情况下，常常把图形的局部放大以方便编辑，但这可能不能同时观察到图样修改后的整体效果，此时可以利用平铺视口，让其中之一显示局部细节，而另一视口显示图样的整体，这样在修改局部的同时就能观察图形的整体了。如图 8-13 所示，在左上角、左下角的视口中可以看到图形的细节特征，而右边的视口中显示了整个图形。

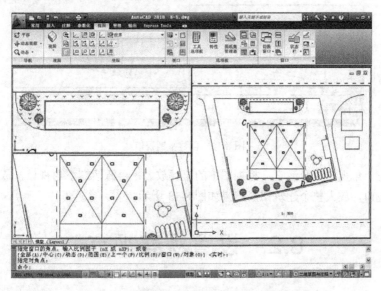

图 8-13 在不同视口中显示图形的细节和整体

【案例 8-5】建立平铺视口。

（1）打开素材文件"8-5.dwg"。

（2）单击【视图】选项卡【视口】面板上的按钮，打开【视口】对话框，选取【新建视口】选项卡【标准视口】列表框中的【三个：右】选项，如图 8-14 所示。

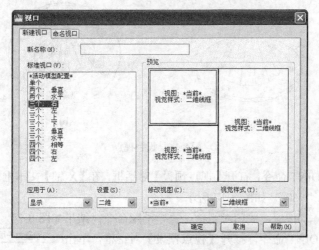

图 8-14 【视口】对话框

169

（3）单击 ▭确定 按钮，结果如图 8-15 所示。

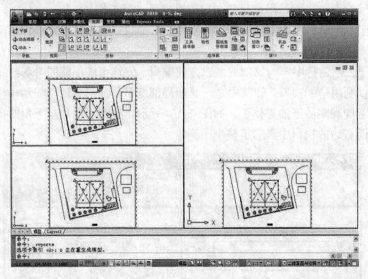

图 8-15　创建平铺视口

（4）单击左上角视口以激活它，将视图中的草坪放大；再激活左下角视口，放大 *CD* 建筑图；然后激活右边视口，放大整个建筑图，结果如图 8-13 所示。

8.2　设置观察视点

本节主要讲述观察视点的设置方法。

8.2.1　上机练习——设置观察视点

【案例 8-6】使用 DDVPOINT 命令设置观察视点。

（1）打开素材文件"8-6.dwg"，执行 HIDE 命令，结果如图 8-16（a）所示。

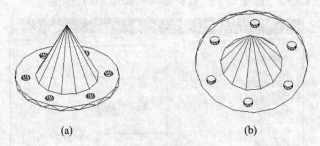

(a)　　　　　　　　　　　　　(b)

图 8-16　设置视点

（2）执行 DDVPOINT 命令，打开【视点预设】对话框，在【X 轴】文本框中输入"45"，在【XY平面】文本框中输入"-60"，如图 8-17 所示。

（3）单击 ▭确定 按钮，关闭对话框，执行消隐命令，结果如图 8-16（b）所示。

（4）重复 DDVPOINT 命令，打开【视点预设】对话框，单击 ▭设置为平面视图（V）按钮，然后单击 ▭确定 按钮，关闭对话框，执行消隐命令，结果如图 8-18 所示。

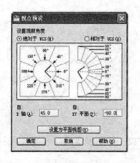

图 8-17 【视点预设】对话框

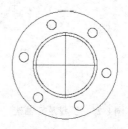

图 8-18 生成平面视图

【案例 8-7】使用 VPOINT 命令设置观察视点。

（1）打开素材文件"8-7.dwg"，执行消隐命令，结果如图 8-19（a）所示。

（2）执行 VPOINT 命令，AutoCAD 提示如下。

> 命令: vpoint
> 当前视图方向： VIEWDIR=1.0000,−1.0000,1.0000
> 指定视点或 [旋转（R）]<显示指南针和三轴架>: 10,10,10 //指定视点位置
> 正在重生成模型。
> 命令: hide　　　　　　　　　　　　　　　　//输入消隐命令以便于观察
> 正在重生成模型。

结果如图 8-19（b）所示。

> 命令: vpoint
> 当前视图方向： VIEWDIR=10.0000,10.0000,10.0000
> 指定视点或 [旋转（R）]<显示指南针和三轴架>: r 　　//选择"旋转（R）"选项
> 输入 XY 平面中与 X 轴的夹角 <45>: 225
> 　　　　　　　　　　　　　　　//指定观察方向在 xy 平面的投影与 x 轴的夹角
> 输入与 XY 平面的夹角 <35>: 45 　　//指定观察方向与 xy 平面的夹角
> 正在重生成模型。
> 命令: hide　　　　　　//输入消隐命令以便于观察
> 正在重生成模型。

结果如图 8-20 所示。

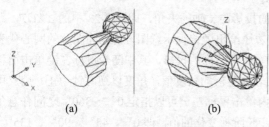

(a)　　　　　　(b)

图 8-19 指定视点显示的视图

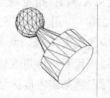

图 8-20 使用"旋转（R）"选项显示的视图

（3）执行 VPOINT 命令，然后按 Enter 键，屏幕上将显示罗盘及三轴架。在罗盘中移动十字光标到如图 8-21 所示的位置，三轴架也相应变化。在图示位置单击鼠标左键，然后执行消隐命令，结果如图 8-22 所示。

图 8-21　罗盘及三轴架

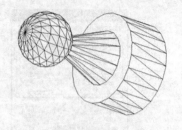

图 8-22　使用罗盘及三轴架调整视点

8.2.2　DDVPOINT 命令

视点是指三维空间中观察图形时的观察位置。AutoCAD 有两种设置观察视点的方法：一是使用 DDVPOINT 命令的【视点预设】对话框设置视点；二是使用 VPOINT 命令设置当前视点。

DDVPOINT 命令采用两个角度确定观察方向，如图 8-23 所示，*OR* 代表观察方向，$\angle ROT$ 与 $\angle XOT$ 确定 *OR* 矢量，它们可以确定空间任意的观察方向。

命令启动方法如下。

命令：DDVPOINT。

启动 DDVPOINT 命令，AutoCAD 弹出【视点预设】对话框，如图 8-24 所示。

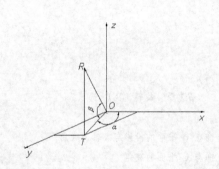

图 8-23　DDVPOINT 命令确定视点原理图

图 8-24　【视点预设】对话框

【视点预设】对话框中各选项功能如下。

- 【绝对于 WCS】/【相对于 UCS】：前者指设置的角度以 WCS 为参照系，后者指设置的角度以 UCS 为参照系，两者互锁，默认选项为【绝对于 WCS】。

- 【X 轴】：指定观察方向矢量在 xy 平面内的投影与 x 轴的夹角，即图 8-23 中的 $\angle XOT$，默认值为 270°，用户可在文本框中修改。对话框左边还给出了俯视示意图，可认为图片的圆心代表原点，虚线代表 x 轴，两条粗黑线代表观察方向在 xy 平面内的投影，其中随着鼠标左键单击而移动的粗黑线代表当前角度值，保持不动的粗黑线代表调整前的角度值，角度以逆时针为正。用户可以用鼠标左键单击方框区域调整角度大小，在圆圈内单击鼠标左键可以指定 0°～360° 之间任意角度值，在圆圈外单击只能指定从 0° 开始以 45° 为步长阶梯变化的值，即 0°、45°、90°、135°、180°、225°、270° 和 315°。

- 【XY 平面】：指定观察方向与 xy 平面的夹角，即图 8-23 中的 $\angle ROT$，默认值为 90°，在对话框右边用半圆图形表示观察方向与 xy 平面的夹角，角度的范围为-90°～90°，角度为负时观察方向从 xy 平面下方指向 xy 平面上方，圆内和扇形区调整方法与上述过程类似，扇形区的角度也是阶梯变化的，只能取-90°、-60°、-45°、-30°、-10°、0°、10°、30°、45°、60°和90°。

● ⬚设置为平面视图(V)⬚ 按钮：用于建立平面视图，即将观察方向矢量在 xy 平面的投影与 x 轴的夹角设为 270°，与 xy 平面的夹角设为 90°，使两者恢复为默认值。

8.2.3 VPOINT 命令

VPOINT 命令是另一种确定视点的方法，可以直接输入视点的 x、y、z 坐标，观察方向矢量的另一点是原点。还可以使用指定两个角度来确定观察方向，原理与 DDVPOINT 命令相同。此外，用户还可以使用罗盘工具指定视点。

命令启动方法如下。

命令：VPOINT。

启动 VPOINT 命令后，命令行提示如下。

当前视图方向：VIEWDIR=0.0000,0.0000,1.0000

指定视点或 [旋转（R）]<显示指南针和三轴架>:

可见 VPOINT 命令有 3 个选项。

● 【指定视点】：直接输入视点的坐标，观察方向从输入点指向原点。

● 【旋转（R）】：采用两个角度确定观察方向，原理与 DDVPOINT 相同。选取该项后，命令行提示如下。

输入 XY 平面中与 X 轴的夹角 <270>: //指定观察方向在 xy 平面的投影与 x 轴的夹角

输入与 XY 平面的夹角 <90>: //指定观察方向与 xy 平面的夹角

● 【显示指南针和三轴架】：采用罗盘确定视点。启动该命令后，屏幕显示如图 8-25 所示，右上方的十字架和同心圆称为罗盘，用于调整观察方向，屏幕中间是三轴架，用来显示调整后 x、y、z 轴对应的方向。

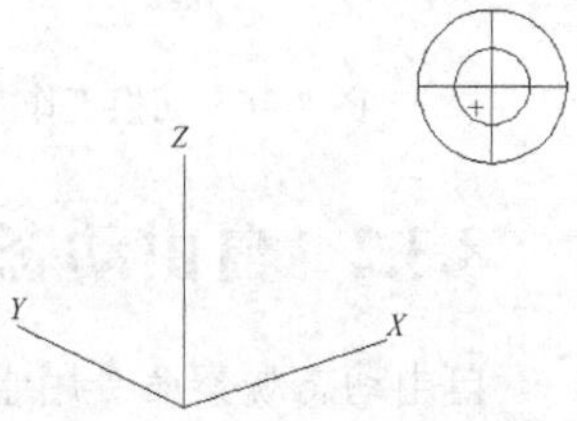

图 8-25 罗盘及三轴架

用罗盘定义视点实质上还是指定两个角度来确定观察方向，罗盘的用法如下。

● 罗盘的十字架代表 x 轴和 y 轴，其中横线代表 x 轴，竖线代表 y 轴，与传统的二维坐标类似。在罗盘内移动十字光标拾取点，拾取点与圆心的连线和 x 轴的夹角代表观察方向在 xy 平面内的投影与 x 轴的夹角。

● 罗盘内环代表观察方向与 xy 平面的夹角，角度取值在 0°～90°之间，圆心代表夹角为 90°，内圆上的点夹角为 0°。

● 罗盘外环代表观察方向与 xy 平面的夹角，角度取值在-90°～0°之间，外圆线上的点代表夹角为-90°。

● 在罗盘中移动十字光标，三轴架将动态显示当前坐标系的状态，可见采用罗盘虽然不能精确地指定观察方向的两个角度，但是可以方便地调整观察方向。

8.3 三维动态观察

本节讲述三维动态观察的方法。

8.3.1 三维平移与三维缩放

三维动态观察一般是在三维建模工作空间中操作，切换工作空间的方式是：在状态栏上单击【切换工作空间】处，打开快捷菜单，如图 8-26 所示，选择相应的工作空间即可，具体介绍详见 14.1 节。

AutoCAD 2010 提供了三维平移、三维缩放、自由动态观察、连续动态观察、回旋、调整视距、三维调整剪切平面、前向剪切开关和后向剪切开关等三维动态观察的方法，可以连续地调整观察方向，方便地获得不同方向的三维视图。

三维平移与三维缩放是很常用的命令。三维平移命令的作用与二维中的平移命令类似，用于平移图纸。三维缩放命令的作用与二维中的缩放命令类似，用于缩放视图。

命令启动方法如下。

命令：3DPAN 和 3DZOOM。

启动以上命令后，在绘图区域单击鼠标右键，弹出快捷菜单，如图 8-27 所示。从快捷菜单中还可以启动很多其他命令。

图 8-26　切换工作空间快捷菜单　　　　　　图 8-27　三维动态观察方式快捷菜单

8.3.2 自由动态观察

自由动态观察命令用于动态地观察三维图形，可以通过鼠标连续地调整观察方向，以得到不同观察方向的三维视图。

命令启动方法如下。

- 功能区：单击【视图】选项卡【导航】面板中的　　　　　　按钮，如图 8-28 所示。
- 命令：3DFORBIT。

启动自由动态观察命令后，屏幕中围绕观察对象形成一个辅助圆，在辅助圆上平均分布着 4 个小圆，如图 8-29 所示。按住鼠标左键在屏幕中拖动时，坐标系和观察对象将沿一定的方向转动，鼠标拖动的起点决定了旋转的方式。

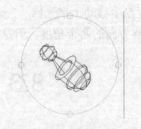

图 8-28　自由动态观察命令启动方法　　　　　　图 8-29　辅助圆及 4 个小圆

根据鼠标起始位置的不同，鼠标指针共有 4 种不同的形状，不同的形状代表了不同的旋转方式。

● 球形 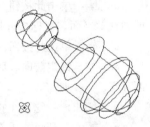：鼠标指针位于辅助圆内时，鼠标指针变为这种形状。按住鼠标左键并在辅助圆内拖动鼠标指针，此时观察对象沿其中心旋转，使用户可以从任何角度观察模型。

● 圆形 ：鼠标指针位于辅助圆外时，鼠标指针变为这种形状。按住鼠标左键并在辅助圆外拖动鼠标指针，此时观察对象沿垂直于屏幕的轴旋转，旋转轴通过辅助圆圆心。

● 水平椭圆 ：鼠标指针位于左右两个小圆时，鼠标指针变为这种形状。按住鼠标左键并在屏幕任意位置拖动鼠标指针，鼠标指针将保持这种形状，此时观察对象沿竖直线旋转，旋转轴通过辅助圆圆心。

● 竖直椭圆 ：鼠标指针位于上下两个小圆时，鼠标指针变为这种形状。按住鼠标左键并在屏幕任意位置拖动鼠标指针，鼠标指针将保持这种形状，此时观察对象沿水平轴旋转，旋转轴通过辅助圆圆心。

8.3.3　连续动态观察

连续动态观察命令可以使观察对象连续旋转，如同动画一样。

命令启动方法如下。

● 功能区：单击【视图】选项卡【导航】面板中的 连续动态观察 按钮，如图 8-30 所示。

● 命令：3DCORBIT。

启动该命令后，鼠标指针变为如图 8-30 所示的形状，在绘图区内任意地方按下鼠标左键并沿某方向拖动鼠标指针，对象沿该方向旋转，松开鼠标左键后，对象会朝这个方向继续转动，转动的速度取决于拖动鼠标指针的速度。然后，在绘图区任意位置单击鼠标左键，对象转动就会停止，此时，可以沿其他方向拖动鼠标指针来改变对象的旋转方向。

图 8-30　连续动态观察对象

在按住鼠标并拖动的过程中，鼠标指针会由于拖动方向的不同而出现相应的变化，其拖动方向和鼠标指针的对应形状与自由动态旋转相同。

8.3.4　回旋

回旋命令用于模拟安装在三脚架云台上的相机的效果。例如，先将相机镜头对准目标，然后转动相机，相机向左转动，取景框中的对象将从中央移向右边。如果将镜头上抬，取景框中的对象将向下移。

命令启动方法如下。

命令：3DSWIVEL。

启动该命令后，鼠标指针变为 形状，使用方法与上述自由动态观察类似，按住鼠标左键拖动即可。

8.3.5　调整视距

调整视距命令用来模拟相机与观察对象之间距离的调整。当用相机照相时，目标离镜头越远，成像越小；反之，成像越大。

命令启动方法如下。

命令：3DDISTANCE。

启动该命令后，鼠标指针变为 🔄 形状，非常形象，按住鼠标左键向上或向下拖动鼠标指针，可以模拟相机与目标之间距离的改变。向上拖动鼠标指针使相机靠近目标，向下拖动鼠标指针使相机远离目标。相机越靠近物体，视图越大；反之，视图越小。

8.3.6　三维调整剪裁平面

三维调整剪裁平面命令用于设置前、后向剪裁平面。

所谓剪裁平面是指用户使用一个平面切开观察对象，隐藏该平面前面或后面部分，以便观察三维对象的内部结构。隐藏平面前面部分的称为前向剪裁平面，隐藏平面后面部分的称为后向裁剪平面。

命令启动方法如下。

命令：3DCLIP。

启动该命令后，系统弹出【调整裁剪平面】对话框，如图 8-31 所示。

【调整裁剪平面】对话框有两条平行的直线，分别表示前、后裁剪平面的位置，对话框左上角有 7 个按钮，它们用来调整裁剪平面位置，平移和缩放图形以及打开和关闭裁剪平面，以下分别进行说明。

- 🖼️：单击此按钮，进入调整前向裁剪平面状态，按住鼠标左键，拖动鼠标指针就可以移动前向裁剪平面。鼠标指针拖动可以在【调整裁剪平面】对话框内，也可以在绘图区进行。
- 🖼️：单击此按钮，进入调整后向裁剪平面状态，调整方法同上。
- ✂️：锁定前向、后向裁剪平面之间的相对位置，使两者同时移动。此按钮和前两个按钮两两互锁。
- 🔍 和 🔍：这两个按钮用于平移或缩放【调整裁剪平面】对话框中的图形。
- 🖼️：打开或关闭前向裁剪平面。
- 🖼️：打开或关闭后向裁剪平面。

调整好前、后向裁剪平面的位置后，关闭【调整裁剪平面】对话框的方法有以下 3 种。

- 在键盘上按 Esc 键。
- 使用鼠标左键单击对话框右上角的 ❌ 按钮。
- 在【调整裁剪平面】对话框内单击鼠标右键，系统弹出快捷菜单，选取【关闭】选项。

关闭【调整裁剪平面】对话框后，绘图区将进入受约束的动态观察状态，如图 8-32 所示。可以拖动鼠标指针旋转坐标系，从各个方向观察模型，同时剪切平面将剪去模型与之相交的相应部分，因此使用剪切平面可以非常方便地观察模型内部构造以及各个截面形状。观察完毕后，退出三维动态观察状态的方法有以下两种。

- 在键盘上按 Esc 键。
- 激活绘图窗口，单击鼠标右键，从弹出的快捷菜单中选取【退出】选项。

图 8-31　【调整裁剪平面】对话框

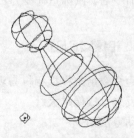

图 8-32　三维动态观察状态

8.4　透视图

本节主要介绍透视图的建立方法。

8.4.1　上机练习——观察透视图

【案例 8-8】观察透视图。

（1）打开素材文件 "8-8.dwg"，其平行投影图如图 8-33（a）所示。

（2）观察透视图。

```
命令: dview                                          //输入命令
选择对象或 <使用 DVIEWBLOCK>: 找到 1 个              //选择显示对象
选择对象或 <使用 DVIEWBLOCK>:                        //按 Enter 键结束选择
输入选项[相机（CA）/目标（TA）/距离（D）/点（PO）/平移（PA）/缩放（Z）/扭曲（TW）/剪裁（CL）/
隐藏（H）/关（O）/放弃（U）]: d                      //选择"距离（D）"选项，打开透视图模式
指定新的相机目标距离 <1.7321>: 1200                  //输入相机与目标点之间的距离
输入选项[相机（CA）/目标（TA）/距离（D）/点（PO）/平移（PA）/缩放（Z）/扭曲（TW）/剪裁（CL）/
隐藏（H）/关（O）/放弃（U）]:                        //按 Enter 键结束
正在重生成模型。
```

结果如图 8-33（b）所示。

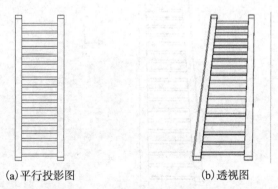

(a)平行投影图　　　　　　　　　(b)透视图

图 8-33　平行投影图与透视图

8.4.2　建立透视图

透视图是显示图形的一种方法，日常生活中见到的照片就是透视图。AutoCAD 采用相机的原理来建立透视图，用透视图来表达三维模型，会使效果更真实。

命令启动方法如下。

　　命令: DVIEW。

启动该命令后，AutoCAD 提示如下。

```
命令: dview
选择对象或 <使用 DVIEWBLOCK>: 找到 1 个              //选择显示对象
```

选择对象或 <使用 DVIEWBLOCK>:　　　　　　　　　　//按 Enter 键结束选择

输入选项[相机（CA）/目标（TA）/距离（D）/点（PO）/平移（PA）/缩放（Z）/扭曲（TW）/剪裁（CL）/隐藏（H）/关（O）/放弃（U）]:

该命令中的各选项含义分别如下。

● 相机（CA）：用于定义相机位置，即视点的位置。相机定义视点的方式与 DDVPOINT 命令一样，采用两个角度定义观察方向，即观察方向在 xy 平面内的投影与 x 轴的夹角以及观察方向与 xy 平面的夹角。

● 目标（TA）：用于调整目标点相对于相机的角度来改变目标的位置，该选项跟"相机（CA）"的区别在于前者调整目标点位置，后者调整相机位置，调整方式仍然采用两个角度，如图 8-34 所示。

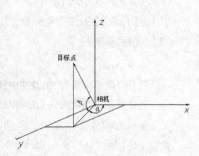

图 8-34　设置目标点

● 距离（D）：该选项可以沿观察方向将相机移近目标或远离目标。实际上，该选项还提供另外一种功能，即打开透视图模式。选取此选项后，绘图窗口顶部会出现一个滑动条，滑动条上有 0X 到 16X 的标记，如图 8-35 所示，标记的数字表示相机与目标之间的距离的放大倍数，调整放大倍数可以改变相机与目标点之间的距离，距离的绝对值显示在状态栏上。

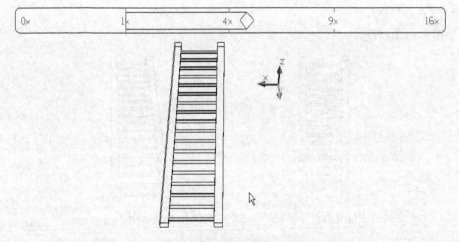

图 8-35　调整距离

● 点（PO）：通过制定目标点和相机的位置来确定观察方向。指定点的方式可以采用 AutoCAD 中任何指定点的方法，可以直接输入坐标，也可采用捕捉方式。

● 平移（PA）：在显示区中移动视图。在透视图模式下不能使用该选项移动视图中的图形，只能使用该选项移动视图。

● 缩放（Z）：缩放视图，跟"平移（PA）"选项一样，在透视图模式下不能使用该选项移动视图中的图形，只能使用该选项缩放视图。在平行投影模式下，通过调整比例因子来调整缩放对象，在透视图模式下，通过调整透镜的聚焦长度来调整对象的大小，调整方法跟"距离（D）"选项类似。

● 扭曲（TW）：用于把视图绕观察方向旋转。

● 剪裁（CL）：用于设置前向、后向剪裁平面，该选项采用调整剪裁平面与目标点之间的距离的放大倍数来设置前、后向剪裁平面位置，调整方法跟"距离（D）"选项类似。

● 隐藏（H）：消除隐藏线。

● 关（O）：关闭透视图，将视图改为平行投影视图。

● 放弃（U）：放弃上一次操作。

8.5　三维图形的视觉样式

本节主要讲述三维视图的几种视觉样式，利用它们理解实物的形状。

除了前面用过的消隐之外，AutoCAD 2010 还提供了二维线框、三维隐藏、三维线框、概念和真实等几种视觉样式，并且还提供了视觉样式管理器，利用它们可以更容易地理解实物的真实形状。

命令启动方法如下。

● 功能区：【常用】选项卡【视图】面板处，如图 8-36(a)所示。

● 功能区：【渲染】选项卡【视觉样式】面板处，如图 8-36(b)所示。

● 命令：SHADEMODE 或 VSCURRENT。

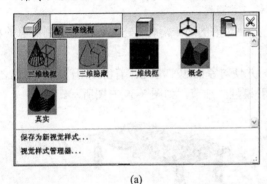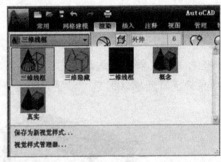

(a)　　　　　　　　　　　　　(b)

图 8-36　视觉样式

启动该命令后，AutoCAD 提示如下。

命令: vscurrent

输入选项 [二维线框(2)/三维线框(3)/三维隐藏（H）/真实（R）/概念（C）/其他（O）]<二维线框>:

其中各选项含义如下。

● 二维线框（2）：显示用直线和曲线表示边界的对象，光栅、OLE 对象、线型和线宽都是可见的。即使将COMPASS系统变量的值设置为 1，它也不会出现在二维线框视图中。

要点提示　　OLE 是 Object Linking and Embedding 的缩写，直译为对象连接与嵌入，学过 VB 的读者可能知道 VB 中有一种控件就叫 OLE 对象，通过该控件就可以调用其他格式的数据。其实，OLE 技术在办公中的应用就是满足用户在一个文档中加入不同格式数据的需要（如文本、图像、声音等），即解决建立复合文档问题。

● 三维线框(3)：显示用直线和曲线表示边界的对象。显示一个已着色的三维 UCS 图标，如图 8-37 所示。可将 COMPASS 系统变量设置为 1 来查看坐标球。

二维线框   三维线框

图 8-37　二维线框与三维线框的 UCS 图标

● 三维隐藏（H）：显示用三维线框表示的对象并隐藏表示后向面的直线。如图 8-38 所示，(a) 是隐藏前的图形，(b) 是隐藏后的图形，注意坐标系图标发生了变化。

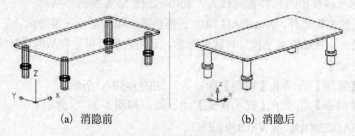

（a）消隐前　　　　　　　　　　　　（b）消隐后

图 8-38　三维隐藏

● 真实（R）：着色多边形平面间的对象，并使对象的边平滑化。它显示已附着到对象的材质，如图 8-39 左图所示。

● 概念（C）：着色多边形平面间的对象，并使对象的边平滑化。着色使用冷色和暖色之间的过渡。效果缺乏真实感，但是可以更方便地查看模型的细节，如图 8-39 右图所示。

真实效果　　　　　　　　　　　　概念效果

图 8-39　真实效果与概念效果

● 其他（O）：选取该选项，将显示以下提示。

输入视觉样式名称[?]:输入当前图形中的视觉样式的名称或输入？以显示名称列表并重复该提示。

要点提示　　要显示从点光源、平行光、聚光灯或阳光发出的光线，请将视觉样式设置为真实、概念或带有着色对象的自定义视觉样式。

【视觉样式】工具栏上前 5 项对应于以上前 5 项，最后一项单击该按钮后，打开【视觉样式管理器】对话框，如图 8-40 所示。该对话框的其他启动方式如下。

● 功能区：单击【渲染】选项卡【视觉样式】面板底部 视觉样式▼ 按钮右边的 按钮。

● 功能区：单击【视图】选项卡【视觉样式】面板上的 按钮。

● 命令：VISUALSTYLES。

图 8-40 【视觉样式管理器】对话框

在该对话框中可以分别选择不同视觉样式，然后再在相应区域中按需要进行设置。

习题

1．练习鹰眼窗口的使用。请按以下步骤操作。

（1）打开素材文件"习题 8-1.dwg"。

（2）执行 DSVIEWER 命令，打开【鸟瞰视图】窗口。

（3）在【鸟瞰视图】窗口中移动矩形视口以观察图形的不同部分。

（4）在【鸟瞰视图】窗口中改变矩形视口的大小以放大或缩小图形显示。

2．命名视图。请按以下步骤操作。

（1）打开素材文件"习题 8-2.dwg"。

（2）单击【视图】选项卡【视图】面板上的![按钮]按钮，打开【视图管理器】对话框。

（3）通过【视图管理器】对话框创建 3 个视图：视图-1，其内容包括住宅楼的立面图；视图-2，其内容包括住宅楼的平面图；视图-3，其内容包括住宅楼的剖面图。

（4）对图样的各部分图形进行命名后，再打开【视图管理器】对话框，分别让"视图-1"、"视图-2"和"视图-3"成为当前视图，并观察显示效果。

第9章

建筑施工图

【学习目标】

- 熟悉建筑平面图，掌握其绘制方法与步骤。
- 熟悉建筑立面图，掌握其绘制方法与步骤。
- 熟悉建筑剖面图，掌握其绘制方法与步骤。
- 熟悉建筑施工图绘制的特点。

通过本章的学习，读者可以掌握绘制各种建筑施工图的方法和步骤。

9.1　绘制建筑平面图

本节主要讲述建筑平面图及其绘制。

9.1.1　网络课堂——引入案例

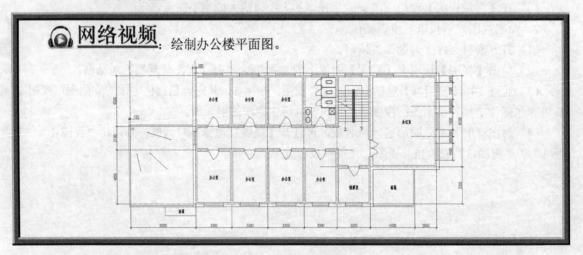

网络视频：绘制办公楼平面图。

9.1.2　建筑平面图

假想用一水平剖切平面，在某层门、窗洞口范围内，将建筑物剖切开，对剖切平面以下的部分所作的水平正投影图称为建筑平面图，简称平面图。它主要反映建筑的平面形状、大小，房间的布置，墙（或柱）的位置、厚度和材料以及门窗的类型和位置，各类构配件的尺寸以及各部分的联系等情况。建筑平面图是施工放线、墙体砌筑、门窗安装以及室内装修的依据。

一幢楼房的建筑平面图一般包括底层平面图（又称首层平面图）、标准平面图、顶层平面图及屋顶平面图等。

9.1.3　建筑平面图的绘制方法与步骤

一般来说，建筑平面图的绘制步骤如下。

（1）设置绘图环境。

（2）绘制定位轴线和柱网。

（3）绘制各种建筑构配件（如墙体线、门窗洞等）。

（4）绘制各种建筑细部。

（5）绘制尺寸界线、标高数字、索引符号及相关说明文字等。

（6）尺寸标注和文字标注。

（7）添加图框和标题，并打印输出。

9.1.4　绘制建筑平面图

【案例 9-1】绘制如图 9-1 所示的某住宅楼一层和二至五层平面图。

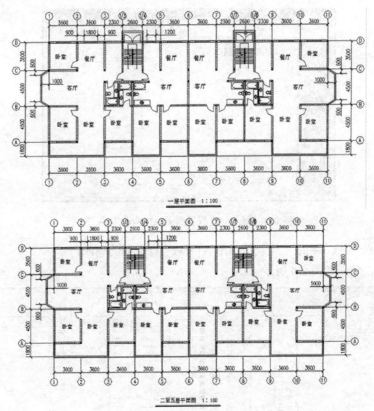

图 9-1　住宅楼平面图

绘制复杂图形，首先要分析图形，确定绘制方法。由如图 9-1 所示的住宅楼平面图可知，表面上看起来好像很复杂，实际上只有两种住宅套型，如图 9-2 所示。这样可以先绘制这两种住宅套型，然后执行 MIRROR、MOVE 和 COPY 等命令进行组合，从而完成图形的绘制。

由于住宅楼平面图有个特点，就是在一栋建筑中，往往只有固定的几种住宅套型，那么只要把这几种套型绘出，利用移动或复制命令便可简单地绘出所要绘制的图形。当然，如果所要绘制的住宅平面图较多，不妨均做成图例。

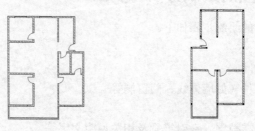

图 9-2　住宅楼平面图的两种套型

（1）设置住宅楼平面图的绘制环境。

①单击快速访问工具栏上的 按钮，打开【选择文件】对话框。

②在【文件类型】下拉列表中选择"图形样板（*.dwt)"，在【名称】列表框中找到素材文件"dwg\第 09 章\建筑平面图 A1.dwt"，如图 9-3 所示。

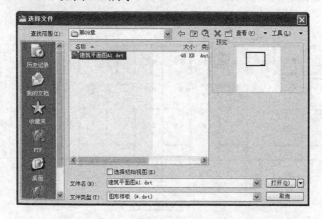

图 9-3　调入"建筑平面图 A1.dwt"样板图

③单击 打开(Q) 按钮，完成"建筑平面图 A1.dwt"样板图的调入。

④设置图层，效果如图 9-4 所示。

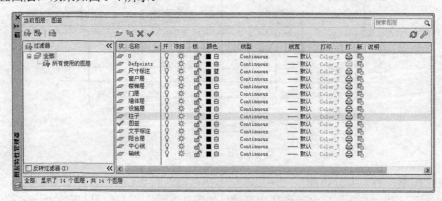

图 9-4　设置图层

（2）绘制住宅楼平面图中各住宅套型的轴线。

①设置图层。将"轴线"图层置为当前图层。

②绘制第一条水平和竖直轴线。执行 LINE 命令，绘制水平和竖直轴线，其长度依次为 140 和 170。

③调整视图。缩放图形，使轴线全部显示在绘图窗口中，结果如图 9-5 所示。

④绘制其余水平和竖直轴线。执行 OFFSET 命令绘制水平和竖直轴线，水平偏移量自左向右依次为 36、36、18、5 和 13，垂直偏移量自下而上依次为 18、45、30、15 和 35，结果如图 9-6 所示。

⑤绘制住宅套型 2 的轴线图，其水平和竖直轴线长度依次为 100 和 170，水平偏移量自左向右依次为 13、23 和 36，竖直偏移量同上，结果如图 9-7 所示。

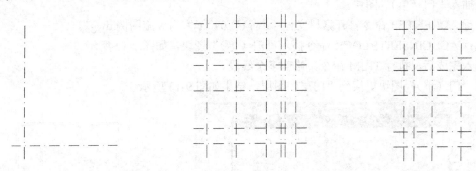

图 9-5　第一条水平和竖直轴线　　　　图 9-6　轴线　　　　图 9-7　住宅套型 2 的轴线图

（3）绘制中心线。

①设置图层。将"中心线"图层置为当前图层。

②绘制墙体的中心线。执行 PLINE 命令，利用对象捕捉功能绘制墙体的中心线。

③关闭轴线图层，结果如图 9-8 所示。

④打开"轴线"图层，绘制住宅隔间的中心线。执行 LINE 命令，绘制住宅隔间的中心线，再关闭"轴线"图层，结果如图 9-9 所示。

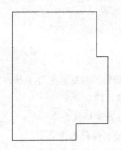

图 9-8　绘制墙体的中心线

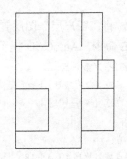

图 9-9　绘制住宅隔间的中心线

（4）绘制墙体。

①执行 OFFSET 命令，将中心线向内外各偏移 1。

②执行 ERASE 命令，删除中心线。

③执行 ERASE、EXTEND 等命令对绘制的线段进行修剪，形成封闭的线段，删除多余线段。

④更换图层。依次选择由偏移命令生成的线段，如图 9-10 所示。将"墙体层"图层置为当前图层。关闭"中心线"图层，结果如图 9-11 所示。

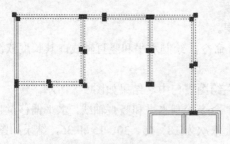

图 9-10　选择偏移生成线

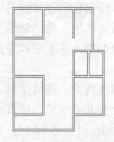

图 9-11　绘制墙体

（5）插入"门（单）"图块。

①执行 ADCENTER 命令打开素材文件"dwg\第 09 章\室内设施图例.dwg"。

②执行 ACDCINSERTBLOCK 命令插入"门（单）"图块，如图 9-12 所示。

③插入完成后，执行 TRIM 命令，修剪多余线段。

④将"门（单）"图块更换到"门层"图层，结果如图 9-13 所示。

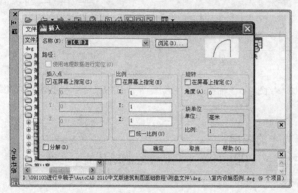

图 9-12　【插入】对话框

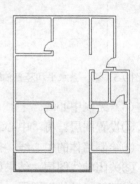

图 9-13　插入"门（单）"图块

（6）绘制窗户。

①设置图层。将"窗户层"图层置为当前图层。

②执行 LINE 命令，AutoCAD 提示如下。

```
命令:_line 指定第一点:                              //单击一点
指定下一点或 [放弃（U）]:<正交 开>2                //打开正交功能，将鼠标指针下移，输入距离
指定下一点或 [放弃（U）]:                           //按 Enter 键，结束命令
命令: LINE                                          //按 Enter 键重复绘线命令
指定第一点:                                         //捕捉刚才绘制线段的中点
指定下一点或 [放弃（U）]: 18                        //将鼠标指针左移，输入距离
指定下一点或 [放弃（U）]:                           //按 Enter 键，结束命令
命令: co                                            //输入复制命令简称
COPY
选择对象: 找到 1 个                                 //选择刚开始绘制的竖直短线段
选择对象:                                           //按 Enter 键，结束选择
当前设置: 复制模式 = 多个
指定基点或 [位移（D）/模式（O）]<位移>:            //捕捉选择线段的中点
指定第二个点或 <使用第一个点作为位移>:            //捕捉绘制水平线段端点
指定第二个点或 [退出（E）/放弃（U）]<退出>:       //按 Enter 键，结束命令
```

③用同样方法绘制另一种窗户，其水平线段的长度为 12，结果如图 9-14 所示。

④打开"轴线"图层，利用轴线绘制阳台上的窗户，结果如图 9-15 所示。

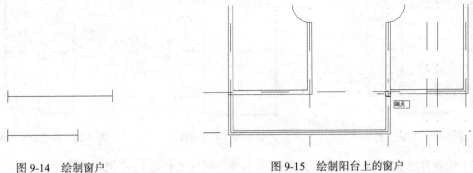

图 9-14　绘制窗户　　　　　　　　　　　　图 9-15　绘制阳台上的窗户

⑤利用关键点编辑方式，复制窗户到图形中，选择窗户图形，以水平线段的中点为热关键点，如图 9-16 所示。关闭"轴线"图层，结果如图 9-17 所示。

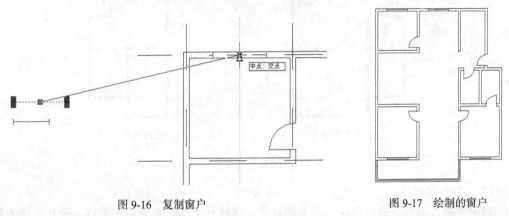

图 9-16　复制窗户　　　　　　　　　　　　图 9-17　绘制的窗户

（7）绘制柱子。

①设置图层。将"柱子"图层置为当前图层。

②绘制柱子的横截面图。执行 POLYGON 命令，绘制正方形，尺寸如图 9-18 左图所示。

③执行 LINE 命令，连接两条对角线。

④单击【常用】选项卡【绘图】面板上的 按钮，打开【图案填充和渐变色】对话框。

图 9-18　绘制柱子的横截面图

⑤单击【图案填充】选项卡中的 按钮，打开【填充图案选项板】对话框。

⑥选择【其他预定义】选项卡中的"SOLID"图案，单击 确定 按钮，返回【图案填充渐变色】对话框。

⑦单击【边界】分组框中的 按钮（添加拾取点），单击柱子内部一点，再次返回【图案填充和渐变色】对话框，单击 确定 按钮完成柱子的绘制，结果如图 9-18 右图所示。其中，正方形两条对角线的交点可用于柱子截面的定位基准点。

⑧复制柱子。执行 COPY 命令，将柱子一次复制到合适位置，结果如图 9-19 所示。

（8）填充墙体。用"ANSI37"图案对墙体进行填充，比例为 0.5，结果如图 9-20 所示。

（9）用同样方法绘制另一住宅套型的墙体，如图 9-21 所示。

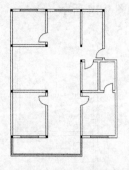
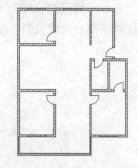
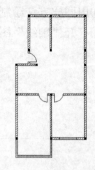

图 9-19　复制柱子　　　　　　图 9-20　填充墙体　　　　图 9-21　住宅套型 2 墙体图

（10）镜像住宅套型 1、2。执行 MIRROR 命令，对住宅套型 1、2 进行镜像。

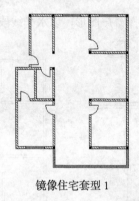
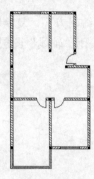

　　　镜像住宅套型 1　　　　　　　　　　　镜像住宅套型 2

图 9-22　镜像住宅套型 1、2

（11）绘制住宅墙体。

①利用关键点编辑方式进行住宅套型的合并，选择柱子的端点为热关键点，合并顺序为结果 1+2+2 镜像+1 镜像。

②合并后对其中的填充线进行处理，结果如图 9-23 所示。

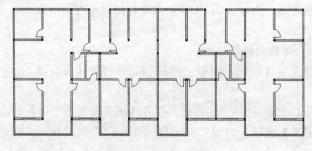

图 9-23　绘制住宅墙体

（12）绘制左右阳台。阳台尺寸如图 9-24 所示。

①执行 TRIM 命令，修剪多余线段。

②将"墙体层"图层置为当前图层。

③执行 PLINE 命令，绘制左阳台的中心线。

④执行 OFFSET 命令向内外各偏移 1，修剪处理后，执行 MIRROR 命令镜像左阳台，结果如图 9-25 所示。

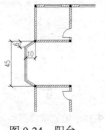

图 9-24 阳台

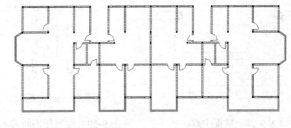

图 9-25 绘制左右阳台

（13）绘制住宅楼平面图中的楼梯。

①设置图层。将"楼梯层"图层置为当前图层。

②插入"楼梯 2"图块。执行 ADCENTER 命令打开素材文件"dwg\第 09 章\室内设施图例.dwg"；执行 ACDCINSERTBLOCK 命令插入"楼梯 2"图块，插入比例设为 0.6，如图 9-26 所示。插入后，结果如图 9-27 所示。

图 9-26 插入"楼梯 2"图块

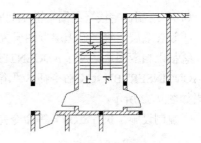

图 9-27 插入楼梯

③绘制楼梯间的墙体。执行 MLINE 命令，AutoCAD 提示如下。

```
命令：_mline
当前设置：对正 = 无，比例 = 2.00，样式 = 02
指定起点或 [对正（J）/比例（S）/样式（ST）]：st        //选择"样式（ST）"选项
输入多线样式名或 [?]：?                              //选择"?"选项
已加载的多线样式：

      名称            说明
————————— —————————————

02
11
STANDARD
输入多线样式名或 [?]：STANDARD                       //选择"STANDARD"多线样式
当前设置：对正 = 无，比例 = 2.00，样式 = STANDARD
指定起点或 [对正（J）/比例（S）/样式（ST）]：          //捕捉中点，如图 9-28 所示
指定下一点：                                        //捕捉中点
指定下一点或 [放弃（U）]：                            //按 Enter 键，结束命令
```

结果如图 9-29 所示。

④填充楼梯间的墙体。用"ANSI37"图案对墙体进行填充，填充比例设为 0.5，结果如图 9-30 所示。

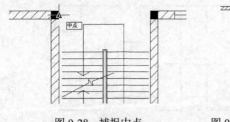

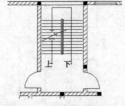

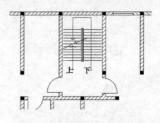

图 9-28　捕捉中点　　　　　图 9-29　绘制楼梯间的墙体　　　　图 9-30　填充楼梯间的墙体

⑤复制楼梯。执行 COPY 命令，复制楼梯，结果如图 9-31 所示。

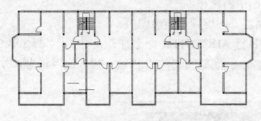

图 9-31　复制楼梯

（14）绘制住宅楼平面图中卫生间的设施。

①设置图层。将"设施层"图层置为当前图层。

②插入相应图块。执行 ADCENTER 命令打开素材文件"dwg\第 09 章\室内设施图例.dwg"；执行 ACDCINSERTBLOCK 命令插入"浴缸"、"水池"和"马桶"等图块，插入比例设为 1，插入后，结果如图 9-32 所示。

③复制设施。执行 COPY 等命令完成住宅楼的室内设施的绘制，结果如图 9-33 所示。

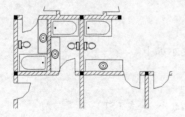

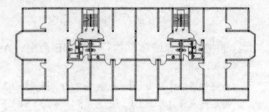

图 9-32　插入卫生间相应图块　　　　　　　　图 9-33　复制设施

（15）标注文字。

①设置图层。将"文字标注"图层置为当前图层。

②文字标注。执行 DTEXT 命令，进行文字标注，文字高度设为 5，标注后的结果如图 9-34 所示。

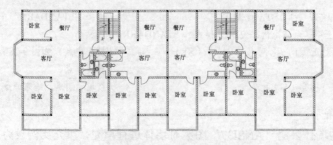

图 9-34　文字标注

（16）标注尺寸。

①设置图层。将"尺寸标注"图层置为当前图层。

②设置标注样式。执行 DIMSTYLE 命令设置标注样式，箭头大小设置为3，文字样式选择"标注尺寸"，文字高度设置为5，在【文字】选项卡【文字位置】分组框的【从尺寸线偏移】文本框中输入 1.5，在【主单位】选项卡中的【比例因子】文本框中输入 100。

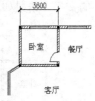

图 9-35　线性标注

③进行线性标注。执行 DIMLINEAR 命令，进行线性标注，结果如图 9-35 所示。

④进行连续标注。执行 DIMCONTINUE 命令，AutoCAD 提示如下。

```
命令: _dimcontinue
指定第二条尺寸界线原点或 [放弃（U）/选择（S）]<选择>:          //捕捉中点，如图 9-36 所示
标注文 = 3600
指定第二条尺寸界线原点或 [放弃（U）/选择（S）]<选择>:          //捕捉中点
标注文字 = 2300
指定第二条尺寸界线原点或 [放弃（U）/选择（S）]<选择>:          //捕捉中点
标注文字 = 2600
指定第二条尺寸界线原点或 [放弃（U）/选择（S）]<选择>:          //捕捉中点
标注文字 = 2300
指定第二条尺寸界线原点或 [放弃（U）/选择（S）]<选择>:          //捕捉中点
标注文字 = 3600
指定第二条尺寸界线原点或 [放弃（U）/选择（S）]<选择>:          //捕捉中点
标注文字 = 3600
指定第二条尺寸界线原点或 [放弃（U）/选择（S）]<选择>:          //捕捉中点
标注文字 = 2300
指定第二条尺寸界线原点或 [放弃（U）/选择（S）]<选择>:          //捕捉中点
标注文字 = 2600
指定第二条尺寸界线原点或 [放弃（U）/选择（S）]<选择>:          //捕捉中点
标注文字 = 2300
指定第二条尺寸界线原点或 [放弃（U）/选择（S）]<选择>:          //捕捉中点
标注文字 = 3600
指定第二条尺寸界线原点或 [放弃（U）/选择（S）]<选择>:          //捕捉中点
标注文字 = 3600
指定第二条尺寸界线原点或 [放弃（U）/选择（S）]<选择>:          //按 Enter 键，结束选择
选择连续标注:                                              //按 Enter 键，结束命令
```

结果如图 9-37 所示。

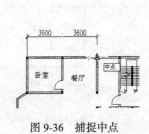

图 9-36　捕捉中点

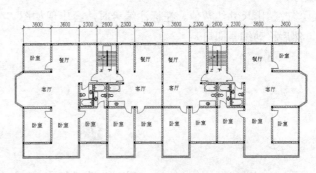

图 9-37　连续标注

⑤标注窗户。用同样方法标注窗户，如图 9-38 所示，图中有重叠的标注尺寸文字，移动标注的文字，结果如图 9-39 所示。

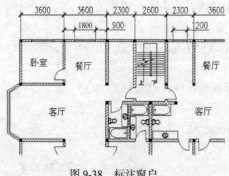

图 9-38　标注窗户

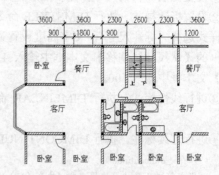

图 9-39　处理标注尺寸

　　在进行尺寸标注时，对标注文字进行移动后如仍有不妥，可执行 EXPLODE 命令，分解连续标注，再执行 TRIM、ERASE 等命令进行处理。

⑥用同样方法完成其他标注，结果如图 9-40 所示。

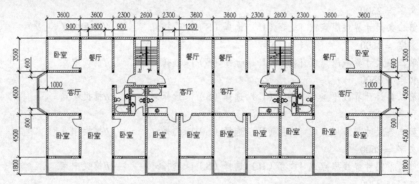

图 9-40　标注尺寸

（17）标注编号。

①执行 CIRCLE 命令，绘制圆，半径为 5。

②执行 DTEXT 命令，文字样式选取"标注尺寸"，绘制编号文字，如图 9-41 所示。

③复制并修改编号。执行 COPY 命令，复制编号，双击编号文字，如图 9-42 所示，直接输入相应编号。

④修改超出尺寸线数值。在标注编号时，会出现如图 9-43 所示的情况，这时修改超出尺寸线数值，然后移动编号即可。

图 9-41　绘制编号　　　　　图 9-42　修改编号　　　　　图 9-43　数字重叠

⑤执行 DIMSTYLE 命令，打开【标注样式管理器】对话框，单击 [修改(M)...] 按钮，打开【修改标注样式】对话框，修改其中的设置，如图 9-44 所示。

图 9-44　修改标注样式

⑥执行 MOVE 命令，移动编号，结果如图 9-45 所示。

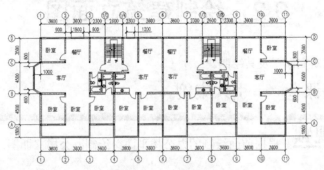

图 9-45　标注编号

（18）绘制住宅楼平面图中第一层的平面图。

①复制二至五层平面图。执行 COPY 命令，复制二至五层平面图。

②设置图层。将"墙体层"图层置为当前图层。

③绘制楼梯入口。执行 MLINE 命令，AutoCAD 提示如下。

```
命令：_mline
当前设置：对正 = 无，比例 = 2.00，样式 = STANDARD
指定起点或 [对正（J）/比例（S）/样式（ST）]：          //捕捉楼梯口一端点
指定下一点：  <正交 开> 12                          //打开正交功能，鼠标指针上移，输入距离
指定一点或[放弃（U）]                               //鼠标指针左移，捕捉垂足，如图 9-46 所示
指定下一点或 [闭合（C）/放弃（U）]：               //鼠标指针下移，捕捉下面墙体多线的中点
指定下一点或 [闭合（C）/放弃（U）]：               //按 Enter 键，结束命令
```

结果如图 9-46 所示。

④绘制楼梯入口门。删除楼梯间表示墙体的"ANSI37"填充图案；依据前述方法插入"大门"图例作为楼梯入口门；用"ANSI37"图案对墙体进行填充，比例设为 0.5；执行 COPY 命令，复制另一个楼梯入口门，结果如图 9-47 所示。

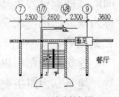

图 9-46　绘制楼梯入口

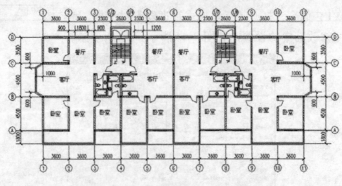

图 9-47　绘制楼梯入口及入口门

⑤删除多余线段。移动图到图纸适当位置，标注图纸名称和比例，最后结果如图 9-1 所示。

⑥保存文件。选择【菜单浏览器】|【另存为】|【AutoCAD 图形】，将文件保存为"住宅楼平面图.dwg"。

9.2　绘制建筑立面图

本节主要讲述建筑立面图及其绘制。

9.2.1　网络课堂——引入案例

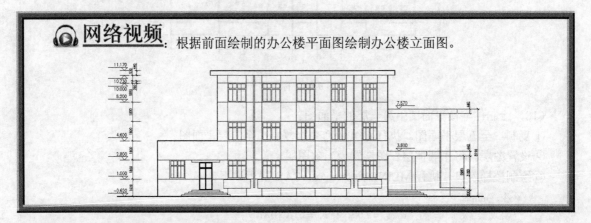

网络视频：根据前面绘制的办公楼平面图绘制办公楼立面图。

9.2.2　建筑立面图

在与建筑立面平行的投影面上所作建筑的正投影图，就是建筑立面图，简称立面图。建筑立面图主要用来表示建筑物的立面和外形轮廓，并表明外墙装修要求。其中反映房屋主要外貌特征那一面的立面图称为正立面图，其余相应地称为背立面图和侧立面图等。也有按房屋的朝向来划分的，称为南立面图、北立面图、东立面图及西立面图等。有时也按轴线编号来分类，如①～⑤或Ⓐ～Ⓔ立面图等。

建筑立面图可以看作是由很多构件组成的整体，它包括墙体、梁柱、门窗、阳台、屋顶及屋檐等。建筑立面图主要用来表示建筑物的立面和外形轮廓，并表明外墙装修要求。因此立面图主要为室外装修用。

9.2.3　建筑立面图的绘制方法与步骤

一般建筑立面图的绘制步骤如下。

（1）绘制建筑物外墙轮廓线等。

（2）绘制立面门窗洞口、阳台、楼梯、墙身、暴露在外墙外面的柱子等可见的轮廓线。

（3）绘制门窗等立面细部。

（4）标注尺寸及标高，添加索引符号及必要的文字说明等内容。

（5）添加图框和标题，并打印输出。

9.2.4　绘制建筑立面图

【案例 9-2】绘制案例 9-1 住宅楼的立面图，如图 9-48 所示。

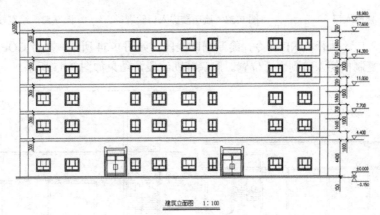

图 9-48　住宅楼立面图

（1）绘制住宅楼立面图中的墙体和地坪线。

①接上例，打开 9.1.4 小节中创建的文件"住宅楼平面图.dwg"，将该文件另存为"住宅楼立面图.dwg"。

②关闭"尺寸标注"图层和图框所在图层。

③打开极轴追踪、对象捕捉及捕捉追踪功能。设置极轴追踪角度增量为 90°，设定对象捕捉方式为端点、交点，设置仅沿正交方向进行捕捉追踪。

④从平面图绘制竖直投影线，再绘制屋顶线、室外地坪线和室内地坪线等，如图 9-49 所示。

⑤修剪线段，结果如图 9-50 所示。

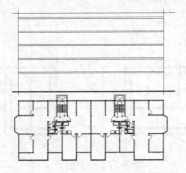

图 9-49　绘制投影线、建筑物轮廓线等

图 9-50　绘制墙体和地坪线

（2）绘制楼梯入口，如图 9-51 所示。

①设置图层。将"楼梯层"图层置为当前图层。

②绘制楼梯入口轮廓。执行 LINE 命令绘制楼梯入口轮廓，结果如图 9-52 所示。

③绘制楼梯入口台阶。执行 OFFSET 命令绘制楼梯入口台阶，修剪多余线段，结果如图 9-53 所示。

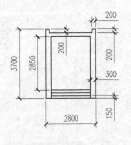
图 9-51　楼梯入口

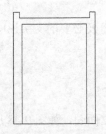
图 9-52　绘制楼梯入口轮廓

图 9-53　绘制楼梯入口台阶

④复制楼梯入口。执行 LINE 命令，绘制辅助线段，如图 9-54 所示，执行 COPY 命令，利用端点捕捉功能，复制楼梯入口到合适位置。删除辅助线段，结果如图 9-55 所示。

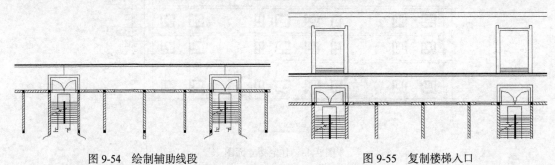
图 9-54　绘制辅助线段　　　　　　　　　　图 9-55　复制楼梯入口

（3）绘制住宅楼立面图中的左右阳台，如图 9-56 所示。

①设置图层。将"阳台层"图层置为当前图层。

②从平面图绘制竖直阳台投影线。

③绘制阳台间的墙体。打开对象捕捉功能，执行 LINE 命令绘制阳台间的墙体，修剪多余线段后，结果如图 9-56 所示。

（4）绘制住宅楼立面图中的门窗。

①设置图层。将"窗户层"图层置为当前图层。

②在屏幕的适当位置绘制窗户的图例符号，如图 9-57 所示。

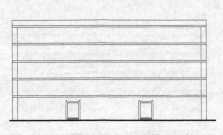
图 9-56　绘制左右阳台

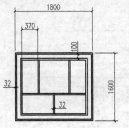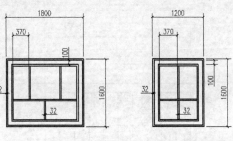
图 9-57　绘制窗户

③执行 COPY、ARRAY 命令将窗户的图例符号复制到正确的位置，如图 9-58 所示。也可先将窗户的符号创建成图块，然后利用插入图块的方法来布置窗户。

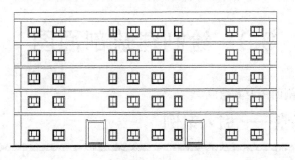

图 9-58　复制窗户

④设置图层。将"门层"图层置为当前图层。

⑤在屏幕的适当位置绘制门的图例符号，如图 9-59 所示。

⑥执行 MOVE、MIRROR 命令将门的图例符号布置到正确的地方，如图 9-60 所示。

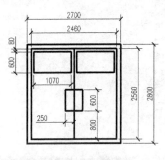

图 9-59　绘制门

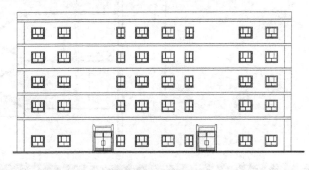

图 9-60　布置门

（5）标注住宅楼立面图。

①接上例，设置图层。将"尺寸标注"图层置为当前图层。

②标注标高。执行 POLYGON 命令，AutoCAD 提示如下。

```
命令: _polygon 输入边的数目 <4>: 3          //输入边的数目
指定正多边形的中心点或 [边（E）]: e          //选择"边"（E）选项
指定边的第一个端点:                         //在空白处单击一点
指定边的第二个端点: <正交 开> 6              //打开正交功能，输入边长
```

结果如图 9-61 左图所示。

③执行 LINE 命令，绘制线段。其中正三角形右边线段长度为 16，下面线段长度为 6。结果如图 9-61 右图所示。

 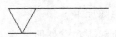

图 9-61　标高图形

④执行 DIMLINEAR 命令，进行尺寸标注。

⑤删除多余线段。移动图到图纸适当位置，标注图纸名称和比例，最后结果如图 9-48 所示。

⑥将文件以名称"住宅楼立面图.dwg"保存（请保留图样中的平面图）。该文件将用于绘制剖面图。

9.3 绘制建筑剖面图

本节主要讲述建筑剖面图及其绘制。

9.3.1 网络课堂——引入案例

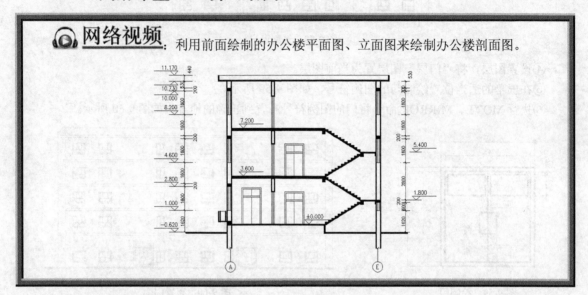

9.3.2 建筑剖面图

假想用一个铅垂剖切面将建筑物剖开，移去靠近观察者的一部分，将剩余部分投影所得到的正投影图叫做建筑剖面图，简称剖面图。剖面图的剖切位置，应选择在内部结构与构造比较复杂和典型、并应通过门窗洞的位置。建筑剖面图是表示建筑物内部竖直方向的结构形式、分层情况、内部构造及各部位高度的图样。

剖面图的图名应与平面图上的剖切位置的编号一致，如Ⅰ—Ⅰ剖面图、Ⅱ—Ⅱ剖面图等。如果用一个剖切面不能满足要求，允许将剖切平面转折后来绘制剖面图。习惯上，剖面图中可以不画出基础，截面上材料的图例和图中的线型选择均与平面图相同。剖面图一般由室外地坪线开始向上画直到顶层。

9.3.3 建筑剖面图的绘制方法与步骤

一般建筑剖面图的绘制步骤如下。

（1）绘制建筑物的室内地坪线和室外地坪线、各定位轴线以及各层的楼面、层面，并根据轴线绘出所有墙体断面轮廓以及尚未剖切到的可见墙体轮廓。

（2）绘制剖面门窗洞口及其他可见轮廓线。

（3）绘制各种梁的轮廓和具体的断面图形。

（4）绘制楼梯、室外的台阶以及其他可以看到的细节。

（5）添加索引符号和文字说明。

（6）添加图框和标题，并打印输出。

9.3.4　绘制建筑剖面图

【案例 9-3】绘制如图 9-62 所示的住宅楼剖面图。

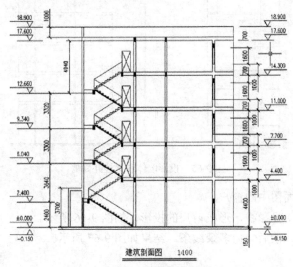

图 9-62　住宅楼剖面图

（1）绘制住宅楼剖面图中的轮廓线。

①打开 9.2.4 小节中创建的文件"住宅楼立面图.dwg"，将该文件另存为"住宅楼剖图.dwg"。

②打开极轴追踪、对象捕捉及捕捉追踪功能。设置极轴追踪角度增量为 90°，设定对象捕捉方式为端点、交点，设置仅沿正交方向进行捕捉追踪。

③增加"大梁层"图层。

④关闭"尺寸标注"图层和图框所在图层。

⑤将建筑平面图旋转 90°，并将其布置在适当位置。从立面图和平面图向剖面图绘制投影线，如图 9-63 所示。

⑥修剪多余线条，再将室外地坪线和室内地坪线绘制完整，结果如图 9-64 所示。

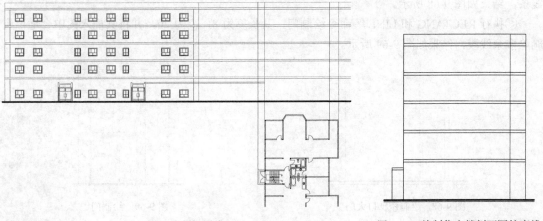

图 9-63　绘制投影线　　　　　　　　　　图 9-64　绘制住宅楼剖面图轮廓线

（2）绘制住宅楼剖面图中的墙体、楼板及立柱。

①从平面图绘制竖直投影线，投影墙体、楼板和立柱及门的定位线，如图 9-65 左图所示。

②修剪多余线条，结果如图 9-65 右图所示。

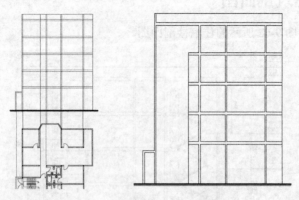

图 9-65　投影墙体和立柱并修剪

（3）绘制住宅楼剖面图中的窗户。

①从立面图绘制水平投影线，形成窗户的投影，如图 9-66 所示。

②补绘窗户的细节，然后修剪多余线条，结果如图 9-67 所示。

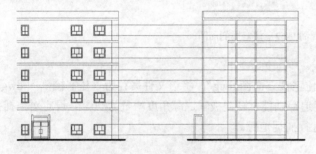

图 9-66　绘制水平投影线　　　　　　　　　　　　　图 9-67　绘制窗户

（4）绘制住宅楼剖面图中的门。

①设置图层。将"门层"图层置为当前图层。

②绘制楼梯口大门。从立面图绘制水平投影线，形成门的投影，补绘门的细节，然后修剪多余线条，结果如图 9-68 所示。

③执行 RECTANG 和 LINE 等命令绘制门，其长度为 8，高为 20，并将其插入图中合适位置，删除多余线段，结果如图 9-69 所示。

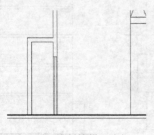

图 9-68　绘制楼梯口大门　　　　　　　　　　　　图 9-69　绘制门

（5）绘制住宅楼剖面图中的楼梯。

①绘制楼梯的第一个台阶。执行 LINE 命令，绘制长度分别为 1.6 和 2.6 的竖直和水平线段，生成楼梯的第一个台阶，结果如图 9-70 所示。

②单击【常用】选项卡【修改】面板上的 按钮，打开【阵列】对话框。

③单击 按钮（选择对象），选择绘制的第一个楼梯台阶。

④单击 按钮（行偏移），捕捉第一个楼梯台阶的两个端点，如图 9-71 所示。

图 9-70　绘制楼梯的第一个台阶

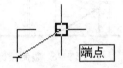

图 9-71　捕捉第一个楼梯台阶的两个端点

⑤单击 按钮（列偏移），同样捕捉第一个楼梯台阶的两个端点。

⑥【阵列】对话框的其余参数设置如图 9-72 所示。单击 确定 按钮，结果如图 9-73 所示。

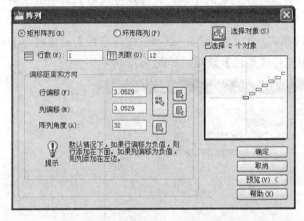

图 9-72　【阵列】对话框参数设置

图 9-73　绘制楼梯台阶

⑦填充台阶。执行 LINE 命令，连接楼梯台阶线段。执行 MIRROR 命令，镜像楼梯，结果如图 9-74 所示。

⑧用"SOLID"图案进行填充，结果如图 9-75 所示。

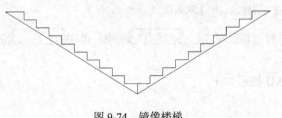

图 9-74　镜像楼梯

图 9-75　填充台阶

⑨复制楼梯。执行 COPY 命令，复制每层楼梯，对部分楼梯用"SOLID"图案进行填充，结果如图 9-76 所示。

⑩绘制扶手及层面。执行 LINE 命令，绘制扶手及层面，扶手高度为 10，结果如图 9-77 所示。

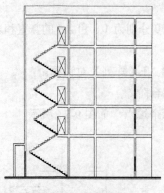

图 9-76　复制楼梯

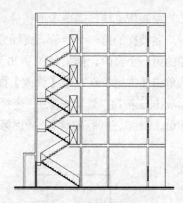

图 9-77　绘制扶手及层面

（6）绘制住宅楼剖面图中的大梁。

①设置图层。将"大梁层"图层置为当前图层。

②设置多线模式。执行 MLSTYLE 命令，打开【多线样式】对话框。

③单击 [新建(N)...] 按钮，打开【创建新的多线样式】对话框，在【新样式名】文本框中输入"03"。

④单击 [继续] 按钮，打开【新建多线样式：03】对话框，选择其中【直线】的【起点】和【端点】复选项，在【填充颜色】下拉列表中选择【黑色】选项，如图 9-78 所示。

图 9-78　【新建多线样式：03】对话框

⑤单击 [确定] 按钮，返回【多线样式】对话框，单击 [置为当前(U)] 按钮，单击 [确定] 按钮，完成设置。

⑥绘制大梁。执行 MLINE 命令，AutoCAD 提示如下。

```
命令: _mline
当前设置: 对正 = 无, 比例 = 2.20, 样式 = 03
指定起点或 [对正（J）/比例（S）/样式（ST）]: s    //选择"比例（S）"选项
输入多线比例 <2.20>:  2.0                        //输入多线比例
当前设置: 对正 = 无, 比例 = 2.00, 样式 = 03
指定起点或 [对正（J）/比例（S）/样式（ST）]:    //捕捉端点
```

指定下一点：4　　　　　　　　　//将鼠标指针放在起点 270° 极轴追踪线上，输入距离

指定下一点或 [放弃（U）]:　　　//按 Enter 键，结束命令

结果如图 9-79 所示。

⑦用同样方法绘制其余大梁，结果如图 9-80 所示。

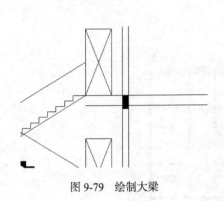

图 9-79　绘制大梁

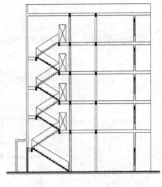

图 9-80　绘制其余大梁

（7）标注住宅楼剖面图。

①进行尺寸标注。首先设置图层，将"尺寸标注"图层置为当前图层。

②执行 DIMLINEAR 命令，进行尺寸标注，结果如图 9-81 所示。

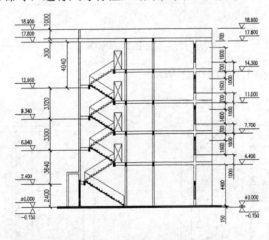

图 9-81　尺寸标注

③删除多余线段。移动图到图纸适当位置，标注图纸名称和比例，最后结果如图 9-62 所示。

9.4　建筑施工图绘制的特点

综上所述，建筑施工图的绘制具有如下特点。

- 绘图时先从平面图开始，然后再绘制立面图和剖面图。
- 对于某一个图样，在绘制时要先绘制出建筑物的外形轮廓和主要的绘图基准线，再由整体到局部，逐步绘制完成。
- 平面图、立面图及剖面图之间必须满足投影规律，例如，平面图与立面图间的长度关系要

一致，而立面图与剖面图间的高度关系也需一致。绘图时可将平面图、立面图布置在适当的位置，然后执行 XLINE 命令绘制竖直、水平投影线，把主要的几何特征向剖面图投影。

- 执行 MLINE 命令绘制墙体，对于不同厚度的墙体可建立相应的多线样式。
- 门、窗等反复用到的建筑构件，可生成图例或动态图块，这样往往可提高绘图效率。

习题

1. 绘制住宅的平面图，如图 9-82 所示。

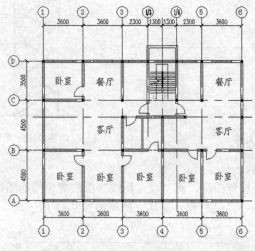

图 9-82　绘制平面图

2. 绘制住宅小区总平面图，如图 9-83 所示。

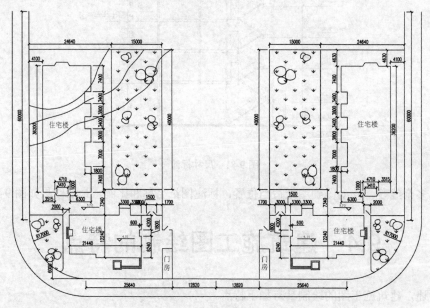

总平面图 1:1000

图 9-83　住宅小区总平面图

第 10 章

结构施工图

【学习目标】

- 熟悉结构平面图，掌握其绘制方法与步骤。
- 熟悉住宅楼楼层结构平面图和楼梯结构平面图的绘制方法。
- 熟悉钢筋混凝土梁结构图和楼梯结构剖面图的绘制方法。
- 熟悉钢筋混凝土柱结构图和楼梯配筋图的绘制方法。
- 熟悉基础平面图、基础详图的绘制方法。

通过本章的学习，读者可以掌握各种结构施工图的绘制方法和步骤。

10.1　结构平面图

本节讲述结构平面图及其绘制方法。

10.1.1　网络课堂——引入案例

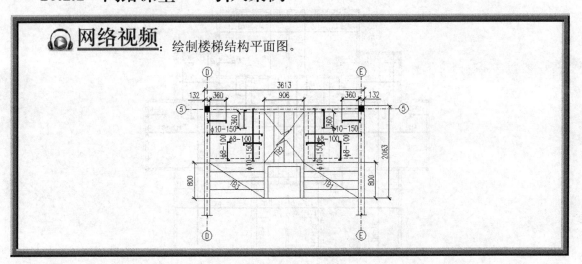

🎧 **网络视频**：绘制楼梯结构平面图。

10.1.2　楼层结构平面图及其绘制方法与步骤

在结构施工图中，表示建筑物上部结构布置的图样，称为结构布置图。在结构布置图中，采用最多的是结构平面图的形式。由于楼面和屋面的结构布置及其表示方法基本相同，故仅以楼层为例介绍结构平面图的绘制。

楼层结构平面图是用假想的一个水平剖切面沿着楼面将房屋剖切后作的楼层水平投影，也称为楼层结构平面布置图，按照施工方法可以分为预制装配式和现浇整体式两大类。楼层结构平面图用来表示每层楼层的梁、板、柱及墙的平面布置，现浇钢筋混凝土楼板的构造和配筋以及它们之间的关系等。楼层结构平面图是施工时安装梁、板和柱等各种构件或现浇构件的依据。

一般来说，楼层结构平面图的绘制可按以下步骤进行。

（1）设置绘图环境。

（2）绘制辅助线和定位轴线。

（3）绘制墙线和柱子。

在建筑结构中，柱子主要用来承受竖向载荷，墙主要用来承受横向载荷。

（4）绘制梁和过梁。

在建筑结构中，梁是用来承受楼板传来的载荷，而过梁是弥补承受门窗处应由墙体承受的载荷。在结构布置中，除了墙之外，还需依靠梁将楼板分成多个封闭的平面，从而布置楼板。一般采用的梁的断面形状为矩形断面，由于梁位于楼板之下，因此需用虚线绘制。过梁是为门、窗等洞口而设置的。在楼层结构平面图中是通过粗点画线来表示过梁的中心位置。因此过梁本身的绘制很简单，关键在于过梁的定位。由于过梁是在门、窗洞口的上部，因此楼层结构平面图中过梁的定位方法和建筑平面图中门、窗洞口的定位方法是一致的。

（5）布置楼板。

楼板是用来承受建筑使用恒载和活载的结构部件。楼板的布置是结构平面图中最重要的工作。

10.1.3　住宅楼楼层结构平面图的绘制

下面以绘制住宅楼楼层结构平面图为例，详细介绍绘制楼层结构平面图的方法。

【案例 10-1】绘制如图 10-1 所示的住宅楼楼层结构平面图（绘图比例 1∶100）。

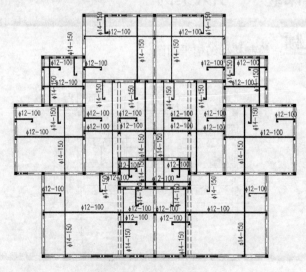

图 10-1　住宅楼楼层结构平面图

从图中可以看出，住宅楼楼层结构平面图是对称的，因此只需绘制其中一部分，另一部分可通过执行 MIRROR 命令获得。

要点提示　在绘制任何图形前，都要先对图形进行分析研究，找出图形特点，然后看采用什么方法来进行绘制最为简便，这样可以达到事半功倍的效果。

（1）设置住宅楼楼层结构平面图的绘图环境。

①单击快速访问工具栏上的 📂 按钮，打开【选择文件】对话框。

②在【文件类型】下拉列表中选择"图形样板（*.dwt）"，在【名称】列表框中找到素材文件"dwg\第 10 章\结构平面图 A2.dwt"，单击 打开 (O) 按钮，完成"结构平面图 A2.dwt"样板图的调入。

③设置图层。重新进行图层设置，具体设置如图 10-2 所示。

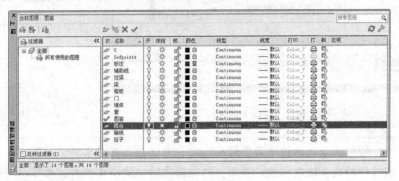

图 10-2　设置图层

④打开极轴追踪、对象捕捉及捕捉追踪功能。设置极轴追踪角度增量为 90°，设定对象捕捉方式为端点、交点，设置仅沿正交方向进行捕捉追踪。

⑤将图形另存为"住宅楼楼层结构平面图.dwg"。

（2）绘制住宅楼楼层结构平面图的辅助线。

①将"辅助线"图层置为当前图层。

②执行 LINE 命令，绘制水平基准线和竖直基准线，其长度分别为 220 和 170，如图 10-3 所示。

③执行 OFFSET 命令，绘制其余水平和竖直辅助线，其中水平辅助线偏移的距离自左到右依次为 24、36、30 和 30，垂直辅助线偏移的距离自下而上依次为 57、12、12、45、20、20 和 35，结果如图 10-4 所示。

图 10-3　绘制水平基准线和竖直基准线　　　　　　　图 10-4　绘制辅助线

（3）绘制住宅楼楼层结构平面图的定位轴线。

（4）将"轴线"图层置为当前图层。

①执行 LINE 命令，绘制住宅楼结构平面图的轴线。

②关闭"辅助线"图层，选择所有轴线，单击鼠标右键，从弹出的快捷菜单中选择【特性】选项，如图 10-5 所示。打开【特性】对话框，在【线性比例】文本框中输入"0.6"，绘制完成的轴线如图 10-6 所示。

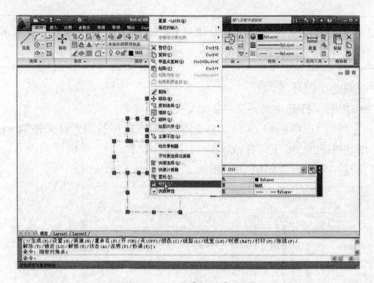 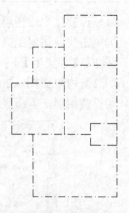

图 10-5　选择【特性】选项　　　　　　　　　　　图 10-6　绘制轴线

　　　绘制住宅楼结构平面图的轴线时，要注意打开对象捕捉功能，充分利用已经绘
制的辅助线来绘制轴线。当然，绘制轴线的方法不止一种，也可以用相对坐标来绘
制轴线或者采用其他方法。读者要注意总结概括，不断寻找最有利的绘制方法。

（5）绘制住宅楼楼层结构平面图中的墙体。

①将"墙体"图层设置为当前图层。

②设置多线模式。执行 MLSTYLE 命令，打开【多线样式】对话框。

③单击 新建(N)... 按钮，打开【创建新的多线样式】对话框，在【新样式名】文本框中输入
"02"。

④单击 继续 按钮，打开【新建多线样式：02】对话框，选择其中【直线】的【起点】和
【端点】复选项，设置其元素偏移量为±0.6，如图 10-7 所示。

⑤单击 确定 按钮，返回【多线样式】对话框，单击 置为当前(U) 按钮，单击 确定 按钮，
完成设置。

图 10-7　【新建多线样式：02】对话框

⑥绘制墙体。执行 MLINE 命令，绘制墙体。执行 MLEDIT 命令，打开【多线编辑工具】对话框，如图 10-8 所示。处理墙体相交处，绘制结果如图 10-9 所示。

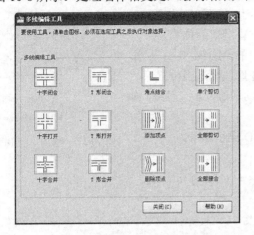

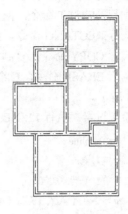

图 10-8　【多线编辑工具】对话框　　　　　　　　　图 10-9　绘制墙体

（6）绘制住宅楼楼层结构平面图中的柱子。

①将"柱子"图层置为当前图层。

②绘制柱子。执行 RECTANG 命令，在两条轴线交点处绘制 240×240 的柱子。

③填充柱子。单击【常用】选项卡【绘图】面板上的 按钮，打开【图案填充和渐变色】对话框。单击【图案填充】选项卡中的 按钮，打开【填充图案选项板】对话框。选择【其他预定义】选项卡中的"SOLID"图案，单击 确定 按钮，返回【图案填充和渐变色】对话框。单击【边界】分组框中的 按钮（添加拾取点），单击柱子内部一点，再次返回【图案填充和渐变色】对话框，单击 确定 按钮完成柱子的绘制。

④复制柱子。执行 COPY 命令，将填充绘制的柱子依次复制到合适位置，结果如图 10-10 所示。

（7）绘制住宅楼楼层结构平面图中的梁。

①将"梁"图层置为当前图层。

②执行 MLINE 命令，绘制梁。

③执行 PROPERTIES 命令，打开【特性】对话框，在【线性比例】文本框中输入"0.3"，绘制完成的梁如图 10-11 所示。

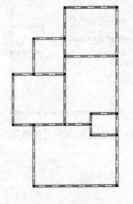

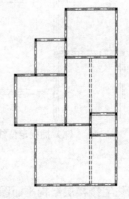

图 10-10　绘制柱子　　　　　　　　　　　图 10-11　绘制梁

（8）绘制住宅楼楼层结构平面图中的过梁。

①将"过梁"图层置为当前图层。

②根据建筑平面图中门、窗的位置，确定门、窗洞口的位置。

③执行 OFFSET 命令，偏移轴线定位门、窗洞口的位置。

④执行 RECTANG 命令，绘制门、窗洞口的轮廓线。

⑤执行 COPY 命令，复制门、窗洞口的轮廓线到适当位置。

⑥执行 ERASE 命令，删除用于定位的辅助轴线及多余轴线，如

图 10-12 所示。

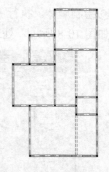

图 10-12　确定门、窗洞口的位置

⑦绘制过梁。执行 PLINE 命令，AutoCAD 提示如下。

```
命令：_pline
指定起点：                    //捕捉定位线中点，如图 10-13（a）所示
当前线宽为 0.0000
指定下一个点或 [圆弧（A）/半宽（H）/长度（L）/放弃（U）/宽度（W）]：w
                             //选择"宽度（W）"选项
指定起点宽度 <0.0000>：0.7    //输入起点宽度值
指定端点宽度 <0.7000>：       //按 Enter 键
指定下一个点或 [圆弧（A）/半宽（H）/长度（L）/放弃（U）/宽度（W）]：
                             //捕捉定位线中点
指定下一点或 [圆弧（A）/闭合（C）/半宽（H）/长度（L）/放弃（U）/宽度（W）]：
                             //按 Enter 键，结束命令
```

⑧用同样方法绘制其余过梁。

⑨执行 PROPERTIES 命令，打开【特性】对话框，在【线性比例】文本框输入"0.2"，绘制完成的过梁如图 10-13（b）所示。

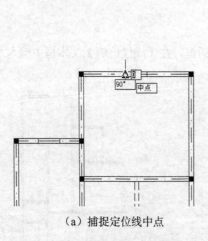

（a）捕捉定位线中点

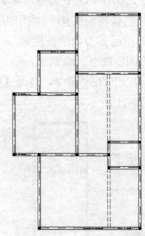

（b）绘制过梁完成后的效果

图 10-13　绘制过梁

（9）绘制住宅楼楼层结构平面图中的楼板。

①将"楼板"图层置为当前图层。

②绘制钢筋。执行 PLINE 命令绘制钢筋，其线宽设为 0.40，结果如图 10-14 所示。

（10）标注结构平面图。

①设置钢筋标注和钢筋编号的文字样式。字高为 200，字体为"仿宋_GB2312"。

②执行 MTEXT 命令进行文字标注，结果如图 10-15 所示。

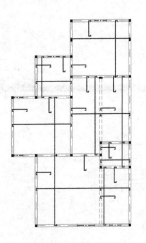

图 10-14　绘制楼板　　　　　　　　　　　图 10-15　标注文字

（11）镜像完成住宅楼楼层结构平面图的绘制。

①执行 MIRRTEXT 命令，AutoCAD 提示如下。

　　命令：mirrtext

　　输入 MIRRTEXT 的新值 <1>: 0　　　　　　//设置 MIRRTEXT=0，让文字不进行翻转

②执行 MIRROR 命令，AutoCAD 提示如下。

　　命令：_mirror

　　选择对象：指定对角点：找到 155 个　　　　//选择图形

　　选择对象：　　　　　　　　　　　　　　//按 Enter 键结束选择

　　指定镜像线的第一点：<对象捕捉 开>　　　//打开对象捕捉功能，指定镜像线的第一点

　　指定镜像线的第二点：　　　　　　　　　//指定镜像线的第二点

　　要删除源对象吗？[是（Y）/否（N）]<N>:　//按 Enter 键，不删除源对象

完成住宅楼楼层结构平面图的绘制，最后结果如图 10-1 所示。

网络视频：绘制楼梯结构剖面图。

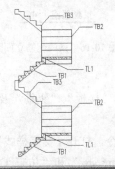

10.2　构件详图的绘制

本节主要讲述构件详图及其绘制方法。

10.2.1　网络课堂——引入案例

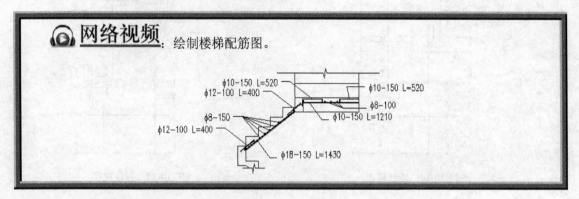

10.2.2　配筋立面图的绘制

构件详图主要包括钢筋混凝土梁结构图和钢筋混凝土柱结构图。

钢筋混凝土梁结构图主要包括配筋立面图、截面配筋图及钢筋详图 3 部分。钢筋混凝土柱结构图主要包括配筋立面图和断面配筋图两部分。

配筋立面图主要反映梁的立面轮廓、长度尺寸以及钢筋在梁内实现资源的配置情况等。

【案例 10-2】绘制某客厅中的一根梁的配筋立面图，如图 10-16 所示。

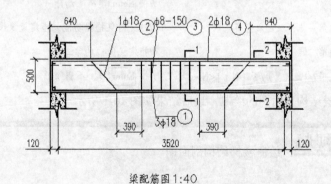

梁配筋图 1:40

图 10-16　梁的配筋立面图

（1）设置绘图环境。

①设置图层。建立"墙体"、"梁"、"楼板"、"钢筋"及"标注"等图层。其中"楼板"图层的线型设为"DASHED"。

②设置文字样式。执行 STYLE 命令，打开【文字样式】对话框，新建【标注字母】和【文字】两种文字样式，其字体分别设为"romans.shx"和"仿宋_GB2312"，其宽度比例均设为 0.7。

（2）绘制梁的轮廓。

①将"梁"图层置为当前图层。

②执行 RECTANG 命令，绘制梁的轮廓，矩形长为 37.6，高为 5。

（3）绘制梁的支座。

①执行 RECTANG 命令，在梁的左右两边各绘制两个长为 2.4，高为 2.5 的矩形作为梁的支座，绘制折断线。

②执行 RECTANG 命令，AutoCAD 提示如下。

```
命令: _rectang
指定第一个角点或 [倒角（C）/标高（E）/圆角（F）/厚度（T）/宽度（W）]:    //单击一点
指定另一个角点或 [面积（A）/尺寸（D）/旋转（R）]: @0.3,2.5
                                    //输入另一对角点的相对坐标
```

③执行 COPY 命令，复制两个矩形，把它们并列放在一起，结果如图 10-17 所示。

④执行 PLINE 命令，AutoCAD 提示如下。

```
命令: _pline
指定起点: from            //利用捕捉自功能确定起点
基点:                    //捕捉左边矩形左面边的中点
<偏移>: 2.5              //将鼠标指针放在矩形的左面，利用极轴追踪功能，输入偏移距离
当前线宽为 0.7000
指定下一个点或 [圆弧（A）/半宽（H）/长度（L）/放弃（U）/宽度（W）]: w//选择"宽度（W）"选项
指定起点宽度 <0.7000>: 0      //输入起点宽度
指定端点宽度 <0.0000>:        //按 Enter 键
指定下一个点或 [圆弧（A）/半宽（H）/长度（L）/放弃（U）/宽度（W）]:
                            //捕捉左边矩形左面边的中点
指定下一点或 [圆弧（A）/闭合（C）/半宽（H）/长度（L）/放弃（U）/宽度（W）]:
                            //捕捉第二个矩形的左上角点
指定下一点或 [圆弧（A）/闭合（C）/半宽（H）/长度（L）/放弃（U）/宽度（W）]:
                            //捕捉第二个矩形的右下角点
指定下一点或 [圆弧（A）/闭合（C）/半宽（H）/长度（L）/放弃（U）/宽度（W）]:
                            //捕捉右边矩形右面边的中点
指定下一点或 [圆弧（A）/闭合（C）/半宽（H）/长度（L）/放弃（U）/宽度（W）]: 250
                            //将鼠标指针放在右边矩形的右面，利用极轴追踪功能，输入偏移距离
指定下一点或 [圆弧（A）/闭合（C）/半宽（H）/长度（L）/放弃（U）/宽度（W）]:
                            //按 Enter 键，结束命令
```

⑤执行 ERASE 命令，删除矩形，完成折断线的绘制，结果如图 10-18 所示。

图 10-17　绘制 3 个矩形　　　　　　　　　　　　图 10-18　绘制的折断线

⑥执行 COPY 命令，复制折断线到合适位置。

⑦执行 MIRROR 命令，镜像折断线。

⑧执行 EXPLODE 命令，炸开作为梁的支座的矩形，删除多余的边。

⑨填充梁的支座。单击【常用】选项卡【绘图】面板上的■按钮，打开【图案填充和渐变色】对话框。

⑩在【角度和比例】分组框中的【比例】文本框中输入"0.005"，单击┉按钮，打开【填充图案选项板】对话框。

⑪选择其中的"AR-CONC"图案，单击 确定 按钮，返回【图案填充和渐变色】对话框。

⑫单击【边界】分组框中的■按钮（添加拾取点），单击梁的支座内部一点，再次返回【图案填充和渐变色】对话框。

⑬单击 确定 按钮完成设置。填充完所有梁的支座，结果如图 10-19 所示。

（4）绘制楼板。

①将"楼板"图层置为当前图层。

②执行 LINE 命令，绘制楼板，线性比例设为 0.1，其中楼板厚度偏移距离为 2，结果如图 10-20 所示。

图 10-19　绘制梁的支座

图 10-20　绘制楼板

（5）绘制梁内的钢筋。

①将"钢筋"图层置为当前图层。

②绘制梁的保护层厚度。执行 OFFSET 命令，将梁的轮廓矩形向内偏移，偏移距离为 0.3。

③执行 PEDIT 命令，AutoCAD 提示如下。

命令: _pedit 选择多段线或 [多条（M）]:　　　　//选择梁的保护层线框

输入选项 [打开（O）/合并（J）/宽度（W）/编辑顶点（E）/拟合（F）/样条曲线（S）/非曲线化（D）/线型生成（L）/放弃（U）]: w

//选择"宽度（W）"选项

指定所有线段的新宽度: 0.1　　　　//输入宽度值

输入选项 [打开（O）/合并（J）/宽度（W）/编辑顶点（E）/拟合（F）/样条曲线（S）/非曲线化（D）/线型生成（L）/放弃（U）]:

//按 Enter 键，结束命令

④执行 PLINE 命令，绘制钢筋及其弯钩，其线宽设为 0.1，尺寸如图 10-16 所示，结果如图 10-21 所示。

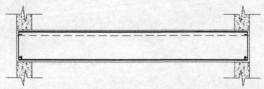

图 10-21　钢筋及其弯钩

⑤放大刚绘制的图形。执行 SCALE 命令，AutoCAD 提示如下。

命令: scale	
选择对象: 指定对角点: 找到 133 个	//选择所有图形
选择对象:	//按 Enter 键
指定基点:	//在图形上单击一点
指定比例因子或 [复制（C）/参照（R）] <1.0000>: 100	//输入比例因子
命令: z	//输入 ZOOM 命令的简称
ZOOM	
指定窗口的角点，输入比例因子 （nX 或 nXP），或者[全部（A）/中心（C）/动态（D）/范围（E）/上一个（P）/比例（S）/窗口（W）/对象（O）] <实时>: a	//选择"全部（A）"选项
正在重生成模型。	

⑥绘制梁内的箍筋和钢筋的弯起部分。执行 OFFSET 命令进行绘制，其中箍筋的间距为 1.5，弯起部分钢筋的起点与终点在梁的边缘方向相距 4，如图 10-22 所示。

⑦单击楼板，执行 PROPERTIES 命令，将其线性比例改为 10，结果如图 10-23 所示。

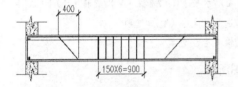

图 10-22　绘制梁内的箍筋和钢筋的弯起部分

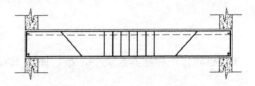

图 10-23　绘制梁内的钢筋

（6）标注尺寸和编号轴线。

①将"标注"图层置为当前图层。

②设置标注样式。将箭头大小设为"80"，文字高度设为"120"，文字样式选择"标注字母"，超出尺寸线设为"72"，起点偏移量设置为"36"，从尺寸线偏移设为"36"。

③执行 DIMLINEAR 命令，标注出梁的长度和高度以及弯起点的位置，并书写钢筋编号，如图 10-24 所示。

④字体选择"文字"，执行 MTEXT 命令，书写截面符号，在梁的中间部分设 1—1 截面，在梁的右侧设 2—2 截面，如图 10-24 所示。

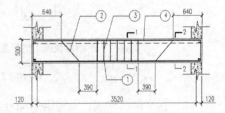

图 10-24　标注尺寸、编号轴线和绘制截面

（7）标注文字。字体选择"文字"，执行 MTEXT 命令，按钢筋的标注方法标注钢筋的规格，最后结果如图 10-16 所示。

10.2.3　截面配筋图的绘制

为了与立面配筋图对照阅读，更好地了解梁的截面形状、宽度尺寸及钢筋上下前后的排列情况，就需要绘制截面配筋图。

在已绘制的立面配筋图中，绘制了两个截面位置，现在对照立面图，绘制这两个截面处的配筋情况。通常截面图比例比立面图大一倍，所以按两倍尺寸大小绘制。

【案例 10-3】绘制配筋立面图中的截面配筋图。

（1）接上例，绘制轮廓、楼板及折线。执行 RECTANG 命令，绘制一个宽度为 480，高度为 1000

的矩形。同时绘制两侧楼板和折线，其中楼板厚度为 200。

（2）绘制箍筋。执行 OFFSET 命令，将矩形向内偏移，偏移距离为 60，该内部矩形表示的是直径为 8 的箍筋。执行 PLINE 命令，选取矩形，将线宽设为 10。

（3）绘制箍筋的弯钩。执行 PLINE 命令，绘制箍筋的弯钩，其线宽同样设置为 10。

（4）绘制梁截面上的钢筋截面。

①执行 CIRCLE 命令绘制钢筋截面，圆的半径设为 18。

②单击【常用】选项卡【绘图】面板上的 按钮，用 "SOLID" 图案进行填充，绘制钢筋后的截面如图 10-25 左图所示。

（5）标注尺寸。

①将 "标注" 图层置为当前图层。

②执行 DIMLINEAR 命令，AutoCAD 提示如下。

命令: _dimlinear

指定第一条尺寸界线原点或 <选择对象>:   //捕捉轮廓矩形的左下角点

指定第二条尺寸界线原点: //捕捉轮廓矩形的右下角点

指定尺寸线位置或[多行文字（M）/文字（T）/角度（A）/水平（H）/垂直（V）/旋转（R）]: t

//选择 "文字（T）" 选项

输入标注文字 <48000>: 240   //输入标注文字

③用相同方法标注其余文字，结果如图 10-25 右图所示。

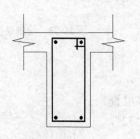
绘制梁截面上的钢筋截面

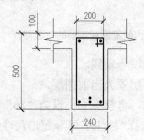
标注尺寸

图 10-25 梁截面上的钢筋截面及其尺寸

（6）标注钢筋样式，书写钢筋编号。注意要和立面配筋图中保持一致。完成标注后的截面配筋图如图 10-26（a）所示。

（7）同理绘制 2-2 截面配筋图，结果如图 10-26（b）所示。

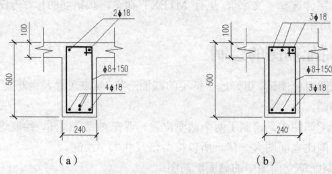

（a）

（b）

图 10-26 截面配筋图

10.2.4　钢筋详图的绘制

钢筋详图的主要作用是方便下料加工，图上应标明每种钢筋的编号、根数、直径、各段长度以及弯起点位置等。

由图 10-16 可知，图中有 4 种钢筋，因此需要绘制 4 种钢筋详图。

【案例 10-4】绘制钢筋详图。

（1）接上例，将"钢筋"图层置为当前图层。

（2）执行 PLINE 命令，绘制钢筋轮廓。

（3）将"标注"图层置为当前图层。

（4）设置文字样式为"标注字母"。

（5）标注一号钢筋的尺寸，也就是钢筋的计算长度（两弯钩之间的长度）。

（6）书写钢筋编号以及钢筋的总长度（包括弯钩部分）。

（7）用相同方法绘制其余 3 种钢筋，结果如图 10-27 所示。

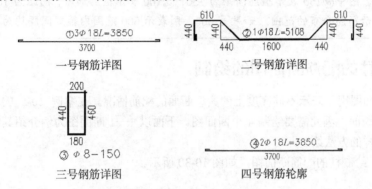

图 10-27　绘制的钢筋详图

10.2.5　柱的配筋立面图的绘制

柱的配筋立面图主要反映柱的立面轮廓、长度尺寸以及钢筋在柱内实现资源的配置情况。

【案例 10-5】绘制柱的配筋立面图，如图 10-28 所示。

（1）绘制柱体轮廓。执行 MLINE 命令，绘制柱体轮廓，柱的宽度为 240。执行 MLEDIT 命令，编辑多线相交处。

（2）绘制柱内钢筋。执行 PLINE 命令，绘制柱内钢筋，包括受力主筋和分布箍筋。可先绘制一段柱内的钢筋，再执行 COPY 命令绘制整个柱内钢筋，绘制结果如图 10-29 所示。

图 10-28　柱的配筋立面图　　　　　　　　　　　图 10-29　绘制柱内钢筋

随着柱体高度的增加，所受的载荷逐渐减少，因此受力主筋的直径也随之减少，但通常绘制的时候均用线宽为 10 的直线表示。在柱的不同高度上，箍筋的分布密度也不同，绘制的时候用线宽为 8 的线段来表示箍筋。

（3）标注尺寸，主要包括各层高度、地板以下高度及柱的厚度等。

 通常随着柱高度的变化，箍筋的分布会发生改变，因此为了明确表示出箍筋的分布情况，需要绘制箍筋分布线。

（4）选择典型断面，绘制断面符号。在图中，由于柱共两层，因此在每层均选取一个断面，并绘制断面符号，从下向上分别为 1—1、2—2、3—3 和 4—4 断面，最终得到柱的配筋立面图如图 10-28 所示。

 图中@150 表示箍筋间距为 150，@100 表示箍筋加密，间距为 100，其上的尺寸表示箍筋分布的范围。如果是 500，则表示 500 范围内箍筋间隔均为 100。

10.2.6 柱的配筋断面图的绘制

柱的配筋断面图用于表示不同高度上的典型断面的配筋情况。在案例 10-5 的立面图中，一共选取了 4 个典型断面，因此需要绘制 4 个断面图。下面以 1—1 断面图为例介绍其绘制方法，另外的断面图选择同样的方法绘制即可。

【案例 10-6】绘制柱的配筋断面图，如图 10-30 所示。

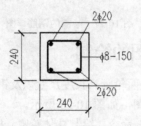

图 10-30　绘制柱的配筋断面图（1—1 断面）

（1）绘制柱轮廓线。执行 POLYGON 命令，绘制柱轮廓线，边长为 240。

（2）绘制箍筋线。执行 OFFSET、MLEDIT 和 FILLET 等命令绘制箍筋线。

（3）绘制柱体断面上的钢筋。执行 CIRCLE、COPY 命令绘制柱体断面上的钢筋。

（4）填充钢筋。选择 "SOLID" 图案填充钢筋。

（5）标注断面尺寸。标注受力主筋和箍筋的规格，1—1 断面图中的受力主筋直径为 20，结果如图 10-30 所示。

10.3　基础结构图的绘制

本节主要讲述基础结构图及其绘制。

10.3.1　网络课堂——引入案例

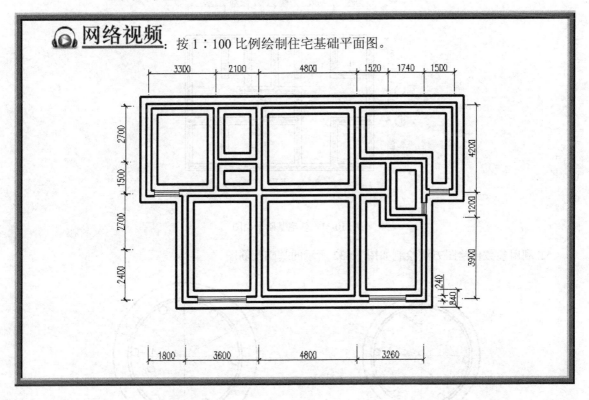

网络视频：按 1：100 比例绘制住宅基础平面图。

10.3.2　基础平面图的绘制

表达基础结构布置及构造的图称为基础结构图，简称基础图，它是施工时在基地上放线、开挖基坑及做基础的依据。基础结构图通常包括基础平面图和基础详图。

基础平面图是假想用一个水平剖切平面，沿着房屋底层室内地面，把整栋房屋剖切后，移去剖切面，将剩下的部分在水平面上进行投影。基础的地面形状和尺寸是通过基础平面图表示出来的。

基础平面图的绘制方法与建筑平面图相似，需要使用 AutoCAD 中的 LINE、RECTANG、COPY 及 LAYER 等命令。

10.3.3　基础详图的绘制

基础详图是辅助基础平面图的，基础平面图只表明基础的平面布置，基础详图则进一步表示各个基础部分的形状、大小、材料、构造以及基础的埋置深度等。

基础详图的绘制方法和步骤与钢筋混凝土构件详图的绘制方法与步骤类似。

习题

1. 绘制如图 10-31 所示的住宅基础平面图。

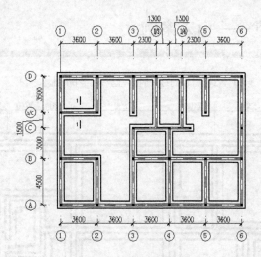

图 10-31　住宅基础平面图

2. 利用参数化绘图方法绘制如图 10-32 所示的基础配筋图。

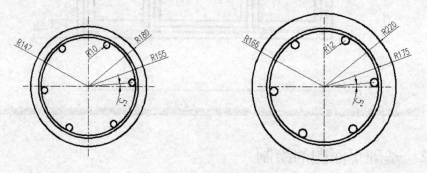

图 10-32　基础配筋图

第11章

三维建模

【学习目标】

- 熟悉直角坐标系、柱坐标系、球坐标系，了解世界坐标系（WCS）与用户坐标系（UCS）。
- 了解三维建模及其分类。
- 掌握各种基本三维实体（长方体、球体、圆柱体、圆锥体、楔体、圆环、多段体和螺旋体）的绘制方法。
- 掌握利用拉伸、旋转创建实体的方法。
- 掌握实体的属性。
- 掌握网格（三维网格、二维网格）的绘制。
- 掌握特殊曲面（旋转曲面、平移平面、直纹曲面及边界曲面）的绘制。
- 掌握表面建模的一般方法。

通过本章的学习，读者可以了解坐标系的种类、区别及其在绘图中的作用，掌握绘制各种三维模型的方法。

11.1　坐标系

本节讲述直角坐标系、柱坐标系及球坐标系等的相关知识，并给出了 AutoCAD 中的两种坐标系，即世界坐标系与用户坐标系相关内容。

11.1.1　直角坐标系、柱坐标系及球坐标系

在三维绘图中，坐标系的选择和使用非常重要，灵活地使用适当的坐标系往往可以事半功倍。

1. 直角坐标系

直角坐标系又称为笛卡儿坐标系，如图 11-1 所示。

直角坐标系有如下规定。

- x、y、z　3 轴互相垂直。
- 3 轴交于一点，称为原点 O。
- z 轴正向由右手螺旋定则规定。
- 空间中任意一点由 (x,y,z) 唯一确定。

图 11-1　直角坐标系

- 其中，右手螺旋定则如图 11-2 所示，伸出右手，手腕稍稍弯曲，假想沿 y 轴对着原点伸出右臂，手指弯向 x 轴，则拇指所指方向为 z 轴正方向。

2. 柱坐标系

极坐标系增加一个 z 轴就构成了柱坐标系，如图 11-3 所示。在柱坐标系中，点用（$r<\theta,z$）表示，各字母含义如下。

r：空间中的点在 xy 平面内的投影到原点的距离。

θ：空间中的点在 xy 平面内的投影与原点的连线和极轴的夹角。

z：点到 z 轴投影值。

3. 球坐标系

三维绘图时，除了使用二维绘图中常用的直角坐标系和极坐标系外，使用球坐标系有时会非常方便。球坐标系如图 11-4 所示。

在球坐标系中，点用 $\rho<\alpha<\beta$ 表示，各字母含义如下。

ρ：空间中的点到球心的距离。

α：空间中的点在 xy 平面内投影与 x 轴的夹角。

β：空间中的点与球心连线和 xy 平面的夹角，取值范围为-90°～90°。

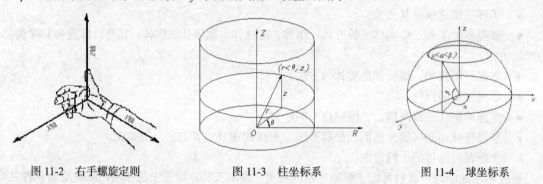

图 11-2　右手螺旋定则　　　　图 11-3　柱坐标系　　　　图 11-4　球坐标系

11.1.2　世界坐标系与用户坐标系

AutoCAD 有世界坐标系与用户坐标系两种坐标系。其中，世界坐标系是固定不变的，用户坐标系是可以移动的。

1. 世界坐标系

世界坐标系是固定不变的，AutoCAD 图形的每个点由（x,y,z）唯一确定。

默认情况下，屏幕的左下角会出现一个表示坐标系相关信息的图标，图标有二维和三维两种样式，如图 11-5 所示。

图 11-5　坐标系图标的两种样式

图中各图标的含义如下。

● 字母"X"、"Y"分别表示当前坐标系的 x 轴和 y 轴正方向，z 轴由右手螺旋定则确定。

● W 表示坐标系为 WCS，否则为 UCS，仅出现在二维样式中。

● □表示当前坐标系是 WCS，否则为 UCS，仅出现在三维样式中。

下面介绍如何选择坐标系图标样式。

选取菜单命令【视图】|【显示】|【UCS 图标】|【特性】，系统弹出【UCS 图标】对话框，如图 11-6 所示。

【UCS 图标】对话框中各选项的功能如下。

- 【二维】：以二维图标显示。
- 【三维】：以三维图标显示。
- 【圆锥体】：显示三维图标时，x、y、z 箭头以圆锥方式显示，否则以平面箭头显示。
- 【线宽】：图标线的宽度，下拉列表中有【1】、【2】和【3】3 个选项，默认值为【1】。

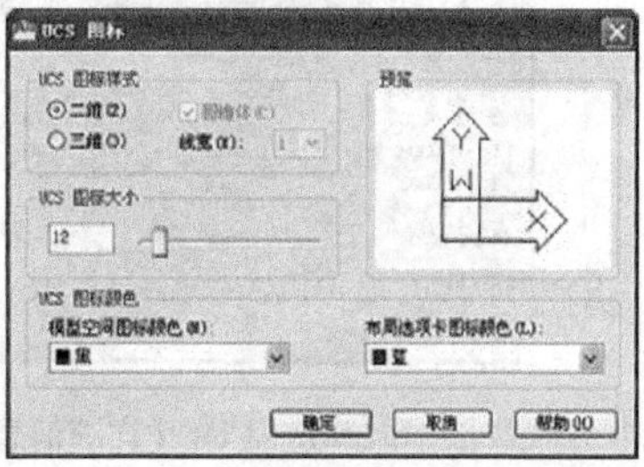

图 11-6　【UCS 图标】对话框

- 【UCS 图标大小】：设定图标的大小，取值范围为 5～95，默认值为 12。
- 【模型空间图标颜色】：默认为【黑】色。
- 【布局选项卡图标颜色】：默认为【蓝】色。
- 【预览】：预览图标。

2. 用户坐标系及其管理

在三维绘图中，许多操作只能在当前坐标系的 xy 平面内进行。若依据世界坐标系定义用户坐标系，将会使得绘图过程顺利进行。当然，适时变换 UCS 可以更容易地处理图形。

命令启动方法如下。

- 单击【视图】选项卡【坐标】面板上的 按钮。
- 命令：UCS。

单击【视图】选项卡【坐标】面板上的 按钮，打开【UCS】对话框，如图 11-7 所示。通过该对话框可以管理 UCS 坐标系，比如删除、重命名或者恢复已命名的 UCS 坐标系。

【UCS】对话框包含【命名 UCS】、【正交 UCS】和【设置】3 个选项卡，其功能如下。

（1）【命名 UCS】选项卡。该选项卡的列表中列出了所有已经命名的 UCS，选择其中之一，单击 置为当前(C) 按钮，则该坐标系就成为当前坐标系。单击 详细信息(T) 按钮，系统弹出一个【UCS 详细信息】对话框，在该对话框中可以查看该坐标系的详细信息，如图 11-8 所示。

图 11-7　【UCS】对话框

该对话框中包含的内容如下。

- 相对于：选择参照坐标系。参照系不同，显示的 UCS 信息就不一样。
- 名称：所查看的 UCS 的名称。
- 原点：所查看的 UCS 的原点在所选的参照坐标系中的坐标。
- X 轴：所查看的 UCS 的 x 轴在参照系中的方向矢量。
- Y 轴：所查看的 UCS 的 y 轴在参照系中的方向矢量。
- Z 轴：所查看的 UCS 的 z 轴在参照系中的方向矢量。

在【UCS】对话框中可以更改 UCS 的名称和删除 UCS。选择其中一个 UCS，单击鼠标右键，在弹出的快捷菜单中选取相应选项，即可进行相应操作，如图 11-9 所示。

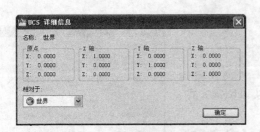

图 11-8　【UCS 详细信息】对话框

图 11-9　快捷菜单

（2）【正交 UCS】选项卡。该选项卡如图 11-10 所示，其列表框中显示了 6 个预设的正交坐标系，选择其中之一，然后单击[置为当前(C)]按钮，则该坐标系就成为当前坐标系。[详细信息(T)]按钮与前述【命名 UCS】选项卡中的[详细信息(T)]按钮功能类似。

在【正交 UCS】选项卡中选择一个正交 UCS，单击鼠标右键选择【深度】选项，打开【正交 UCS 深度】对话框，如图 11-11 所示。其中，深度是指正交坐标系的 xy 平面与参考坐标系中对应平面之间的距离。

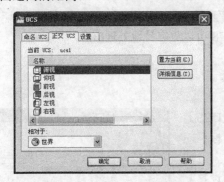

图 11-10　【正交 UCS】选项卡

图 11-11　【正交 UCS 深度】对话框

（3）【设置】选项卡。该选项卡如图 11-12 所示，它提供了控制【UCS 图标设置】及【UCS 设置】的选项，各功能介绍如下。

● 开：打开或关闭 UCS 图标显示。

● 显示于 UCS 原点：如果选取该复选项，则 AutoCAD 在 UCS 原点处显示 UCS 图标，否则仅在 WCS 原点处显示图标。

● 应用到所有活动视口：该复选项使用户可以指定是否将当前的 UCS 设置应用到所有视口中。

● UCS 与视口一起保存：此复选项用于设定是否将当前视口与 UCS 坐标设置一起保存。

● 修改 UCS 时更新平面视图：如果选取此复选项，则当用户改变坐标系时，AutoCAD 将更新视点，以显示当前坐标系的 xy 平面视图。

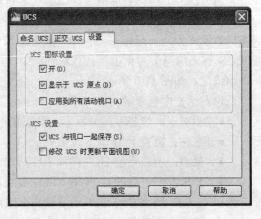

图 11-12　【设置】选项卡

11.1.3 上机练习——建立用户坐标系

【案例 11-1】建立用户坐标系。

（1）打开素材文件"11-1.dwg"，如图 11-13 所示。

（2）执行 UCS 命令，AutoCAD 提示如下。

```
命令: ucs                          //按 Enter 键确认
当前 UCS 名称: *世界*
指定 UCS 的原点或 [面（F）/命名（NA）/对象（OB）/上一个（P）/视图（V）/世界（W）/X/Y/Z/Z 轴（ZA）]
<世界>:                           //捕捉 O 点，如图 11-14（a）所示
  指定 X 轴上的点或 <接受>:        //按 Enter 键
命令: UCS                         //按 Enter 键重复命令
当前 UCS 名称: *没有名称*
指定 UCS 的原点或 [面（F）/命名（NA）/对象（OB）/上一个（P）/视图（V）/世界（W）/X/Y/Z/Z 轴（ZA）]
<世界>:                           //捕捉 C 点，如图 11-14（b）所示
  指定 X 轴上的点或 <接受>:        //捕捉 D 点
  指定 XY 平面上的点或 <接受>:     //捕捉 E 点
```

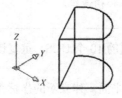 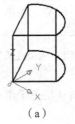 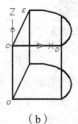

（a） （b）

图 11-13 建立 UCS　　　　　　　　图 11-14 新建用户坐标系

UCS 命令中各选项的含义如下。

（1）指定 UCS 的原点：使用一点、两点或三点定义一个新的 UCS。

● 如果指定单个点，当前 UCS 的原点将会移动而不会更改 x、y 和 z 轴的方向。指定单个点后 AutoCAD 提示如下。

```
指定 X 轴上的点或 <接受>:     //指定第二点或按 Enter 键以将输入限制为单个点
```

● 如果指定第二点，UCS 将绕先前指定的原点旋转，以使 UCS 的 x 轴正半轴通过该点。指定第二点后，AutoCAD 提示如下。

```
指定 XY 平面上的点或 <接受>:     //指定第三点或按 Enter 键以将输入限制为两个点
```

● 如果指定第三点，UCS 将绕 x 轴旋转，以使 UCS 的 xy 平面的 y 轴正半轴包含该点。

要点提示　　如果输入了一个点的 x、y 坐标而未指定 z 坐标值，将使用当前 z 值。

（2）面（F）：根据所选实体的平面建立 UCS，坐标系的 xy 平面与实体平面重合。选取该选项后，AutoCAD 提示如下。

```
选择实体对象的面:
输入选项 [下一个（N）/X 轴反向（X）/Y 轴反向（Y）]<接受>:
```

- 下一个（N）：将 UCS 定位于邻接的面或选定边的后向面。
- X 轴反向（X）：将 UCS 绕 x 轴旋转 180°。
- Y 轴反向（Y）：将 UCS 绕 y 轴旋转 180°。
- 接受：如果按 Enter 键，则接受该位置。否则，将重复出现提示，直到接受位置为止。

（3）命名（NA）：按名称保存并恢复通常使用的 UCS 方向。选取该选项后，AutoCAD 提示如下。

  输入选项 [恢复（R）/保存（S）/删除（D）/?]: //输入选项

- 恢复（R）：恢复已保存的 UCS，使它成为当前 UCS。选取该选项后，AutoCAD 提示如下。

  输入要恢复的 UCS 名称或 [?]:   //输入名称或输入?

- 输入要恢复的 UCS 名称：指定一个已命名的 UCS。
- ?：列出当前已定义的 UCS 的名称。
- 保存（S）：把当前 UCS 按指定名称保存。名称最多可以包含 255 个字符，包括字母、数字、空格和 Microsoft®Windows® 以及本程序未作他用的特殊字符。
- 删除（D）：从已保存的用户坐标系列表中删除指定的 UCS。

（4）对象（OB）：根据所选对象确定用户坐标系，对象所在平面将是坐标系的 xy 平面。

  该选项不能用于下列对象：三维多段线、三维网格和构造线。

（5）上一个（P）：恢复为原来的 UCS。AutoCAD 保存了最近使用的 10 个 UCS，重复该选项可逐步返回以前的坐标系。

（6）视图（V）：以垂直于观察方向（平行于屏幕）的平面为 xy 平面，建立新的坐标系，UCS 原点保持不变。

（7）世界（W）：将当前用户坐标系设置为世界坐标系。WCS 是所有用户坐标系的基准，不能被重新定义。

（8）X/Y/Z：绕指定轴旋转当前 UCS。

（9）Z 轴（ZA）：用指定的 z 轴正半轴定义 UCS。

11.2 三维建模及其分类

本节主要讲述三维建模及其分类。

在 AutoCAD 中建立的三维对象一般称为模型（MODEL）。AutoCAD 的模型是真正的三维对象，且容易建立和修改，但不能直接接触。

建立一个模型的过程称为造型（MODELING）。虽然术语"模型"和"造型"也可用于 AutoCAD 的二维对象，但它们通常用于三维模型，二维操作中涉及的称为作图或绘图。一般来说，三维模型包括线框模型、表面模型和实体模型 3 种。

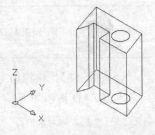
图 11-15 线框模型

11.2.1 线框模型

线框模型（WIREFRAME MODEL）仅用边来表示一个对象，因此位于对象后的线条无法隐去。图 11-15 表示了一个简单的线框模型，该模型由 24 条边构成，用两个圆表示一个圆孔的边界。实际上，在线框模型中的一个孔是无意义的，因为在生成的孔中什么东西都没有。由于可以看见后面的线框，这种模型容易产生视觉歧义。

11.2.2　表面模型

表面模型（SURFACE MODEL）在各边之间具有一个由计算机确定的无厚度表面。虽然表面模型看起来是一个实体，但是实际上是一个空的外壳。

表面模型使用线框模型表示其表面的框架，模型中一部分以线框表示而另一部分以表面模型表示的情况并不多见。由于模型的表面是透明的，因此表面模型看起来像线框模型。消隐后的表面模型如图 11-16 所示，模型后面的线条被挡住，渲染后的模型不会产生歧义。

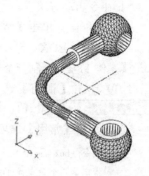

图 11-16　表面模型

11.2.3　实体模型

实体模型（SOLID MODEL）具有边和面，也具有体积、重心和惯性矩等物理特性，可以区分对象的内部和外部，并可以进行打孔、添加材料和切槽等布尔操作，还能检测对象间是否发生干涉。

实体模型是应用最广的三维模型，消隐后的实体模型比表面模型更接近真实物体，如图 11-17 所示，它不会产生歧义。

图 11-17　实体模型

11.3　绘制基本实体

本节主要介绍基本实体的绘制。AutoCAD 2010 中提供的基本实体包括长方体、球体、圆柱体、圆锥体、楔体、圆环体、棱锥体、多段体和螺旋体等。

11.3.1　网络课堂——引入案例

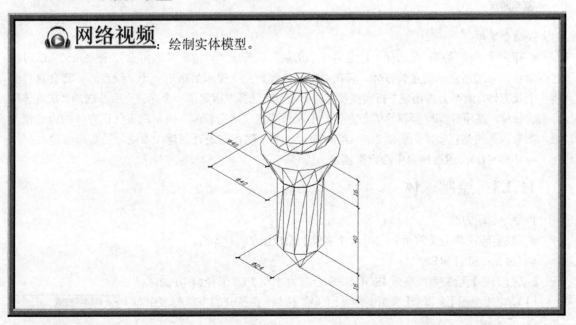

网络视频：绘制实体模型。

11.3.2　绘制长方体

1. 命令启动方法

- 功能区：单击【常用】选项卡【建模】面板上的 ▢ 按钮。
- 命令：BOX。

【案例 11-2】绘制一个长、宽、高分别为 150、100、80 的长方体。

（1）单击【视图】选项卡【视图】面板上的 ◈ 按钮，在打开的下拉列表中单击 ◈ 东南等轴测 　　　按钮，设置为东南等轴测视点。

（2）单击【常用】选项卡【建模】面板上的 ▢ 按钮， AutoCAD 提示如下。

```
命令：_box
指定第一个角点或 [中心（C）]: 100,100,0        //指定长方体第一个角点的绝对坐标
指定其他角点或 [立方体（C）/长度（L）]: 1        //选择"长度（L）"选项
指定长度:<正交 开> 150                          //打开正交模式，指定长方体的长度
指定宽度: 100                                    //指定长方体的宽度
指定高度或 [两点（2P）] <94.3219>: 80            //指定长方体的高度
```

结果如图 11-18（a）所示。

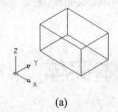　　　　　　　　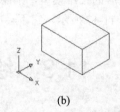

(a)　　　　　　　　　　　　　　　(b)

图 11-18　绘制长方体

要点提示　　　为了使实体的效果更为明显，执行 HIDE 命令，结果如图 11-18（b）所示。

2. 命令选项

- 指定第一个角点：在选择"指定第一个角点"后若选择"指定其他角点"，则 AutoCAD 可将这两个点作为对角点来创建长方体。若在"指定其他角点"提示后指定一个三维点时，将会直接创建一个长方体，而不会再出现"指定高度"的提示。在选择"指定第一个角点"后若选择"立方体"，将创建长度、宽度和高度都相等的正方体，用户只要在"指定长度"提示后设置正方体的边长值即可。如果输入的是正值，则将沿当前 UCS 的 x、y 和 z 轴正向进行创建；否则，沿负向创建。
- 中心（C）：通过指定中心点来创建长方体。

11.3.3　绘制球体

1. 命令启动方法

- 功能区：单击【常用】选项卡【建模】面板上的 ◯ 按钮。
- 命令：SPHERE。

【案例 11-3】绘制系统变量 ISOLINES 分别为 4 和 20，半径为 10 的球体。

（1）单击【视图】选项卡【视图】面板上的 ◈ 按钮，在打开的下拉列表中单击 ◈ 东南等轴测

按钮，设置为东南等轴测视点。

（2）在命令行输入 ISOLINES 命令，AutoCAD 提示如下。

命令: isolines

输入 ISOLINES 的新值 <16>: 4　　　　　　　　　//设置系统变量 ISOLINES=4

（3）在命令行中输入 SPHERE 命令，AutoCAD 提示如下。

命令: sphere

指定中心点或[三点（3P）/两点（2P）/切点、切点、半径（T）]:

　　　　　　　　　　　　　　　　　　//单击绘图区域中任一点作为球体球心

指定半径或[直径（D）] <198.1873>: 10　　//输入球体的半径，按 $\boxed{\text{Enter}}$ 键确认

结果如图 11-19（a）所示。

（4）设置 ISOLINES=20，并绘制球体。

命令: ISOLINES　　　　　　　　　　　　//启动 ISOLINES 命令

输入 ISOLINES 的新值 <4>: 20　　　　　//设置系统变量 ISOLINES=20

命令: sphere　　　　　　　　　　　　　//输入球体绘制命令

指定中心点或 [三点（3P）/两点（2P）/切点、切点、半径（T）]:

　　　　　　　　　　　　　　　//单击绘图区域右上方一点作为球体球心

指定球体半径或 [直径（D）]: 10　　　//输入球体的半径，按 $\boxed{\text{Enter}}$ 键确认

结果如图 11-19（b）所示。

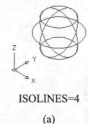
ISOLINES=4
(a)

ISOLINES=20
(b)

图 11-19　绘制球体

　　系统变量 ISOLINES 用来确定每个面上的网格线数（即实体的轮廓线数量），其默认值为 4，有效范围为 0～2047。更改系统变量 ISOLINES 的值后，需要用 REGEN 命令重新生成图形，才能看到相应的显示效果。

2. 命令选项

● 指定中心点：指定球体的中心点。指定中心点后，将放置球体以使其中心轴与当前用户坐标系（UCS）的 z 轴平行，纬线与 xy 平面平行。

● 三点（3P）：通过在三维空间的任意位置指定 3 个点来定义球体的圆周。3 个指定点也可以定义圆周平面。

● 两点（2P）：通过在三维空间的任意位置指定两个点来定义球体的圆周。第一点的 z 值定义圆周所在平面。

● 切点、切点、半径（T）：通过指定半径定义可与两个对象相切的球体。指定的切点将投影到当前 UCS。

最初，默认半径未设置任何值。在绘制图形时，半径默认值始终是先前输入的任意实体图元的半径值。

11.3.4　绘制圆柱体

命令启动方法如下。

- 功能区：单击【常用】选项卡【建模】面板上的 按钮。
- 命令：CYLINDER。

【案例 11-4】绘制一个椭圆柱体。

（1）单击【视图】选项卡【视图】面板上的 按钮，在打开的下拉列表中单击 东南等轴测 按钮，设置为东南等轴测视点。

（2）在命令行中输入 CYLINDER 命令，AutoCAD 提示如下。

命令：cylinder

指定底面的中心点或 [三点（3P）/两点（2P）/ 切点、切点、半径（T）/椭圆（E）]: e

//选择"椭圆（E）"选项

指定第一个轴的端点或 [中心（C）]:　　　　//用鼠标左键在适当位置单击指定第一个轴的端点

指定第一个轴的其他端点:　　　　//用鼠标左键在适当位置单击指定第一个轴的其他端点

指定第二个轴的端点:　　　　//用鼠标左键在适当位置单击指定第二个轴的端点

指定高度或 [两点（2P）/轴端点（A）]:　　　　//用鼠标左键在适当位置单击指定高度

结果如图 11-20 所示。

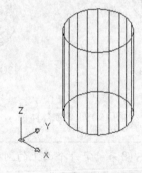

图 11-20　绘制椭圆柱体

可根据需要指定圆柱体的高度，如果输入正值时将沿当前 UCS 的 z 轴正方向绘制；反之，沿 z 轴的负向绘制。

在绘制椭圆柱体时，确定其基面上的形状的操作过程与绘制椭圆相似。

11.3.5　绘制圆锥体

命令启动方法如下。

- 功能区：单击【常用】选项卡【建模】面板上的 按钮。
- 命令：CONE。

【案例 11-5】绘制一个圆锥体。

（1）单击【视图】选项卡【视图】面板上的 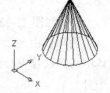 按钮，在打开的下拉列表中单击 东南等轴测 按钮，设置为东南等轴测视点。

（2）在命令行中输入 CONE 命令，AutoCAD 提示如下。

> 命令：cone
> 指定底面的中心点或 [三点（3P）/两点（2P）/ 切点、切点、半径（T）/椭圆（E）]：
>   //用鼠标左键在适当位置单击指定底面的中心点
> 指定底面半径或 [直径（D）]：   //指定圆锥体底面的半径
> 指定高度或 [两点（2P）/轴端点（A）/顶面半径（T）]<289.1711>:2P
>   //选择"两点（2P）"选项
> 指定第一点：   //指定第一点
> 指定第二点：   //指定第二点

结果如图 11-21 所示。

圆锥体是指以圆形或椭圆形为底面，然后竖直向上对称地变细直至交于一点的实体，它是由圆或椭圆底面和顶点定义的。

默认情况下，圆锥体的底面位于当前 UCS 的 xy 平面上，高度可为正值或负值，且平行于 z 轴，而顶点将确定圆锥体的高度和方向。

图 11-21　绘制圆锥体

11.3.6　绘制楔体

命令启动方法如下。

● 功能区：单击【常用】选项卡【建模】面板上的 按钮。

● 命令：WEDGE。

【案例 11-6】绘制一个长、宽、高分别为 150、100、80 的楔体。

（1）单击【视图】选项卡【视图】面板上的 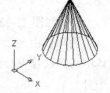 按钮，在打开的下拉列表中单击 东南等轴测 按钮，设置为东南等轴测视点。

（2）在命令行中输入 WEDGE 命令，AutoCAD 提示如下。

> 命令：wedge
> 指定第一个角点或 [中心（C）]:100,100,0　　//指定楔体的第一个角点坐标为（100,100,0）
> 指定其他角点或 [立方体（C）/长度（L）]：l　//选择"长度（L）"选项
> 指定长度：150　　　　　　　　　　　//指定楔体的长度为 150
> 指定宽度：100　　　　　　　　　　　//指定楔体的宽度为 100
> 指定高度或 [两点（2P）]<275.6132>: 80　//指定楔体的高度为 80，按 Enter 键确认

结果如图 11-22 所示。

创建楔体的具体操作方式与创建长方体相同。

11.3.7　绘制圆环体

命令启动方法如下。

● 功能区：单击【常用】选项卡【建模】面板上的 ◎ 按钮。

● 命令：TORUS。

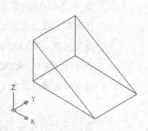

图 11-22　绘制楔体

【案例 11-7】绘制一个圆环体。

（1）单击【视图】选项卡【视图】面板上的 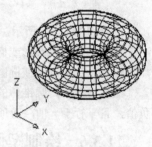 按钮，在打开的下拉列表中单击 东南等轴测 按钮，设置为东南等轴测视点。

（2）执行 TORUS 命令，AutoCAD 提示如下。

命令: torus
指定中心点或 [三点（3P）/两点（2P）/ 切点、切点、半径（T）]:
                                        //单击一点指定圆环体中心坐标
指定半径或 [直径（D）]<294.7396>:40   //指定圆环体半径值
指定圆管半径或 [两点（2P）/直径（D）]: 2p   //选择"两点（2P）"选项
指定第一点: //指定第一点
指定第二点: //指定第二点

结果如图 11-23 所示。

圆环体由两个半径值定义，一个是圆管的半径，另一个是从圆环体中心到圆管中心的距离，它将与当前 UCS 的 xy 平面平行且被该平面平分。

还可以创建自交圆环体，由于其圆管半径要比圆环体半径大，自交圆环体没有中心孔。如果两个半径都是正值，且圆管半径大于圆环体半径，结果就像一个两极凹陷的球体。如果圆环体半径设为负值，圆管半径为正值且大于圆环体半径的绝对值，则结果就像一个两极尖锐突出的球体。

图 11-23　绘制圆环体

11.3.8　绘制多段体

1. 命令启动方法

- 功能区：单击【常用】选项卡【建模】面板上的 多段体 按钮。
- 命令：POLYSOLID。

【案例 11-8】绘制一个多段体。

（1）单击【视图】选项卡【视图】面板上的 按钮，在打开的下拉列表中单击 东南等轴测 按钮，设置为东南等轴测视点。

（2）单击【常用】选项卡【建模】面板上的 多段体 按钮，AutoCAD 提示如下。

命令: _Polysolid 高度 = 4.0000, 宽度 = 0.2500, 对正 = 居中
指定起点或 [对象（O）/高度（H）/宽度（W）/对正（J）]<对象>:h //选择"高度（H）"选项
指定高度 <80.0000>: 100   //指定高度
度 = 100.0000, 宽度 = 0.2500, 对正 = 居中
指定起点或 [对象（O）/高度（H）/宽度（W）/对正（J）]<对象>:w //选择"宽度（W）"选项
指定宽度 <5.0000>: 20   //指定宽度
高度 = 100.0000, 宽度 = 20.0000, 对正 = 居中
指定起点或 [对象（O）/高度（H）/宽度（W）/对正（J）]<对象>:
                                        //用鼠标左键在适当位置单击指定多段体的起点
指定下一个点或 [圆弧（A）/放弃（U）]: <正交 开>120
                                        //打开正交模式，沿 x 轴正方向输入长度指定下一点

指定下一个点或 [圆弧（A）/放弃（U）]: 160　　　//沿 y 轴正方向输入长度指定下一点

指定下一个点或 [圆弧（A）/闭合（C）/放弃（U）]; a//选择"圆弧（A）"选项

指定圆弧的端点或 [闭合（C）/方向（D）/直线（L）/第二个点（S）/放弃（U）]: 200

//沿 x 轴负方向输入长度指定圆弧的端点

指定下一个点或 [圆弧（A）/闭合（C）/放弃（U）]:

指定圆弧的端点或 [闭合（C）/方向（D）/直线（L）/第二个点（S）/放弃（U）]: c

//选择"闭合（C）"选项

结果如图 11-24 所示。

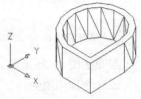

2. 命令选项

● 指定起点：指定实体轮廓的起点。

● 对象（O）：指定要转换为实体的对象。可以转换的对象包括直
线、圆弧、二维多段线和圆。

図 11-24　绘制多段体

● 高度（H）：指定实体的高度。默认高度设置为当前 PSOLHEIGHT
设置。指定的高度值将更新 PSOLHEIGHT 设置。

● 宽度（W）：指定实体的宽度。默认宽度设置为当前 PSOLWIDTH 设置。指定的宽度值将更
新 PSOLWIDTH 设置。

● 对正（J）：使用命令定义轮廓时，可以将实体的宽度和高度设置为左对正、右对正或居中。
对正方式由轮廓的第一条线段的起始方向决定。

● 指定下一个点：指定实体轮廓的下一点。

● 圆弧（A）：将圆弧添加到实体中。圆弧的默认起始方向与上次绘制的线段相切，可以使用
"方向"选项指定不同的起始方向。

● 闭合（C）：通过从指定的实体的上一点到起点创建直线或圆弧来闭合实体。必须至少指定
两个点才能使用该选项。

● 方向（D）：指定圆弧的起始方向。

● 直线（L）：退出"圆弧"选项并返回初始 POLYSOLID 命令提示。

● 第二个点（S）：指定 3 点圆弧的第二个点或端点。

● 放弃（U）：删除最后添加到实体的圆弧。

11.3.9　绘制螺旋线

1. 命令启动方法

● 功能区：单击【常用】选项卡【绘图】面板上的 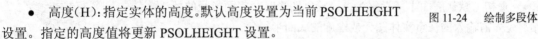 绘图 ▾ 按钮，在打开的下拉列表中
单击 ▤ 按钮。

● 命令：HELIX。

【案例 11-9】绘制螺旋线。

（1）单击【视图】选项卡【视图】面板上的 ◇ 按钮，在打开的下拉列表中单击 ◇ 东南等轴测 按
钮，设置为东南等轴测视点。

（2）单击【常用】选项卡【绘图】面板上的 绘图 ▾ 按钮，在打开的下拉列表中单击 ▤
按钮，AutoCAD 提示如下。

命令：_Helix

圈数 = 3.0000   扭曲=CCW

指定底面的中心点: //用鼠标左键在适当位置单击指定曲线底面的中心点

指定底面半径或 [直径（D）]<1.0000>: 10   //输入底面半径

指定顶面半径或 [直径（D）]<10.0000>:30   //输入顶面半径

指定螺旋高度或 [轴端点（A）/圈数（T）/圈高（H）/扭曲（W）]<1.0000>: t

//选择"圈数（T）"选项

输入圈数 <3.0000>: 10   //输入圈数

指定螺旋高度或 [轴端点（A）/圈数（T）/圈高（H）/扭曲（W）]<1.0000>: h

//选择"圈高（H）"选项

指定圈间距 <0.2500>: 3   //输入圈间距

结果如图 11-25 所示。

2. 命令选项说明

● 最初，默认底面半径设置为 1。绘制图形时，底面半径的默认值始终是先前输入的任意实体图元或螺旋的底面半径值。

● 顶面半径的默认值始终是底面半径的值。

● 底面半径和顶面半径不能都设置为 0。

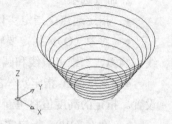

图 11-25 绘制螺旋线

11.4 利用拉伸、旋转创建实体

本节主要讲述利用拉伸、旋转创建实体的方法，并详细讲述创建过程中的一些注意事项。

11.4.1 网络课堂——引入案例

网络视频：通过拉伸平面图形功能创建实体模型。

11.4.2 利用拉伸创建实体

1. 命令启动方法

● 功能区：单击【常用】选项卡【建模】面板上的 ⬛ 按钮。

● 命令：EXTRUDE。

2. 命令选项说明

● 拉伸实体，就是通过增加选定对象厚度的方式来创建实体，可拉伸的对象包括闭合的多段线、多边形、圆、椭圆、闭合的样条曲线、圆环和面域，用户可以沿路径拉伸对象，也可以指定高度值和倾斜角来拉伸对象。

● 可拉伸的对象不能是包含在块中的对象、具有相交或自交线段的多段线或者非闭合多段线。

● "指定拉伸的倾斜角度<0>："的角度取值范围为-90°～90°，正值表示从基准对象逐渐变细，负值则表示从基准对象逐渐变粗地进行拉伸，而值为 0 时，则表示在与二维对象所在平面垂直的方向上进行拉伸。

● 拉伸路径可以是直线、圆、椭圆、圆弧、椭圆弧、多段线或样条曲线，路径既不能与轮廓共面，也不能有具有高曲率的区域。

● 拉伸实体开始于轮廓所在的平面，结束于路径端点处与路径垂直的平面，路径的一个端点应该在轮廓平面上，否则，AutoCAD 将移动路径到轮廓的中心。

● 如果路径是一条样条曲线，那么它在路径上的一个端点外应与轮廓所在的平面垂直，否则，AutoCAD 将旋转此轮廓以使其与样条曲线路径垂直。而如果样条曲线的一个端点在轮廓平面上，将会绕该点旋转剖面。

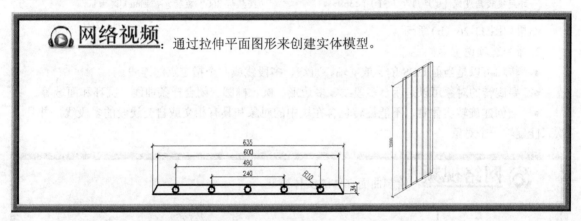

网络视频：通过拉伸平面图形来创建实体模型。

11.4.3 利用旋转创建实体

1. 命令启动方法

功能区：单击【常用】选项卡【建模】面板上的 按钮。

命令：REVOLVE。

【案例 11-10】利用图 11-26（a）所示的封闭二维对象创建一个旋转体。

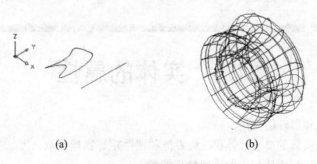

(a)　　　　　　　　(b)

图 11-26　创建旋转体

（1）打开素材文件"11-10.dwg"。

（2）单击【视图】选项卡【视图】面板上的 ◇ 按钮，在打开的下拉列表中单击 ◇ 东南等轴测 按钮，设置为东南等轴测视点。

（3）设置 ISOLINES=20。输入 ISOLINES，按 Enter 键确认后，AutoCAD 提示如下。

命令: ISOLINES

输入 ISOLINES 的新值 <4>: 20   //设置 ISOLINES=20

（4）单击【常用】选项卡【建模】面板上的 🛢 按钮，AutoCAD 提示如下。

命令: _revolve

当前线框密度: ISOLINES=20

选择要旋转的对象: 找到 1 个   //选择封闭的二维对象

选择要旋转的对象:

指定轴起点或根据以下选项之一定义轴 [对象（O）/X/Y/Z] <对象>:

        //指定旋转轴的起点

指定轴端点: //指定旋转轴的端点

定旋转角度或 [起点角度（ST）] <360>: //按默认 360° 旋转，按 Enter 键确认

结果如图 11-26（b）所示。

2. 命令选项说明

● 转轴可以是当前 UCS 的 x 或 y 轴、直线、多段线或两个指定点的连线。

● 要旋转的对象可以是闭合多段线、多边形、圆、椭圆、闭合样条曲线、圆环和面域等。

● 当创建旋转实体时，不能旋转包含在块中的对象和具有相交或自交线段的多段线，并且一次只能旋转一个对象。

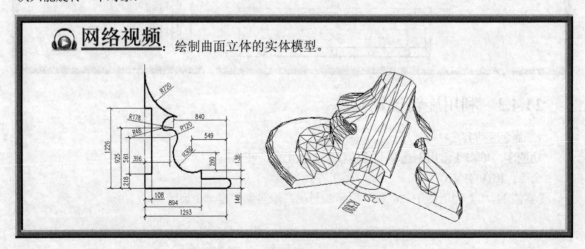

🎧 网络视频：绘制曲面立体的实体模型。

11.5 实体的属性

本节主要讲述实体属性的查询。

实体的属性包括实体的质量、体积、边界框和惯性矩等物理参数，当一个实体被创建之后，可以使用查询命令来得到与实体相关的这些物理参数。

11.5.1　网络课堂——引入案例

>
>
> ◉ **网络视频**: 练习查询实体的物理参数。

11.5.2　上机练习——练习查询实体的物理参数

【案例 11-11】查询实体的物理参数。

（1）打开素材文件"11-11.dwg"，如图 11-27 所示。

（2）在命令行中输入 MASSPROP 命令，AutoCAD 提示如下。

　　命令: massprop

　　选择对象: 找到 1 个　　　　　　　　　　　//按 Enter 键，结果如图 11-28 所示

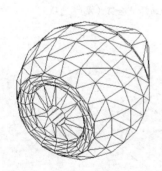

图 11-27　查询物理参数的实体　　　　　图 11-28　查询实体的物理参数文本窗口

同样，也可以对面域对象进行查询，得到相关面域的面积、周长、边界框、质心、惯性矩和惯性积等物理参数。

11.6　网格建模

本节主要讲述基本网格建模的创建方法。

11.6.1　创建网格长方体

AutoCAD 2010 加强了网格建模的功能，增加了【网格建模】选项卡，通过它可以轻松完成网格长方体、网格圆锥体、网格圆柱体、网格棱锥体、网格球体、网格楔体和网格圆环体等基本表面

图形的绘制，并可对它们进行镶嵌、编辑、转换、截面等操作。

命令启动方法如下。

- 功能区：单击【网格建模】选项卡【图元】面板上的 ⊞ 按钮。
- 命令：MESH（按 Enter 键后选择需要绘制的基本图元）。

【案例 11-12】在三维视图下绘制一网格长方体。

（1）单击【视图】选项卡【视图】面板上的 ◇ 按钮，在打开的下拉列表中单击 ◇ 西南等轴测 按钮，设置为西南等轴测视点。

（2）单击【网格建模】选项卡【图元】面板上的 ⊞ 按钮，AutoCAD 提示如下。

命令：_.MESH

当前平滑度设置为：0

输入选项 [长方体（B）/圆锥体（C）/圆柱体（CY）/棱锥体（P）/球体（S）/楔体（W）/圆环体（T）/设置（SE）]<长方体>：_BOX

指定第一个角点或 [中心（C）]：1300,300,0　　　//指定网格长方体的第一个角点

指定其他角点或 [立方体（C）/长度（L）]：L　　　//选择"长度（L）"选项

指定长度：500　　　//指定网格长方体的长度

指定宽度：300　　　//指定网格长方体的宽度

指定高度或 [两点（2P）]<0.0001>：200　　　//指定网格长方体的高度

命令：z　　　//缩放图形

ZOOM

指定窗口的角点，输入比例因子（nX 或 nXP），或者[全部（A）/中心（C）/动态（D）/范围（E）/上一个（P）/比例（S）/窗口（W）/对象（O）]<实时>：a　　　//选择"全部（A）"选项

正在重生成模型。

（3）执行 HIDE 命令，结果如图 11-29 所示。

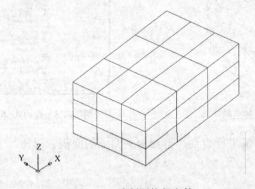

图 11-29　绘制网格长方体

11.6.2　创建网格圆锥体

1. 命令启动方法

- 功能区：单击【网格建模】选项卡【图元】面板上的 △ 按钮。
- 命令：MESH（按 Enter 键后选择需要绘制的基本图元）。

【案例 11-13】在三维视图下绘制一网格圆锥体。

（1）单击【视图】选项卡【视图】面板上的 ◇ 按钮，在打开的下拉列表中单击 ◇ 西南等轴测 按

钮，设置为西南等轴测视点。

（2）在命令行输入 MESH 命令，AutoCAD 提示如下。

　　命令：mesh

　　当前平滑度设置为：0

　　输入选项 [长方体（B）/圆锥体（C）/圆柱体（CY）/棱锥体（P）/球体（S）/楔体（W）/圆环体（T）/设

置（SE）]<圆锥体>：C　　　　　　　　　　　　　//选取"圆锥体（C）"选项

　　指定底面的中心点或 [三点（3P）/两点（2P）/切点、切点、半径（T）/椭圆（E）]：

　　　　　　　　　　　　　　　　　　　　　　//单击一点，指定网格圆锥体底面的中心点

　　指定底面半径或 [直径（D）]：250　　　　　//指定网格圆锥体的底面半径

　　指定高度或 [两点（2P）/轴端点（A）/顶面半径（T）]<-200.0000>：300

　　　　　　　　　　　　　　　　　　　　　//指定网格圆锥体的高度

缩放图形并执行 HIDE 命令，结果如图 11-30 所示。

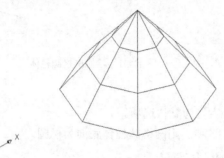

图 11-30　绘制网格圆锥体

2.命令选项说明

● 选取"椭圆（E）"选项，则网格圆锥体底面为椭圆。

● 选取"顶面半径（T）"选项，则可创建网格圆台。

11.6.3　创建网格圆柱体

1.命令启动方法

● 功能区：单击【网格建模】选项卡【图元】面板上的 [ ] 按钮。

● 命令：MESH（按 Enter 键后选择需要绘制的基本图元）。

【案例 11-14】在三维视图下绘制一网格圆柱体。

（1）单击【视图】选项卡【视图】面板上的 [ ] 按钮，在打开的下拉列表中单击 [西南等轴测] 按

钮，设置为西南等轴测视点。

（2）在命令行输入 MESH 命令，AutoCAD 提示如下。

　　命令：mesh

　　当前平滑度设置为：0

　　输入选项 [长方体（B）/圆锥体（C）/圆柱体（CY）/棱锥体（P）/球体（S）/楔体（W）/圆环体（T）/设

置（SE）]<圆柱体>：CY　　　　　　　　　　　//选取"圆柱体（CY）"选项

　　指定底面的中心点或 [三点（3P）/两点（2P）/切点、切点、半径（T）/椭圆（E）]：

　　　　　　　　　　　　　　　　　　　　　//单击一点指定底面的中心点

　　指定底面半径或 [直径（D）]<300.0000>：300　//指定底面半径

指定高度或 [两点（2P）/轴端点（A）] <424.6563>: a   //选取"轴端点（A）"选项

指定轴端点: 300   //利用向上极轴追踪输入长度指定轴端点

（3）缩放图形并执行 HIDE 命令，结果如图 11-31 所示。

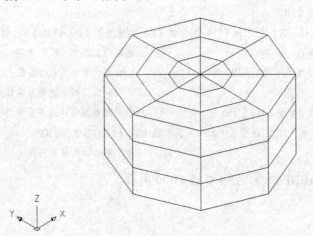

图 11-31   绘制网格圆柱体

2. 命令选项说明

- "指定底面的中心点"为默认选项。
- 选取"椭圆（E）"选项，则网格圆柱体底面为椭圆。

11.6.4   创建网格棱锥体

1. 命令启动方法

- 功能区：单击【网格建模】选项卡【图元】面板上的 △ 按钮。
- 命令：MESH（按 Enter 键后选择需要绘制的基本图元）。

【案例 11-15】在三维视图下绘制一网格棱锥体。

（1）单击【视图】选项卡【视图】面板上的 按钮，在打开的下拉列表中单击 西南等轴测 按钮，设置为西南等轴测视点。

（2）在命令行输入 MESH 命令，AutoCAD 提示如下。

命令: mesh

当前平滑度设置为: 0

输入选项 [长方体（B）/圆锥体（C）/圆柱体（CY）/棱锥体（P）/球体（S）/楔体（W）/圆环体（T）/设置（SE）] <圆柱体>: P   //选取"棱锥体（P）"选项

 4 个侧面 外切

指定底面的中心点或 [边（E）/侧面（S）]: s   //选取"侧面（S）"选项

输入侧面数 <4>: 5   //输入侧面数

指定底面的中心点或 [边（E）/侧面（S）]: e   //选取"边（E）"选项

指定边的第一个端点: //单击一点指定边的第一个端点

指定边的第二个端点: 220   //利用极轴追踪输入长度指定边的第二个端点

指定高度或 [两点（2P）/轴端点（A）/顶面半径（T）] <300.0000>: 360

    //利用向上极轴追踪输入长度指定高度

缩放图形并执行 HIDE 命令，结果如图 11-32 所示。

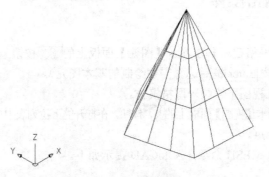

图 11-32　绘制网格棱锥体

2. 命令选项说明

● "指定底面的中心点"为默认选项。

● 选取"顶面半径（T）"选项，取其不为 0 时，可创建网格锥台。

11.6.5　创建网格球体

命令启动方法如下。

● 功能区：单击【网格建模】选项卡【图元】面板上的 ⊕ 按钮。

● 命令：MESH（按 Enter 键后选择需要绘制的基本图元）。

【案例 11-16】在三维视图下绘制一网格球体。

（1）单击【视图】选项卡【视图】面板上的 ◇ 按钮，在打开的下拉列表中单击 ◇ 西南等轴测 按钮，设置为西南等轴测视点。

（2）在命令行中输入 MESH 命令，AutoCAD 提示如下。

命令: mesh

当前平滑度设置为: 0

输入选项 [长方体（B）/圆锥体（C）/圆柱体（CY）/棱锥体（P）/球体（S）/楔体（W）/圆环体（T）/

设置（SE）] <棱锥体>: S　　　　　　　　　　　　　　　　　　//选取"球体（S）"选项

指定中心点或 [三点（3P）/两点（2P）/切点、切点、半径（T）]://单击一点指定中心点

指定半径或 [直径（D）] <300.0000>: 320　　　　　　　　//指定网格球体的半径

缩放图形并执行 HIDE 命令，结果如图 11-33 所示。

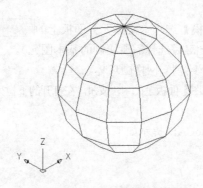

图 11-33　绘制网格球体

11.6.6 创建网格楔体

命令启动方法如下。

- 功能区：单击【网格建模】选项卡【图元】面板上的 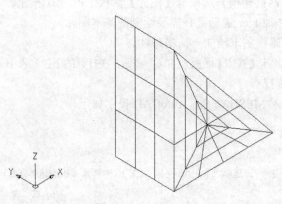 按钮。
- 命令：MESH（按 [Enter] 键后选择需要绘制的基本图元）。

【案例 11-17】在三维视图下绘制一网格楔体。

（1）单击【视图】选项卡【视图】面板上的 按钮，在打开的下拉列表中单击 西南等轴测 按钮，设置为西南等轴测视点。

（2）在命令行中输入 MESH 命令，AutoCAD 提示如下。

命令：mesh

当前平滑度设置为：0

输入选项 [长方体（B）/圆锥体（C）/圆柱体（CY）/棱锥体（P）/球体（S）/楔体（W）/圆环体（T）/设置（SE）]<圆锥体>：w　　　　　　　　　　//选取"楔体（W）"选项

指定第一个角点或 [中心（C）]：　　　　//单击一点指定网格楔体的第一个角点

指定其他角点或 [立方体（C）/长度（L）]：@500,300,600

　　　　　　　　　　　　　　　　　　//输入相对坐标指定网格楔体的其他角点

（3）缩放图形并执行 HIDE 命令，结果如图 11-34 所示。

图 11-34　绘制网格楔体

11.6.7 创建网格圆环体

命令启动方法如下。

- 功能区：单击【网格建模】选项卡【图元】面板上的 按钮。
- 命令：MESH（按 [Enter] 键后选择需要绘制的基本图元）。

【案例 11-18】在三维视图下绘制一网格圆环体。

（1）单击【视图】选项卡【视图】面板上的 按钮，在打开的下拉列表中单击 西南等轴测 按钮，设置为西南等轴测视点。

（2）执行 MESH 命令，AutoCAD 提示如下。

命令：mesh

当前平滑度设置为：0

输入选项 [长方体（B）/圆锥体（C）/圆柱体（CY）/棱锥体（P）/球体（S）/楔体（W）/圆环体（T）/设

置（SE）]<楔体>: T　　　　　　　　　　　//选取"圆环体（T）"选项

指定中心点或 [三点（3P）/两点（2P）/切点、切点、半径（T）]:

　　　　　　　　　　　　　　　　　　　　//单击一点指定中心点

指定半径或 [直径（D）]<300.0000>: 260　　//指定半径

指定圆管半径或 [两点（2P）/直径（D）]: 35　//指定圆管半径

（3）缩放图形并执行 HIDE 命令，结果如图 11-35 所示。

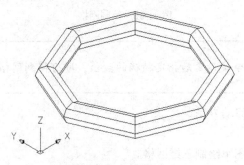

图 11-35　绘制网格圆环体

 只要根据提示输入相应的数值，即可得到相应的网格圆环体。

11.6.8　创建网格

利用 3DMESH 和 PFACE 命令可创建任意形状的三维多边形网格对象。

1. 创建网格的命令启动方法

● 命令：AI_MESH。

● 命令：3D（按 Enter 键后选择需要绘制的基本表面，该命令还可以创建长方体表面、圆锥体、下半球面、上半球面、棱锥体、球体、圆环体和楔体表面等三维多边形网格，方法同前面 MESH 命令）。

【案例 11-19】在三维视图下绘制一网格。

（1）单击【视图】选项卡【视图】面板上的 ◇ 按钮，在打开的下拉列表中单击 ◇ 西南等轴测 按钮，设置为西南等轴测视点。

（2）在命令行中输入 AI_MESH 命令，AutoCAD 提示如下。

命令: ai_mesh

正在初始化... 已加载三维对象。

指定网格的第一角点:　　　　　　　　　　//用鼠标单击适当位置，指定网格的第一角点

指定网格的第二角点:　　　　　　　　　　//用鼠标单击适当位置，指定网格的第二角点

指定网格的第三角点:　　　　　　　　　　//用鼠标单击适当位置，指定网格的第三角点

输入 M 方向上的网格数量: 15　　　　　　//输入 M 方向上的网格数量

输入 N 方向上的网格数量: 10　　　　　　//输入 N 方向上的网格数量，按 Enter 键确认

结果如图 11-36 所示。

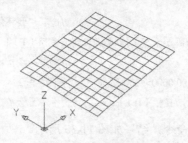

图 11-36　绘制网格

　也可在命令提示之后指定精确的数值，即可得到网格面。

2. 创建三维网格的命令启动方法

命令：3DMESH。

【案例 11-20】在三维视图下绘制三维网格。

（1）单击【视图】选项卡【视图】面板上的 按钮，在打开的下拉列表中单击 西南等轴测 按钮，设置为西南等轴测视点。

（2）执行 3DMESH 命令，AutoCAD 提示如下。

```
命令:3dmesh
输入 M 方向上的网格数量:3    //输入 M 方向上的网格数量
输入 N 方向上的网格数量:3    //输入 N 方向上的网格数量
指定顶点 （0,0） 的位置:     //单击适当位置 A，指定顶点（0,0）位置。也可根据实际需要输入具体数值，下同
指定顶点 （0,1） 的位置:
指定顶点 （0,2） 的位置:
指定顶点 （1,0） 的位置:
指定顶点 （1,1） 的位置:
指定顶点 （1,2） 的位置:
指定顶点 （2,2） 的位置:
指定顶点 （2,0） 的位置:
指定顶点 （2,1） 的位置:
```

结果如图 11-37 所示。

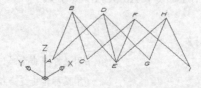

图 11-37　绘制三维网格

　AutoCAD 使用矩形阵列来定义多边形网格，其大小由 M 向和 N 向网格数决定，$M×N$ 所得即为顶点的数量。

11.7 绘制特殊网格

除了前面所介绍的几种常规曲面以外，系统还提供了几种特殊的曲面，如旋转网格、平移网格等。

11.7.1 网络课堂——引入案例

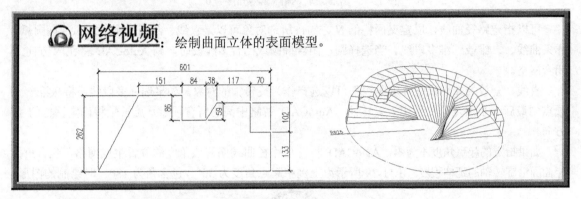

网络视频：绘制曲面立体的表面模型。

11.7.2 绘制旋转网格

旋转网格是通过将路径曲线或轮廓（直线、圆、圆弧、椭圆、椭圆弧、闭合多段线、多边形、闭合样条曲线或圆环）绕指定的轴，以旋转创建一个近似于旋转曲面的多边形网格。

命令启动方法如下。

- 功能区：单击【网格建模】选项卡【图元】面板上的 🐧 按钮。
- 命令：REVSURF。

【案例 11-21】将如图 11-38（a）所示的样条曲线绕线段旋转 360°得到其旋转曲面，设置 SURFTAB1=30，SURFTAB2=30。

（1）打开素材文件"11-21.dwg"。

（2）设置 SURFTAB1=30，SURFTAB2=30。

```
命令: SURFTAB1
输入 SURFTAB1 的新值 <6>: 30          //设置 SURFTAB1=30
命令: SURFTAB2
输入 SURFTAB2 的新值 <6>: 30          //设置 SURFTAB2=30
```

（3）单击【网格建模】选项卡【图元】面板上的 🐧 按钮，AutoCAD 提示如下。

```
命令: _revsurf
当前线框密度: SURFTAB1=30   SURFTAB2=30
选择要旋转的对象:                    //选择要旋转的样条曲线
选择定义旋转轴的对象:                 //选择旋转轴
指定起点角度 <0>:                   //按 Enter 键确认，按默认值设定
指定包含角 （+=逆时针，–=顺时针） <360>:   //按 Enter 键确认，按默认值设定
```

结果如图 11-38（b）所示。

(a)   (b)

图 11-38　绘制旋转网格（起点角度为 0°）

　　可以指定路径曲线，以定义网格的 N 方向，所选对象可以是直线、圆或椭圆、圆弧或椭圆弧、样条曲线、二维或三维多段线。当选择圆、闭合椭圆或闭合多线段时，则 AutoCAD 将在 N 方向上闭合网格。

　　直线、开放的二维或三维多段线都可以选择作为旋转轴的对象。如果选择多段线，将从第一个顶点到最后一个顶点的矢量作为旋转轴。AutoCAD 忽略中间的所有顶点，旋转轴将确定网格的 M 方向。

　　如果指定的起点角度不为零，AutoCAD 将在与路径曲线偏移该角度的位置生成网格，包含角指定曲面沿旋转轴的延伸程度。图 11-39 所示为上例中起点角度为 30°，包含角为 180° 时绘制的图形。

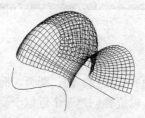

图 11-39　绘制旋转网格（起点角度为 30°，包含角为 180°）

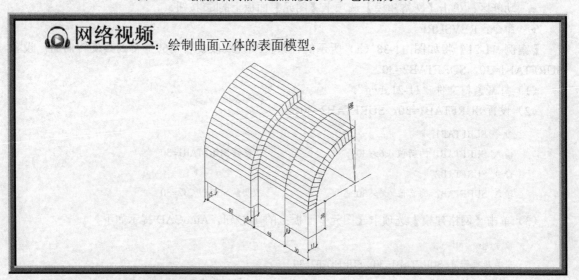

　　网络视频：绘制曲面立体的表面模型。

11.7.3　绘制平移网格

　　平移网格表示通过指定的方向和距离（称为方向矢量）拉伸直线或曲线（称为路径曲线）定义的常规平移曲面。

命令启动方法如下。

- 功能区：单击【网格建模】选项卡【图元】面板上的⬓按钮。
- 命令：TABSURF。

【案例 11-22】将图 11-40(a)所示的样条曲线沿直线方向平移得到其平移曲面,设置 SURFTAB1=60。

（1）打开素材文件"11-22.dwg"。

（2）设置 SURFTAB1=60。

　　命令: SURFTAB1

　　输入 SURFTAB1 的新值 <6>: 60　　　　　　　　//设置 SURFTAB1=60

（3）单击【网格建模】选项卡【图元】面板上的⬓按钮,AutoCAD 提示如下。

　　命令: _tabsurf

　　当前线框密度: SURFTAB1=60

　　选择用作轮廓曲线的对象:　　　　　　　　//选择用作轮廓曲线的样条曲线

　　选择用作方向矢量的对象:　　　　　　　　//选择用作方向矢量的直线

结果如图 11-40（b）所示。

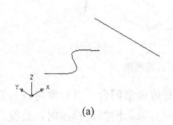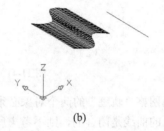

(a)　　　　　　　　　　　　　　(b)

图 11-40　绘制平移网格

　　可以根据需要选择用作路径和方向矢量的对象,作为路径曲线的对象可以是直线、圆弧、圆、样条曲线、二维或三维多段线等对象,作为方向矢量的对象可以是直线或非闭合的二维或三维多段线。

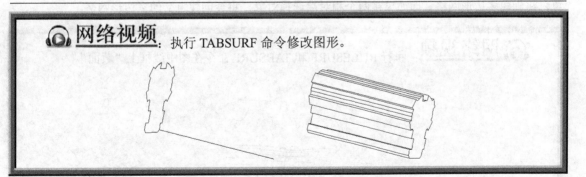

▶网络视频: 执行 TABSURF 命令修改图形。

11.7.4　绘制直纹网格

直纹网格是在两条直线或曲线之间创建一个表示直纹曲面的多边形网格。

命令启动方法如下。

- 功能区：单击【网格建模】选项卡【图元】面板上的⬓按钮。

● 命令：RULESURF。

【案例 11-23】将图 11-41（a）所示的两条曲线构成直纹曲面，设置 SURFTAB1=40。

（1）打开素材文件"11-23.dwg"。

（2）设置 SURFTAB1=40。

命令: SURFTAB1

输入 SURFTAB1 的新值 <6>: 40   //设置 SURFTAB1=40

（3）单击【网格建模】选项卡【图元】面板上的 按钮， AutoCAD 提示如下。

命令: _rulesurf

当前线框密度: SURFTAB1=40

选择第一条定义曲线: //选择第一条定义曲线

选择第二条定义曲线: //选择第二条定义曲线

结果如图 11-41（b）所示。

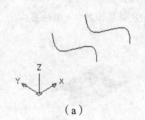 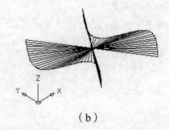

（a）   （b）

图 11-41　绘制直纹网格

作为直纹曲面网格"轨迹"的两个对象必须都开放或都闭合，点对象可以与开放或闭合对象成对使用。如果所选的曲线是闭合的，则不考虑所选的对象。例如选择圆时，直纹曲面将从圆的零度角位置开始绘制。当选择闭合的多段线时，将从该多段线的最后一个顶点开始并反向沿着多段线的线段进行绘制。

在圆和闭合多段线之间创建直纹曲面可能会造成乱纹，这时如果将一个闭合半圆多段线替换为圆，效果会好一些。

当选择非闭合的曲线时，直纹曲面总是从曲线上离拾取点近的一点绘制。如果在同一端选择对象，将创建多边形网格。而如果在两个相对端选择对象，将会创建自交的多边形网格。

网络视频: 执行 RULESURF 和 TABSURF 命令在图中线框上"蒙面"。

11.7.5　绘制边界网格

边界网格也就是边界定义的网格，实际上是一个多边形网格，此多边形网格近似于一个由 4 条邻接边定义的孔斯曲面片网格。孔斯曲面片网格是一个在 4 条邻接边（这些边可以是普通的空间曲线）之间插入的双三次曲面。

命令启动方法如下。

- 功能区：单击【网格建模】选项卡【图元】面板上的按钮。
- 命令：EDGESURF。

用于创建边界曲面的各对象，它们可以是直线、圆弧或椭圆弧、样条曲线、二维或三维多段线等，并且必须形成闭合环或共享端点。

可按任意次序选择 4 条边界，第一个选择的对象方向将成为多边形网格的 *M* 方向，而它邻边方向为网格的 *N* 方向。

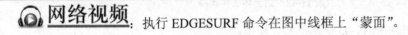

网络视频：执行 EDGESURF 命令在图中线框上"蒙面"。

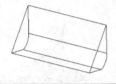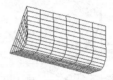

11.7.6 表面建模的一般方法

一般来讲，表面建模的基本步骤如下。

（1）分析对象的组成。

（2）对各部分创建对象的三维线框模型。

（3）在线框模型骨架上进行蒙面处理。

鉴于表面模型近来应用越来越少，这里只给出相应的网络视频。

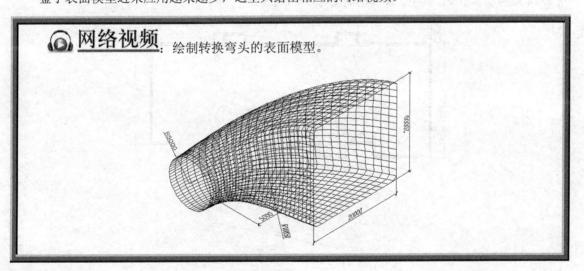

网络视频：绘制转换弯头的表面模型。

习题

1. 绘制如图 11-42 所示组合体的实体模型。

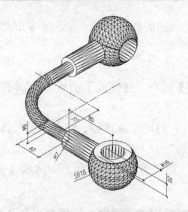

图 11-42　组合体实体模型

2. 根据二维视图绘制如图 11-43 所示的实体模型。

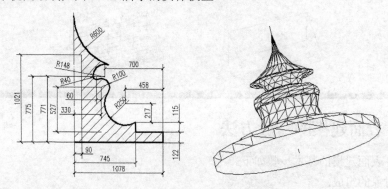

图 11-43　由二维视图绘制实体模型

3. 根据图 11-44 所示的建筑平面轮廓图，利用多段体命令绘制如图 11-45 所示的某住宅楼第 2 至第 14 层的墙体模型，其中，墙体的高度为 3000mm。

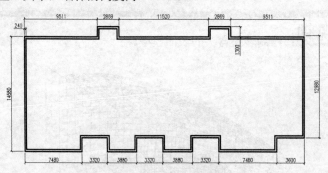

图 11-44　建筑平面轮廓图

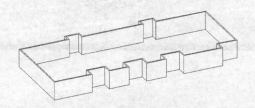

图 11-45　墙体模型

第 12 章

编辑三维模型

【学习目标】

- 编辑实体边、实体面。
- 掌握压印、分割、抽壳及检查等实体编辑方法。
- 掌握三维实体造型的一般方法。
- 熟悉对象的三维操作。
- 掌握剖切实体与加厚的操作方法。
- 掌握布尔操作方法。
- 综合使用绘图中的各种操作。

通过本章的学习，读者可以掌握三维造型编辑的各种方法，并能够灵活运用相应的命令。

12.1 实体边编辑

本节主要内容包括复制边和着色边。

AutoCAD 提供了丰富的实体编辑命令，大致可以分为 4 类。

- 布尔操作：包括并集、差集和交集 3 种运算。
- 编辑实体的边：包括提取边、压印、着色边和复制边。
- 编辑实体的面：包括拉伸面、移动面、旋转面、倾斜面、复制面、偏移面、删除面和着色面（改变表面的颜色）等。
- 体编辑命令：包括压印、分割、抽壳和检查实体等。

12.1.1   网络课堂——引入案例

网络视频: 提取三维图形中的边 AB。

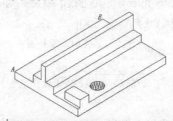

12.1.2　复制边

复制边命令用于把实体的棱边复制成直线、圆、圆弧或样条线等，其操作过程与常用的复制命令类似。

命令启动方法

- 功能区：单击【常用】选项卡【实体编辑】面板上的 复制边 按钮。
- 命令：SOILDEDIT（按 Enter 键后选择"边(E)"选项，按 Enter 键后选择"复制(C)"选项）。

12.1.3　着色边

着色边命令用于改变边的颜色。

命令启动方法如下。

- 功能区：单击【常用】选项卡【实体编辑】面板上的 着色边 按钮。

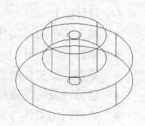

- 命令：SOILDEDIT（按 Enter 键后选择"边(E)"选项，按 Enter 键后选择"着色(L)"选项）。

【案例 12-1】使用复制边和着色边命令修改零件。

（1）打开素材文件"12-1.dwg"，如图 12-1 所示。

（2）单击【常用】选项卡【实体编辑】面板上的 复制边 按钮，AutoCAD 提示如下。

图 12-1　复制边、着色边源图

```
命令: _solidedit
实体编辑自动检查: SOLIDCHECK=1
输入实体编辑选项 [面(F)/边(E)/体(B)/放弃(U)/退出(X)] <退出>: _edge
输入边编辑选项 [复制(C)/着色(L)/放弃(U)/退出(X)] <退出>: _copy
选择边或 [放弃(U)/删除(R)]:          //选择该零件的顶面内圆边
选择边或 [放弃(U)/删除(R)]:          //按 Enter 键结束选择
指定基点或位移:                      //捕捉顶面圆心
指定位移的第二点:                    //在图中任一适当位置单击鼠标左键指定第二点
输入边编辑选项 [复制(C)/着色(L)/放弃(U)/退出(X)] <退出>: //按 Enter 键退出
实体编辑自动检查: SOLIDCHECK=1
输入实体编辑选项 [面(F)/边(E)/体(B)/放弃(U)/退出(X)] <退出>: //按 Enter 键退出
```

（3）单击【常用】选项卡【实体编辑】面板上的 着色边 按钮，AutoCAD 提示如下。

```
命令: _solidedit
实体编辑自动检查: SOLIDCHECK=1
输入实体编辑选项 [面(F)/边(E)/体(B)/放弃(U)/退出(X)] <退出>: _edge
输入边编辑选项 [复制(C)/着色(L)/放弃(U)/退出(X)] <退出>: _color
选择边或 [放弃(U)/删除(R)]:          //选择该零件的顶面外圆边
选择边或 [放弃(U)/删除(R)]:
                                    //按 Enter 键打开【选择颜色】对话框，选择【红】色，如图 12-2 所示，
单击 确定 按钮
输入边编辑选项 [复制(C)/着色(L)/放弃(U)/退出(X)] <退出>: X //按 Enter 键退出
```

实体编辑自动检查：SOLIDCHECK=1

输入实体编辑选项[面(F)/边(E)/体(B)/放弃(U)/退出(X)]<退出>: X//按 Enter 键退出

结果如图 12-3 所示。

图 12-2　【选择颜色】对话框

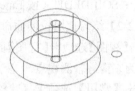

图 12-3　复制、着色后零件的顶面边

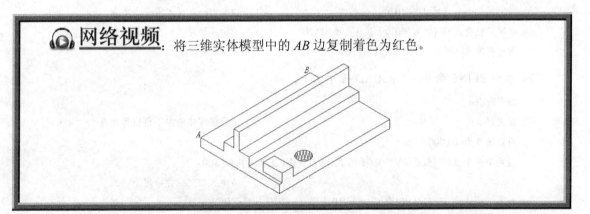

将三维实体模型中的 *AB* 边复制着色为红色。

12.2　实体面编辑

本节主要内容包括拉伸面、移动面、偏移面、删除面、旋转面、倾斜面、复制面和着色面（改变表面的颜色）等实体面编辑命令。

12.2.1　网络课堂——引入案例

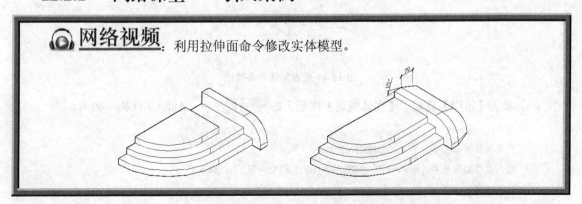

：利用拉伸面命令修改实体模型。

12.2.2 拉伸面

拉伸面命令用于拉伸实体的表面，有两种拉伸方法，一种是沿着表面的法线拉伸指定的距离，此种方法还可以指定拉伸倾斜的角度。另一种是沿着某一指定的拉伸路径进行拉伸，拉伸路径可以是直线、圆弧、多段线和样条曲线等。

命令启动方法如下。

- 功能区：单击【常用】选项卡【实体编辑】面板上的 拉伸面 按钮。
- 命令：SOILDEDIT（按 Enter 键后选择"面(F)"选项，按 Enter 键后选择"拉伸(E)"选项）。

【案例 12-2】练习使用拉伸面命令。

（1）单击【视图】选项卡【视图】面板上的 ◇ 按钮，在打开的下拉列表中单击 ◇ 东南等轴测 按钮，设置为东南等轴测视点。

（2）单击【常用】选项卡【建模】面板上的 按钮，AutoCAD 提示如下。

```
命令: _wedge
指定第一个角点或 [中心(C)]:                    //单击一点指定第一个角点
指定其他角点或 [立方体(C)/长度(L)]: @100,200   //输入相对坐标指定其他角点
指定高度或 [两点(2P)] <-33.8117>: 60           //指定高度
```

（3）执行 PLINE 命令，AutoCAD 提示如下。

```
命令: pline
指定起点:                                      //捕捉楔体的左下角作为起点
当前线宽为 0.0000
指定下一个点或 [圆弧(A)/半宽(H)/长度(L)/放弃(U)/宽度(W)]: @-100,-50
                                               //输入相对坐标指定下一点
指定下一点或 [圆弧(A)/闭合(C)/半宽(H)/长度(L)/放弃(U)/宽度(W)]: a
                                               //选择"圆弧(A)"选项
指定圆弧的端点或[角度(A)/圆心(CE)/闭合(CL)/方向(D)/半宽(H)/直线(L)/半径(R)/第二个点(S)/放弃(U)/宽度(W)]: 150
                                               //指定圆弧的端点
指定圆弧的端点或[角度(A)/圆心(CE)/闭合(CL)/方向(D)/半宽(H)/直线(L)/半径(R)/第二个点(S)/放弃(U)/宽度(W)]:
                                               //按 Enter 键结束命令
```

结果如图 12-4 所示。

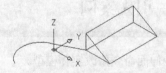

图 12-4　绘制楔体和多线段

（4）单击【常用】选项卡【实体编辑】面板上的 拉伸面 按钮，AutoCAD 提示如下。

```
命令: _solidedit
实体编辑自动检查:  SOLIDCHECK=1
输入实体编辑选项 [面(F)/边(E)/体(B)/放弃(U)/退出(X)] <退出>: _face
输入面编辑选项
```

[拉伸(E)/移动(M)/旋转(R)/偏移(O)/倾斜(T)/删除(D)/复制(C)/颜色(L)/材质(A)/放弃(U)/退出(X)] <退出>: _extrude

选择面或 [放弃(U)/删除(R)]: 找到一个面。　　　　　　//选择要拉伸的面，如图 12-5 所示

选择面或 [放弃(U)/删除(R)/全部(ALL)]:　　　　　　//按 Enter 键结束选择

指定拉伸高度或 [路径(P)]: p　　　　　　　　　//选择"路径(P)"选项

选择拉伸路径:　　　　　　　　　　　//选择绘制的多段线作为拉伸路径

已开始实体校验。

已完成实体校验。

输入面编辑选项[拉伸(E)/移动(M)/旋转(R)/偏移(O)/倾斜(T)/删除(D)/复制(C)/颜色(L)/材质(A)/放弃(U)/退出(X)]

<退出>:　　　　　　　　　　　//按 Enter 键退出命令

实体编辑自动检查：　SOLIDCHECK=1

输入实体编辑选项 [面(F)/边(E)/体(B)/放弃(U)/退出(X)] <退出>:

　　　　　　　　　　　//按 Enter 键退出命令

结果如图 12-5 所示。

选择要拉伸的面后，拉伸方式有两个选项，说明如下。

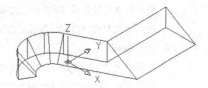

图 12-5　沿路径拉伸面

● 拉伸高度：输入拉伸距离和锥度角来拉伸面。对于每个面规定其外法线为拉伸正方向，输入的拉伸距离为正时，面沿外法线方向移动；否则，沿内法线方向移动。锥度角为正时，向实体内部拉伸；否则，向实体外部拉伸。用户要根据拉伸面适当选择拉伸高度和锥度角，否则，可能在拉伸面到达拉伸高度之前就已经收缩成一点而导致拉伸失败。

● 路径(P)：沿指定的路径拉伸实体表面。拉伸路径可以是直线、圆、圆弧、椭圆、椭圆弧、多段线或样条曲线。拉伸路径不能与面处于同一平面，也不能有具有高曲率的部分。被拉伸的面从初始位置开始被拉伸，然后在路径端点结束，在终点位置拉伸面与拉伸路径垂直。拉伸路径的一个端点应在被拉伸平面上，如果不在，AutoCAD 将把路径移动到剖面的中心。

　　在选择拉伸面时，如果选择了不需要拉伸的面，可以按 Shift 键，然后单击多选的面将多选的面去掉。

　　表面沿路径拉伸时，情况比较复杂，特别是当拉伸路径为曲线时，如果曲率太大，常常导致拉伸失效。另外，不同性质的拉伸路径使面的拉伸有不同的特点，感兴趣的读者可以通过多加练习或者查阅相关资料了解这些情况。

🎧 网络视频：利用拉伸面命令修改实体模型。

12.2.3 移动面

移动面命令用于修改实体的尺寸或者改变某些特征（如孔、槽的位置等），也可以实现部分拉伸面的功能。

命令启动方法如下。

● 功能区：单击【常用】选项卡【实体编辑】面板上的 ⌂移动面 按钮。

● 命令：SOILDEDIT（按 Enter 键后选择"面(F)"选项，按 Enter 键后选择"移动(M)"选项）。

【案例 12-3】练习使用移动面命令。

（1）打开素材文件"12-3.dwg"，如图 12-6（a）所示。

（2）单击【常用】选项卡【实体编辑】面板上的 ⌂移动面 按钮，AutoCAD 提示如下。

```
命令: _solidedit
实体编辑自动检查:  SOLIDCHECK=1
输入实体编辑选项 [面(F)/边(E)/体(B)/放弃(U)/退出(X)] <退出>: _face
输入面编辑选项[拉伸(E)/移动(M)/旋转(R)/偏移(O)/倾斜(T)/删除(D)/复制(C)/颜色(L)/材质(A)/放弃(U)/退出(X)]
<退出>: _move
    选择面或 [放弃(U)/删除(R)]: 找到一个面。          //选择要移动的面 F
    选择面或 [放弃(U)/删除(R)/全部(ALL)]:              //按 Enter 键结束选择
    指定基点或位移: <对象捕捉开>                        //打开对象捕捉，捕捉 B 点
    指定位移的第二点:                                  //捕捉 BC 中点 D
    已开始实体校验。
    已完成实体校验。
    输入面编辑选项[拉伸(E)/移动(M)/旋转(R)/偏移(O)/倾斜(T)/删除(D)/复制(C)/颜色(L)/材质(A)/放弃(U)/退出(X)]
<退出>: m                                              //选择"移动(M)"选项
    选择面或 [放弃(U)/删除(R)]: 找到一个面。          //选择要移动的面 A
    选择面或 [放弃(U)/删除(R)/全部(ALL)]:              //按 Enter 键结束选择
    指定基点或位移:                                    //捕捉圆心
    指定位移的第二点: @–5,0                            //输入相对坐标指定第二点
    已开始实体校验。
    已完成实体校验。
    输入面编辑选项[拉伸(E)/移动(M)/旋转(R)/偏移(O)/倾斜(T)/删除(D)/复制(C)/颜色(L)/材质(A)/放弃(U)/退出(X)]
<退出>: m                                              //选择"移动(M)"选项
    选择面或 [放弃(U)/删除(R)]: 找到 2 个面。         //选择要移动的面 E
    选择面或 [放弃(U)/删除(R)/全部(ALL)]:
    指定基点或位移:                                    //捕捉 G 点
    指定位移的第二点:                                  //捕捉 GH 中点 M
    已开始实体校验。
    已完成实体校验。
    输入面编辑选项[拉伸(E)/移动(M)/旋转(R)/偏移(O)/倾斜(T)/删除(D)/复制(C)/颜色(L)/材质(A)/放弃(U)/退出(X)]
<退出>: X                                              //按 Enter 键退出命令
实体编辑自动检查:  SOLIDCHECK=1
输入实体编辑选项 [面(F)/边(E)/体(B)/放弃(U)/退出(X)] <退出>: X
                                                      //按 Enter 键退出命令
```

结果如图 12-6（b）所示。

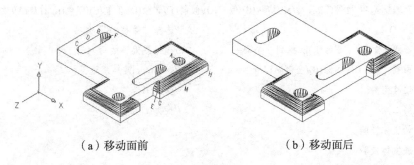

　　（a）移动面前　　　　　　　　　（b）移动面后

图 12-6　移动面

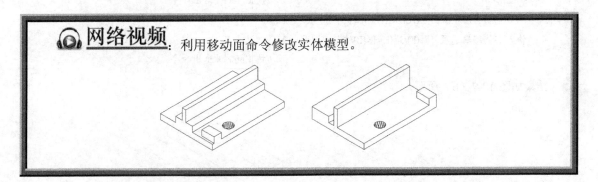

网络视频：利用移动面命令修改实体模型。

12.2.4　偏移面

偏移面命令可以改变实体以及孔、槽等特征的大小。

进行偏移操作时，选择要偏移的面后，AutoCAD 将提示指定偏移距离。用户可以通过常用的拾取两点方式来指定偏移距离，AutoCAD 将沿表面的法线正方向移动面。用户也可以直接输入距离值，正值将沿表面正方向偏移，负值将沿反方向偏移。

命令启动方法如下。

● 功能区：单击【常用】选项卡【实体编辑】面板上的 🔲偏移面 按钮。

● 命令：SOILDEDIT（按 Enter 键后选择"面(F)"选项，按 Enter 键后选择"偏移(O)"选项）。

【案例 12-4】练习使用偏移面命令。

（1）打开素材文件"12-4.dwg"，如图 12-7（a）所示。

（2）单击【常用】选项卡【实体编辑】面板上的 🔲偏移面 按钮，AutoCAD 提示如下。

　　命令：_solidedit

　　实体编辑自动检查：　SOLIDCHECK=1

　　输入实体编辑选项 [面(F)/边(E)/体(B)/放弃(U)/退出(X)] <退出>: _face

　　输入面编辑选项[拉伸(E)/移动(M)/旋转(R)/偏移(O)/倾斜(T)/删除(D)/复制(C)/颜色(L)/材质(A)/放弃(U)/退出(X)]

　　<退出>: _offset

　　选择面或 [放弃(U)/删除(R)]: 找到一个面。　　　　//选择要偏移的面 B

　　选择面或 [放弃(U)/删除(R)/全部(ALL)]:　　　　　//按 Enter 键结束选择

　　指定偏移距离: 5　　　　　　　　　　　　　　　//输入偏移距离

　　已开始实体校验。

已完成实体校验。

输入面编辑选项[拉伸(E)/移动(M)/旋转(R)/偏移(O)/倾斜(T)/删除(D)/复制(C)/颜色(L)/材质(A)/放弃(U)/退出(X)]

<退出>: O   //选择"偏移(O)"选项

选择面或 [放弃(U)/删除(R)]: 找到一个面。   //选择要偏移的面 A

选择面或 [放弃(U)/删除(R)/全部(ALL)]:   //按 Enter 键结束选择

指定偏移距离: //捕捉 C 点

指定第二点: //捕捉 D 点

已开始实体校验。

已完成实体校验。

输入面编辑选项[拉伸(E)/移动(M)/旋转(R)/偏移(O)/倾斜(T)/删除(D)/复制(C)/颜色(L)/材质(A)/放弃(U)/退出(X)]

<退出>: X   //按 Enter 键退出命令

实体编辑自动检查： SOLIDCHECK=1

输入实体编辑选项 [面(F)/边(E)/体(B)/放弃(U)/退出(X)] <退出>: X

                                       //按 Enter 键退出命令

结果如图 12-7（b）所示。

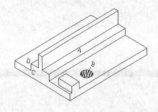 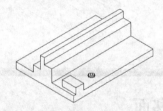

（a）偏移面前   （b）偏移面后

图 12-7 偏移面

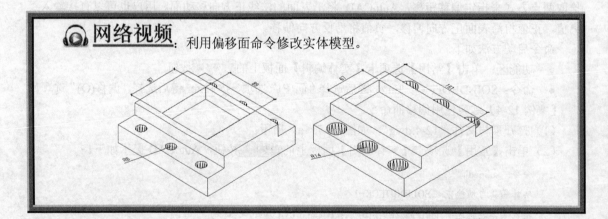

🔊 **网络视频**：利用偏移面命令修改实体模型。

12.2.5 删除面

删除面命令用于删除实体的表面。

命令启动方法如下。

- 功能区：单击【常用】选项卡【实体编辑】面板上的 ✖ 删除面 按钮。
- 命令：SOILDEDIT（按 Enter 键后选择"面(F)"选项，按 Enter 键后选择"删除(D)"选项）。

【案例 12-5】练习使用删除面命令。

（1）打开素材文件"12-5.dwg"，如图 12-8（a）所示。

（2）单击【常用】选项卡【实体编辑】面板上的 ╳ᵈ删除面 按钮，AutoCAD 提示如下。

命令: _solidedit

实体编辑自动检查: SOLIDCHECK=1

输入实体编辑选项 [面(F)/边(E)/体(B)/放弃(U)/退出(X)] <退出>: _face

输入面编辑选项[拉伸(E)/移动(M)/旋转(R)/偏移(O)/倾斜(T)/删除(D)/复制(C)/颜色(L)/材质(A)/放弃(U)/退出(X)]

<退出>: _delete

选择面或 [放弃(U)/删除(R)]: 找到一个面。　　　　　　//选择要删除的面 A

选择面或 [放弃(U)/删除(R)/全部(ALL)]: 找到一个面。　　//选择要删除的面 B

选择面或 [放弃(U)/删除(R)/全部(ALL)]: 找到 2 个面。　　//选择要删除的面 C、F

选择面或 [放弃(U)/删除(R)/全部(ALL)]: 找到 2 个面。　　//选择与 C、F 相对的面

选择面或 [放弃(U)/删除(R)/全部(ALL)]: 找到一个面。　　//选择要删除的面 D

选择面或 [放弃(U)/删除(R)/全部(ALL)]:　　　　　　　//按 Enter 键结束选择

已开始实体校验。

已完成实体校验。

输入面编辑选项

[拉伸(E)/移动(M)/旋转(R)/偏移(O)/倾斜(T)/删除(D)/复制(C)/颜色(L)/材质(A)/放弃(U)/退出(X)] <退出>: X

　　　　　　　　　　　　　　　　　　　　　　　　　　//按 Enter 键退出命令

实体编辑自动检查: SOLIDCHECK=1

输入实体编辑选项 [面(F)/边(E)/体(B)/放弃(U)/退出(X)] <退出>: X　　//按 Enter 键退出命令

结果如图 12-8（b）所示。

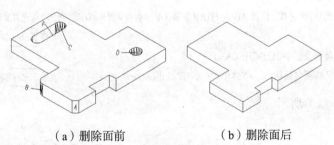

（a）删除面前　　　　　　　　（b）删除面后

图 12-8　删除面

 　　并不是实体的任意表面都可以删除，该命令常用于删除倒角、圆角和实体内部的面（如上例），倒角面、圆角面和内表面都可以删除，而图中其他表面不可删除。

🎧 网络视频：利用删除面命令修改实体模型。

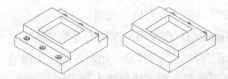

12.2.6　旋转面

旋转面命令用于改变表面的倾斜角度或将一些结构特征（如孔、槽等）旋转到新的方位。
命令启动方法如下。

- 功能区：单击【常用】选项卡【实体编辑】面板上的 [旋转面] 按钮。
- 命令：SOILDEDIT（按 Enter 键后选择"面(F)"选项，按 Enter 键后选择"旋转(R)"选项）。

【案例 12-6】练习使用旋转面命令。

（1）打开素材文件"12-6.dwg"，如图 12-9（a）所示。

（2）单击【常用】选项卡【实体编辑】面板上的 [旋转面] 按钮，AutoCAD 提示如下。

　　命令：_solidedit
　　实体编辑自动检查：SOLIDCHECK=1
　　输入实体编辑选项 [面(F)/边(E)/体(B)/放弃(U)/退出(X)] <退出>：_face
　　输入面编辑选项[拉伸(E)/移动(M)/旋转(R)/偏移(O)/倾斜(T)/删除(D)/复制(C)/颜色(L)/材质(A)/放弃(U)/退出(X)]
　　<退出>：_rotate
　　选择面或 [放弃(U)/删除(R)]：找到一个面。　　　　　　　//选择要旋转的面 A
　　选择面或 [放弃(U)/删除(R)/全部(ALL)]：　　　　　　　//按 Enter 键结束选择
　　指定轴点或 [经过对象的轴(A)/视图(V)/X 轴(X)/Y 轴(Y)/Z 轴(Z)] <两点>：
　　　　　　　　　　　　　　　　　　　　　　　　　　　//捕捉顶圆圆心
　　在旋转轴上指定第二个点：　　　　　　　　　　　　　//捕捉底圆圆心
　　指定旋转角度或 [参照(R)]：90　　　　　　　　　　//输入旋转角度
　　已开始实体校验。
　　已完成实体校验。
　　输入面编辑选项[拉伸(E)/移动(M)/旋转(R)/偏移(O)/倾斜(T)/删除(D)/复制(C)/颜色(L)/材质(A)/放弃(U)/退出(X)]
　　<退出>：X　　　　　　　　　　　　　　　　　//按 Enter 键退出命令
　　实体编辑自动检查：SOLIDCHECK=1
　　输入实体编辑选项 [面(F)/边(E)/体(B)/放弃(U)/退出(X)] <退出>：　//按 Enter 键退出命令

结果如图 12-9（b）所示。

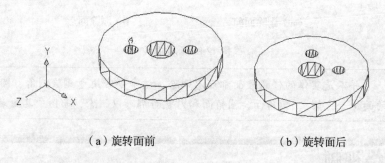

（a）旋转面前　　　　　　　　　（b）旋转面后

图 12-9　旋转面

在选择要旋转的面后，旋转轴的选择有以下选项。

- 经过对象的轴(A)：AutoCAD 根据用户选择的对象来确定旋转轴。如果用户选择线段，则
以该线段作为旋转轴，旋转的正方向是从选择点开始沿着线段指向另一端。如果用户选择圆或圆弧，
则以通过圆心并垂直于圆或圆弧所在平面的线段作为旋转轴。

- 视图(V)：旋转轴垂直于当前视图，并通过用户的拾取点。
- X 轴(X)：旋转轴平行于 x 轴，并通过用户的拾取点。
- Y 轴(Y)：旋转轴平行于 y 轴，并通过用户的拾取点。
- Z 轴(Z)：旋转轴平行于 z 轴，并通过用户的拾取点。

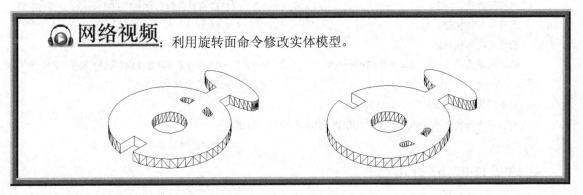

网络视频：利用旋转面命令修改实体模型。

12.2.7　倾斜面

倾斜面命令用于使实体的表面产生锥度，如果选择实体的某一平面进行倾斜操作，则将使该平面沿指定的矢量方向倾斜指定的角度。如果用户选择圆柱面进行倾斜操作，则圆柱面将变为圆锥面。

进行倾斜操作时，倾斜方向由倾斜角度的正负及指定矢量的基点共同决定。如果输入正的角度值，则已定义的矢量绕基点向实体内部倾斜；否则，向实体外部倾斜。被编辑表面的倾斜方式与指定矢量的倾斜方式相同。

命令启动方法如下。

- 功能区：单击【常用】选项卡【实体编辑】面板上的 倾斜面 按钮。
- 命令：SOILDEDIT（按 Enter 键后选择"面(F)"选项，按 Enter 键后选择"倾斜(T)"选项）。

【案例 12-7】练习使用倾斜面命令。

（1）打开素材文件"12-7.dwg"，如图 12-10（a）所示。

（2）单击【常用】选项卡【实体编辑】面板上的 倾斜面 按钮，AutoCAD 提示如下。

　　命令: _solidedit

　　实体编辑自动检查: SOLIDCHECK=1

　　输入实体编辑选项 [面(F)/边(E)/体(B)/放弃(U)/退出(X)] <退出>: _face

　　输入面编辑选项[拉伸(E)/移动(M)/旋转(R)/偏移(O)/倾斜(T)/删除(D)/复制(C)/颜色(L)/材质(A)/放弃(U)/退出(X)]

<退出>: _taper

　　选择面或 [放弃(U)/删除(R)]: 找到一个面。　　　　　　//选择要倾斜的面 A

　　选择面或 [放弃(U)/删除(R)/全部(ALL)]:　　　　　　//按 Enter 键结束选择

　　指定基点:　　　　　　　　　　　　　　　　//捕捉圆柱底圆中心

　　指定沿倾斜轴的另一个点:　　　　　　　　　//捕捉圆柱顶圆中心

　　指定倾斜角度: 20　　　　　　　　　　　　//输入倾斜角度，按 Enter 键

　　已开始实体校验。

　　已完成实体校验。

　　输入面编辑选项[拉伸(E)/移动(M)/旋转(R)/偏移(O)/倾斜(T)/删除(D)/复制(C)/颜色(L)/材质(A)/放弃(U)/退出(X)]

<退出>: T　　　　　　　　　　　　　　　　//选择"倾斜(T)"选项

选择面或 [放弃(U)/删除(R)]: 找到一个面。   //选择要倾斜的面 D

选择面或 [放弃(U)/删除(R)/全部(ALL)]:   //按 Enter 键结束选择

指定基点: //捕捉 C 点

指定沿倾斜轴的另一个点: //捕捉 B 点

指定倾斜角度: 20   //输入倾斜角度，按 Enter 键

已开始实体校验。

已完成实体校验。

输入面编辑选项[拉伸(E)/移动(M)/旋转(R)/偏移(O)/倾斜(T)/删除(D)/复制(C)/颜色(L)/材质(A)/放弃(U)/退出(X)] <退出>: X   //按 Enter 键退出命令

实体编辑自动检查: SOLIDCHECK=1

输入实体编辑选项 [面(F)/边(E)/体(B)/放弃(U)/退出(X)] <退出>: X

//按 Enter 键退出命令

结果如图 12-10（b）所示。

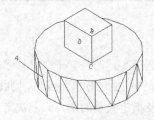
（a）倾斜面前

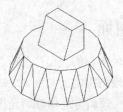
（b）倾斜面后

图 12-10　倾斜面

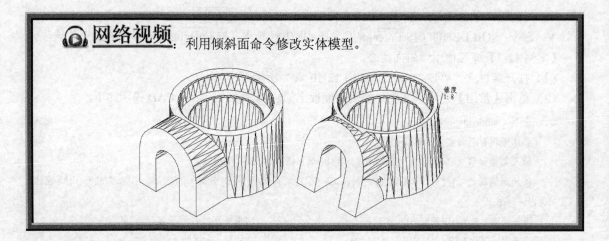

🎧 **网络视频**: 利用倾斜面命令修改实体模型。

12.2.8　复制面

复制面命令用于复制实体的表面，复制结果为表面模型。

命令启动方法如下。

- 功能区：单击【常用】选项卡【实体编辑】面板上的 📋复制面 按钮。
- 命令：SOILDEDIT（按 Enter 键后选择 "面(F)" 选项，按 Enter 键后选择 "复制(C)" 选项）。

如图 12-11 所示，复制圆柱的顶面及侧面，生成新的对象 A 和 B，两者均为表面模型。

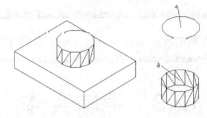

图 12-11　复制面

12.2.9　着色面

着色面命令用于改变某一个或者几个表面的颜色。

命令启动方法如下。

- 功能区：单击【常用】选项卡【实体编辑】面板上的 着色面 按钮。
- 命令：SOILDEDIT（按 Enter 键后选择 "面(F)" 选项，按 Enter 键后选择 "颜色(L)" 选项）。

【案例 12-8】练习使用着色面命令。

（1）打开素材文件 "12-8.dwg"，如图 12-12（a）所示。

（2）单击【常用】选项卡【实体编辑】面板上的 着色面 按钮，AutoCAD 提示如下。

> 命令：_solidedit
>
> 实体编辑自动检查：SOLIDCHECK=1
>
> 输入实体编辑选项 [面(F)/边(E)/体(B)/放弃(U)/退出(X)] <退出>：_face
>
> 输入面编辑选项[拉伸(E)/移动(M)/旋转(R)/偏移(O)/倾斜(T)/删除(D)/复制(C)/颜色(L)/材质(A)/放弃(U)/退出(X)]
>
> <退出>：_color
>
> 选择面或 [放弃(U)/删除(R)]：找到一个面。　　　　　//选择要着色的面 A
>
> 选择面或 [放弃(U)/删除(R)/全部(ALL)]：
>
> //按 Enter 键打开【选择颜色】对话框，选择【红】色，如图 12-13 所示，单击 确定 按钮
>
> 输入面编辑选项[拉伸(E)/移动(M)/旋转(R)/偏移(O)/倾斜(T)/删除(D)/复制(C)/颜色(L)/材质(A)/放弃(U)/退出(X)]
>
> <退出>：L　　　　　　　　　　　　　　　　　//选择 "颜色(L)" 选项
>
> 选择面或 [放弃(U)/删除(R)]：找到一个面。　　　　　//选择要着色的面 B
>
> 选择面或 [放弃(U)/删除(R)/全部(ALL)]：//再次打开【选择颜色】对话框，选择【蓝】色
>
> 输入面编辑选项[拉伸(E)/移动(M)/旋转(R)/偏移(O)/倾斜(T)/删除(D)/复制(C)/颜色(L)/材质(A)/放弃(U)/退出(X)]
>
> <退出>：X　　　　　　　　　　　　　　//按 Enter 键退出命令
>
> 实体编辑自动检查：SOLIDCHECK=1
>
> 输入实体编辑选项 [面(F)/边(E)/体(B)/放弃(U)/退出(X)] <退出>：X
>
> 　　　　　　　　　　　　　　　　//按 Enter 键退出命令

结果如图 12-12（b）所示。

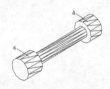
（a）着色面前

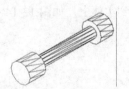
（b）着色面后

图 12-12　着色面

图 12-13　【选择颜色】对话框

12.3　编辑实体

本节主要讲述压印、分割、抽壳和检查等实体编辑命令。

12.3.1　网络课堂——引入案例

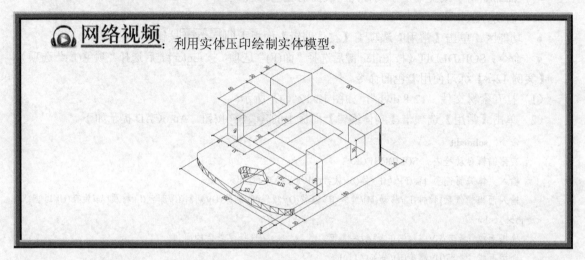

12.3.2　压印

压印命令可以将圆、直线、多段线、面域和实心体等对象压印到三维实体上，使其成为实体的一部分，就像盖章一样。压印操作要求被压印的对象与实体表面相交或者本身就在实体表面内，否则不能进行压印操作。

命令启动方法如下。

● 功能区：单击【常用】选项卡【实体编辑】面板上的 🔲压印 按钮。

● 命令：IMPRINT。

压印成功后，AutoCAD 将创建新的表面，该表面以被压印的几何图形及实体的棱边作为边界，用户可以对新生成的表面进行面操作，如拉伸、偏移、复制等。

【案例 12-9】练习使用压印命令。

（1）打开素材文件"12-9.dwg"，如图 12-14（a）所示。

（2）执行移动命令，将要压印的图形移动到实体上，如图 12-14（b）所示。

（a）　　　　　　　　　　　　　（b）

图 12-14　移动图形

（3）删除辅助线段，单击【常用】选项卡【实体编辑】面板上的 压印 按钮，AutoCAD 提示如下。

```
命令: _imprint
选择三维实体:                                    //选择三维实体
选择要压印的对象:                                //依次选择要压印的对象
是否删除源对象 [是(Y)/否(N)] <N>: y              //选择"[是(Y)]"选项
选择要压印的对象:
......
是否删除源对象 [是(Y)/否(N)] <Y>:               //按 Enter 键
选择要压印的对象:                                //按 Enter 键
```

结果如图 12-15（a）所示。

（4）单击【常用】选项卡【实体编辑】面板上的 拉伸面 按钮，进行拉伸操作，拉伸后的图形如图 12-15（b）所示。

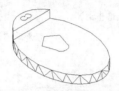 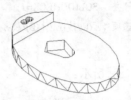

（a）压印后拉伸前 　　　　　　　（b）拉伸后

图 12-15　压印与拉伸面

12.3.3　分割

分割命令用于将不连续的完整实体分割为几个相互独立的三维实体对象。在后面章节中的差集命令也可以把一个实体变成不相连的几块，但是不相连的几块仍然是一个单一的实体，这时就可以使用分割命令把这些不相连的块分割成独立的实体。

命令启动方法如下。

- 功能区：单击【常用】选项卡【实体编辑】面板上的 分割 按钮。
- 命令：SOILDEDIT（按 Enter 键后选择"体(B)"选项，按 Enter 键后选择"分割实体(P)"选项）。

12.3.4　抽壳

抽壳命令用于将一个实心体模型生成一个空心的薄壳体。使用抽壳功能时，要指定壳体的厚度，然后 AutoCAD 把现有的实体表面偏移指定的厚度值以形成新的表面，这样，原来的实体就变成了一个薄壳体。如果指定的厚度为正，就在实体内部创建新面，否则，在实体外创建新面。抽壳操作还可以把实体的某些表面去除，形成开口的薄壳体。

命令启动方法如下。

- 功能区：单击【常用】选项卡【实体编辑】面板上的 抽壳 按钮。
- 命令：SOILDEDIT（按 Enter 键后选择"体(B)"选项，按 Enter 键后选择"抽壳(S)"选项）。

【案例 12-10】练习使用抽壳命令。

（1）打开素材文件"12-10.dwg"，如图 12-16（a）所示。

（2）单击【常用】选项卡【实体编辑】面板上的 ⬜抽壳 按钮，AutoCAD 提示如下。

命令: _solidedit

实体编辑自动检查: SOLIDCHECK=1

输入实体编辑选项 [面(F)/边(E)/体(B)/放弃(U)/退出(X)] <退出>: _body

输入体编辑选项[压印(I)/分割实体(P)/抽壳(S)/清除(L)/检查(C)/放弃(U)/退出(X)] <退出>: _shell

选择三维实体: //选择要抽壳的实体对象

删除面或 [放弃(U)/添加(A)/全部(ALL)]: 找到一个面，已删除 1 个。   //删除面 A

删除面或 [放弃(U)/添加(A)/全部(ALL)]:

输入抽壳偏移距离: 10   //输入抽壳距离

已开始实体校验。

已完成实体校验。

输入体编辑选项[压印(I)/分割实体(P)/抽壳(S)/清除(L)/检查(C)/放弃(U)/退出(X)] <退出>: X

                                                              //选择"退出(X)"选项

实体编辑自动检查: SOLIDCHECK=1

输入实体编辑选项 [面(F)/边(E)/体(B)/放弃(U)/退出(X)] <退出>: X

                                                              //选择"退出(X)"选项

结果如图 12-16（b）所示。

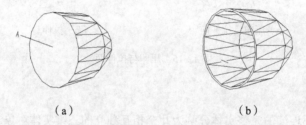

（a）   （b）

图 12-16　抽壳

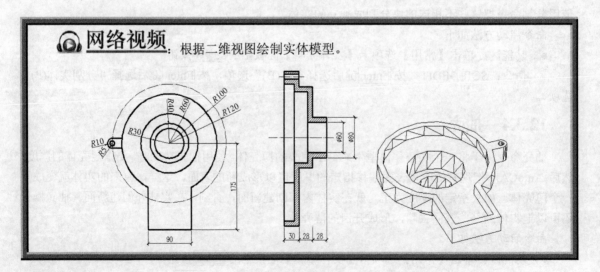

网络视频：根据二维视图绘制实体模型。

12.3.5　检查

检查命令用于验证三维实体对象是否为有效的 ShapeManager 实体，此操作独立于

SOLIDCHECK 设置，绘图中很少用到该命令。

命令启动方法如下。

- 功能区：单击【常用】选项卡【实体编辑】面板上的 ⬚检查 按钮。
- 命令：SOILDEDIT（按 Enter 键后选择"体(B)"选项，按 Enter 键后选择"检查(C)"选项）。

12.4　对象的三维操作

本节主要讲述对象的三维操作。

除了部分二维编辑命令可以在三维环境中直接应用外，AutoCAD 还提供了三维移动、三维阵列、三维镜像、三维旋转、三维对齐、三维缩放、三维圆角和三维倒角等命令。

12.4.1　网络课堂——引入案例

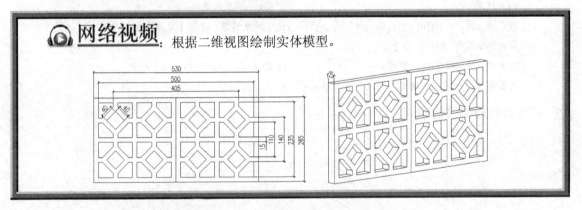

🎧 **网络视频**：根据二维视图绘制实体模型。

12.4.2　二维编辑命令在三维环境中的应用

二维编辑命令中的 MOVE、COPY、SCALE、EXTEND、TRIM、FILLET、CHAMFER、STRETCH、ARRAY、MIRROR、ROTATE、OFFSET 和 LENGTH 等均可用于三维环境中。当然，不同的命令有不同的特点，现在说明如下。

1. 可以在任意空间使用的命令

- MOVE、COPY：移动、复制对象，适用于线框、表面及实体模型，在三维空间用坐标指定位移时，与二维空间相比，需要增加一个维度。
- SCALE：放大或缩小三维对象，适用于线框、表面及实体模型，与在二维中使用一样，需要指定基点和比例。
- EXTEND、TRIM：只能编辑三维线框模型，不能编辑表面和实体模型。
- FILLET、CHAMFER：可以编辑任意平面中的直线或曲线，还能将实体模型倒圆角或倒斜角，但不能用来编辑表面模型。
- BREAK、LENGTH：可编辑三维直线或三维曲线，不能编辑表面和实体模型。
- STRETCH：可以编辑三维线条和表面，不能编辑实体模型。
- 夹点编辑方式：当选定某一对象时，对象上某些点会出现一些蓝色小方框，这些蓝色小方框称为夹点或者热点。对于实体模型，单击选中其中不属于实体交点的夹点，再单击另外一点，则实体模型从第一点平移到第二点，相当于执行 MOVE 命令。对于线框模型和表面模型，单击选中夹点,然后单击另外一点,仅仅使夹点从第一点平移到第二点,其余部分保持不动,相当于 STRETCH 命令。对于属于实体线框交点的夹点,单击选中夹点,然后单击另外一点,也相当于 STRETCH 命令。

 对于夹点的小方框的颜色,系统默认为蓝色。选取菜单命令【工具】【选项】,打开【选项】对话框,进入【选择集】选项卡,在【夹点大小】和【夹点】分组框中可以改变夹点方框的大小及颜色,还可取消启用夹点。

【案例 12-11】在三维空间中使用 MOVE 命令。

（1）打开素材文件"12-11.dwg",如图 12-17（a）所示。

（2）在三维空间中使用 MOVE 命令。执行 MOVE 命令,AutoCAD 提示如下。

命令:MOVE	
选择对象: 找到 1 个	//选择锥体
选择对象:	//按 Enter 键结束选择
指定基点或 [位移(D)]<位移>: >>	//设置对象捕捉,选取【象限点】复选项
正在恢复执行 MOVE 命令。	
指定基点或 [位移(D)]<位移>:	//捕捉 A 点,如图 12-17（a）所示
指定第二个点或 <使用第一个点作为位移>:	//捕捉 B 点

结果如图 12-17（b）所示。

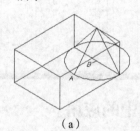 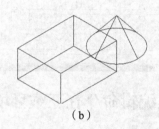

（a）　　　　　　　　　（b）

图 12-17　使用 MOVE 命令

【案例 12-12】在三维空间中使用夹点编辑方式。

（1）打开素材文件"12-12.dwg"。

（2）选择锥体和圆柱体,结果如图 12-18 所示。

（3）在图 12-18 中单击夹点 A,移动鼠标指针,然后单击夹点 B,结果如图 12-19（a）所示。

（4）按 Esc 键,执行消隐命令,结果如图 12-19（b）所示。

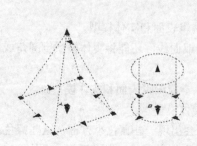 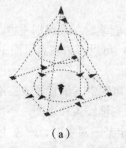 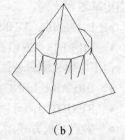

（a）　　　　　　　　（b）

图 12-18　选定对象　　　　　　　图 12-19　使用夹点编辑方式

2. 有操作空间限制的命令

下列命令有操作空间的限制，只能在当前 UCS 的特定平面操作。

● ARRAY：产生矩形或者环形阵列，只能在当前 UCS 的 *xy* 平面内或者平行于 *xy* 的平面内形成阵列。如果要在其他平面内使用该命令，必须变换 UCS，使该平面成为当前 UCS 的 *xy* 平面或者平行于当前 UCS 的 *xy* 平面。

● ROTATE：产生旋转操作，旋转对象只能绕 *z* 轴或平行于 *z* 轴的直线旋转。

● MIRROR：可在三维中形成镜像，但是对称轴只能在当前 UCS 的 *xy* 平面内，不接受其他平面内的镜像直线。若用户捕捉不在 *xy* 平面内的线段的端点，只能捕捉到该点在 *xy* 平面内的垂足，也就是 AutoCAD 将其在 *xy* 平面内的投影作为镜像直线。

● OFFSET：可以用于偏移二维曲线或者三维直线。偏移直线时，若直线与当前 UCS 的 *xy* 平面平行，则偏移将在过该直线与 *xy* 平面平行的平面内进行。若直线与 *xy* 平面不平行，则偏移将在过该线并与其投影面垂直的平面内进行。偏移二维曲线时，偏移在该二维曲线决定的平面内进行。

【案例 12-13】在三维空间中使用 ARRAY 命令。

（1）打开素材文件 "12-13.dwg"，如图 12-20（a）所示。

（2）变换 UCS。单击【视图】选项卡【坐标】面板上的 按钮，AutoCAD 提示如下。

命令：_ucs

当前 UCS 名称：*没有名称*

指定 UCS 的原点或 [面(F)/命名(NA)/对象(OB)/上一个(P)/视图(V)/世界(W)/X/Y/Z/Z 轴(ZA)] <世界>：_3

指定新原点 <0,0,0>：　　　　　　　　　　　　　　　　　　//捕捉 *A* 点，如图 12-20(a)所示

在正 X 轴范围上指定点 <210.0190,248.1492,0.0000>：　　　//捕捉 *B* 点

在 UCS XY 平面的正 Y 轴范围上指定点 <208.3119,248.8563,0.0000>：//捕捉 *C* 点

结果如图 12-20（b）所示。

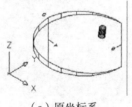

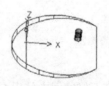

（a）原坐标系　　　　　　　　　　　　（b）变换 UCS 后

图 12-20　变换 UCS

（3）执行 ARRAY 命令，系统弹出【阵列】对话框，具体设置如图 12-21 所示，单击 按钮，选择阵列对象，然后单击 确定 按钮，关闭对话框，最后执行消隐命令，结果如图 12-22 所示。

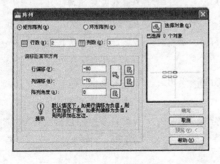

图 12-21　【阵列】对话框

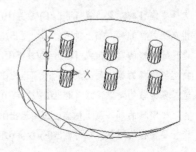

图 12-22　阵列操作

【案例 12-14】在三维空间中使用 MIRROR 命令。

（1）打开素材文件"12-14.dwg"，如图 12-23 所示。

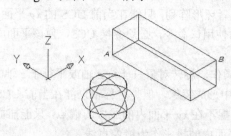

图 12-23　镜像操作用图

（2）执行 MIRROR 命令，AutoCAD 提示如下。

命令: mirror
选择对象: 找到 1 个　　　　　　　　　　//选择球体
选择对象:　　　　　　　　　　　　　　//按 Enter 键结束选择
指定镜像线的第一点:　　　　　　　　　//捕捉 A 点，如图 12-23 所示
指定镜像线的第二点:　　　　　　　　　//捕捉 B 点，捕捉结果为长方体底面 A 点对角点
要删除源对象吗? [是(Y)/否(N)] <N>:　　//按 Enter 键，选择"否(N)"选项

结果如图 12-24 所示。

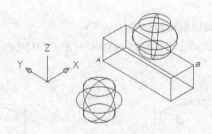

图 12-24　镜像操作

【案例 12-15】在三维空间中使用 OFFSET 命令。

（1）打开素材文件"12-15.dwg"，如图 12-25 所示。

（2）单击【常用】选项卡【修改】面板上的 按钮，AutoCAD 提示如下。

命令: _offset
当前设置: 删除源=否　图层=源　OFFSETGAPTYPE=0
指定偏移距离或 [通过(T)/删除(E)/图层(L)] <通过>: 20　　　　　　　　　　//输入偏移距离
选择要偏移的对象，或 [退出(E)/放弃(U)] <退出>:　　　　　　　　　　　//选择线段 AB
指定要偏移的那一侧上的点，或 [退出(E)/多个(M)/放弃(U)] <退出>:　　　//单击线段 AB 下方
选择要偏移的对象，或 [退出(E)/放弃(U)] <退出>:　　　　　　　　　　　//选择线段 CD
指定要偏移的那一侧上的点，或 [退出(E)/多个(M)/放弃(U)] <退出>:　　　//单击线段 CD 下方
选择要偏移的对象，或 [退出(E)/放弃(U)] <退出>:　　　　　　　　　　　//选择多段线 E
指定要偏移的那一侧上的点，或 [退出(E)/多个(M)/放弃(U)] <退出>:　　　//单击多段线 E 弧线外部
选择要偏移的对象，或 [退出(E)/放弃(U)] <退出>:　　　　　　　　　　　//按 Enter 键退出

结果如图 12-26 所示。

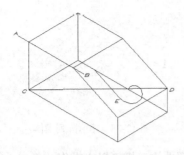

图 12-25　偏移操作用图

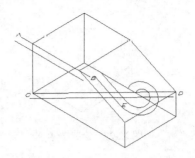

图 12-26　偏移直线与多段线

12.4.3　三维阵列

三维阵列是二维阵列在三维中的扩展，可以用 3DARRAY 命令生成 *xyz* 三维阵列，也可以直接
生成 *xz*、*yz* 平面内的二维阵列。

命令启动方法如下。

- 功能区：单击【常用】选项卡【修改】面板上的 按钮。
- 命令：3DARRAY。

【案例 12-16】练习 3DARRAY 命令。

（1）设置视图。单击【视图】选项卡【视图】面板上的 按钮，在打开的下拉列表中单击

◇ 东南等轴测　　　　　　按钮，设置为东南等轴测视点。

（2）绘制楔体。在命令行输入 WEDGE 命令，AutoCAD 提示如下。

```
命令: wedge
指定第一个角点或 [中心(C)]:                    //在图中适当位置单击指定第一个角点
指定其他角点或 [立方体(C)/长度(L)]: @66,36      //输入相对坐标指定其他角点
指定高度或 [两点(2P)] <132.7632>: 22           //输入高度
```

结果如图 12-27 所示。

（3）矩形阵列楔体。单击【常用】选项卡【修改】面板上的 按钮，AutoCAD 提示如下。

```
命令: 3darray                                  //输入命令
正在初始化...  已加载 3DARRAY。
选择对象: 找到 1 个                             //选择楔体
选择对象:
输入阵列类型 [矩形(R)/环形(P)] <矩形>:           //按 Enter 键，按默认设置选择
输入行数  (---) <1>: 3                          //输入行数
输入列数  (|||) <1>: 3                          //输入列数
输入层数  (...) <1>: 3                          //输入层数
指定行间距 (---): 80                            //输入行间距
指定列间距 (|||): 90                            //输入列间距
指定层间距 (...): 55                            //输入层间距
命令: hide                                      //输入消隐命令
正在重生成模型。
```

结果如图 12-28 所示。

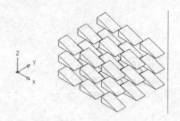

图 12-27　绘制楔体 　　　　　　　　　　　　　　　图 12-28　矩形阵列楔体

（4）环形阵列楔体。单击快速访问工具栏上的 按钮两次，撤销以上操作。单击【常用】选项卡【修改】面板上的 按钮，AutoCAD 提示如下。

```
命令: _3darray
选择对象: 找到 1 个                              //选择楔体
选择对象:
输入阵列类型 [矩形(R)/环形(P)] <矩形>:p          //选择"环形(P)"选项
输入阵列中的项目数目: 6                          //输入环形阵列数目
指定要填充的角度 (+=逆时针, -=顺时针) <360>:
//输入环形阵列角度值, 可正可负, 角度正方向由右手螺旋法则确定
旋转阵列对象?  [是(Y)/否(N)] <Y>:               //按 Enter 键, 选择默认选项
指定阵列的中心点:                               //捕捉楔体右面边的中心点
指定旋转轴上的第二点:                           //利用对象捕捉追踪在 z 轴方向上任取一点
命令: hide                                      //输入消隐命令
正在重生成模型。
```

结果如图 12-29 所示。

图 12-29　环形阵列楔体

 执行 ARRAY 命令时，要在平行于 xz 或者 yz 平面内建立阵列，需要变换 UCS。执行 3DARRAY 命令时，要在平行于 xz 或者 yz 平面内建立阵列，对于矩形阵列，只要使阵列行数为"1"或者阵列的列数为"1"即可。对于环形阵列，选取阵列中心轴分别平行于 y 轴、z 轴即可。

🎧 网络视频：执行 3DARRAY 命令修改图形。

12.4.4　三维镜像

三维镜像是二维镜像在三维中的扩展，可以用 MIRROR3D 命令创建三维镜像。MIRROR3D 是以某个平面作为镜像平面来创建对象的镜像复制，不再使用二维中的镜像直线的概念。

1. 命令启动方法

- 功能区：单击【常用】选项卡【修改】面板上的 ％ 按钮。
- 命令：MIRROR3D。

【案例 12-17】练习 MIRROR3D 命令。

(1) 打开素材文件 "12-17.dwg"，执行消隐命令，如图 12-30（a）所示。

(2) 单击【常用】选项卡【修改】面板上的 ％ 按钮，AutoCAD 提示如下。

```
命令: _mirror3d
选择对象: 找到 1 个                                    //选择镜像对象
选择对象:
指定镜像平面 (三点) 的第一个点或   [对象(O)/最近的(L)/Z 轴(Z)/视图(V)/XY 平面(XY)/YZ 平面(YZ)/ZX
平面(ZX)/三点(3)] <三点>:                              //捕捉 A 点
在镜像平面上指定第二点:                                 //捕捉 B 点
在镜像平面上指定第三点:                                 //捕捉 C 点
是否删除源对象? [是(Y)/否(N)] <否>: N                   //不删除源对象
```

执行消隐命令，结果如图 12-30（b）所示。

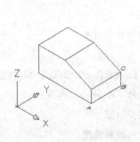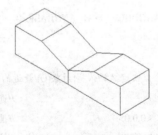

　　（a）镜像源对象　　　　　　　（b）镜像后

图 12-30　镜像操作

2. 命令选项

镜像平面的选择有以下几个选项。

- 对象(O)：以圆、圆弧、椭圆和 2D 多段线等二维对象所在平面作为镜像平面。
- 最近的(L)：使用上一次 MIRROR3D 命令使用的镜像平面作为当前的镜像平面。
- Z 轴(Z)：用户在三维空间中指定两个点，镜像平面将垂直于两点的连线，并通过第一个选取点。
- 视图(V)：镜像平面平行于当前视图，并通过用户的拾取点。
- XY 平面(XY)：镜像平面平行于 xy 平面，并通过用户的拾取点。
- YZ 平面(YZ)：镜像平面平行于 yz 平面，并通过用户的拾取点。
- ZX 平面(ZX)：镜像平面平行于 zx 平面，并通过用户的拾取点。
- 三点(3)：用 3 点指定一个平面作为镜像平面，该选项为默认选项。

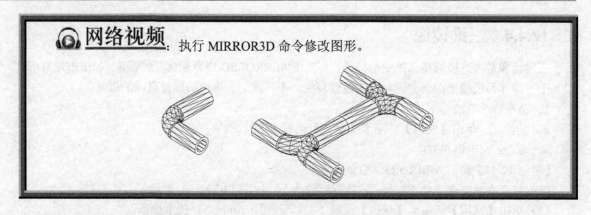

网络视频：执行 MIRROR3D 命令修改图形。

12.4.5　三维旋转

三维旋转是二维旋转在三维中的扩展，可以用 ROTATE3D 命令旋转三维对象，旋转轴不受限制，可以是空间中的任意直线。

1．ROTATE3D 命令启动方法

命令：ROTATE3D。

【案例 12-18】练习 ROTATE3D 命令。

（1）打开素材文件"12-18.dwg"，执行消隐命令，结果如图 12-31（a）所示。

（2）执行 ROTATE3D 命令，AutoCAD 提示如下。

```
命令: rotate3d
当前正向角度：  ANGDIR=逆时针 ANGBASE=0
选择对象: 找到 1 个                    //选择旋转对象
选择对象:
指定轴上的第一个点或定义轴依据[对象(O)/最近的(L)/视图(V)/X 轴(X)/Y 轴(Y)/Z 轴(Z)/两点(2)]: z
                                      //选择"Z 轴(Z)"选项
指定 Z 轴上的点 <0,0,0>:               //捕捉 A 点
指定旋转角度或 [参照(R)]: 90            //输入旋转角度
```

执行消隐命令，结果如图 12-31（b）所示。

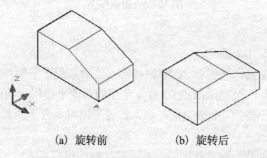

(a) 旋转前　　　　　(b) 旋转后

图 12-31　三维旋转

2．ROTATE3D 命令选项

旋转轴的选择有以下几个选项。

● 对象(O)：AutoCAD 根据选择的对象来确定旋转轴。若选择直线，则以该直线作为旋转轴，旋转的正方向是从选择点开始沿着直线指向另一端。若选择圆或者圆弧，则以通过圆心并垂直于圆

或者圆弧所在平面的直线作为旋转轴。

- 最近的(L)：使用上一次 ROTATE3D 命令使用的旋转轴作为当前的旋转轴。
- 视图(V)：旋转轴垂直于当前视图，并通过拾取点。
- X 轴(X)：旋转轴平行于 x 轴，并通过拾取点。
- Y 轴(Y)：旋转轴平行于 y 轴，并通过拾取点。
- Z 轴(Z)：旋转轴平行于 z 轴，并通过拾取点。
- 两点(2)：通过指定两点来设置旋转轴，正方向为第一点指向第二点。

 需要注意的是，对象旋转的方向由旋转轴和右手定则来确定，也就是当旋转轴平行于坐标轴时，坐标轴正向就是旋转轴正向。如果用户通过两点来指定旋转轴，那么旋转轴的正向是从第一个选取点指向第二个选取点。

AutoCAD 2010 提供了另一个三维旋转命令 3DROTATE，其旋转轴只能是 x 轴、y 轴或 z 轴。

3．3DROTATE 命令启动方法

- 功能区：单击【常用】选项卡【修改】面板上的 ⊕ 按钮。
- 命令：3DROTATE。

【案例 12-19】练习 3DROTATE 命令。

（1）打开素材文件 "12-19.dwg"，执行消隐命令，结果如图 12-32（a）所示。

（2）单击【常用】选项卡【修改】面板上的 ⊕ 按钮，AutoCAD 提示如下。

```
命令: _3drotate
UCS 当前的正角方向:  ANGDIR=逆时针  ANGBASE=0
选择对象: 找到 1 个                    //选择旋转对象
选择对象:                            //按 Enter 键
指定基点:                            //捕捉 A 点，如图 12-32 所示
拾取旋转轴:                          //拾取旋转轴，如图 12-33（a）所示
指定角的起点:                        //捕捉 B 点，如图 12-32 所示
指定角的端点:                        //指定角的端点，如图 12-33（b）所示
正在重生成模型。
```

结果如图 12-34 所示。

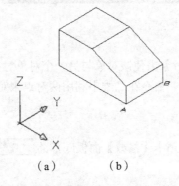

（a）　　　　（b）

图 12-32　三维旋转（3DROTATE）源图

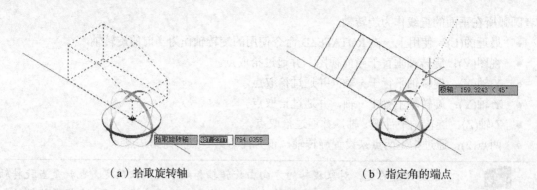

（a）拾取旋转轴　　　　　　　　　（b）指定角的端点

图 12-33　三维旋转操作

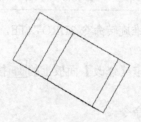

图 12-34　三维旋转结果

网络视频：根据二维视图绘制实体模型。

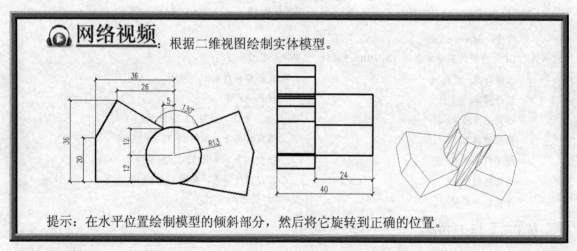

提示：在水平位置绘制模型的倾斜部分，然后将它旋转到正确的位置。

12.4.6　三维对齐

可以通过移动、旋转或倾斜对象来使该对象与另一个对象对齐。

AutoCAD 中可以通过 ALIGN 命令在二维中利用两对点来对齐对象。ALIGN 命令也可在三维中使用。

1. ALIGN 命令启动方法

● 功能区：单击【常用】选项卡【修改】面板底部的 ▭▭▭ **修改 ▾** ▭▭▭ 按钮，在打开的下拉列表中单击▣按钮。

● 命令：ALIGN。

在三维中，使用 3DALIGN 命令可以指定最多 3 个点以定义源平面，然后指定最多 3 个点以定义目标平面。

2. 3DALIGN 命令启动方法

● 功能区：单击【常用】选项卡【修改】面板上的 按钮。

● 命令：3DALIGN。

【案例 12-20】练习 ALIGN 和 3DALIGN 命令。

（1）打开素材文件"12-20.dwg"，如图 12-35 所示。

（2）练习 ALIGN 命令。单击【常用】选项卡【修改】面板底部的 ▊ 修改 ▾ ▊ 按钮，在打开的下拉列表中单击 按钮，AutoCAD 提示如下。

```
命令: _align
选择对象: 找到 1 个                    //选择要对齐的长方体对象
选择对象:                             //按 Enter 键
指定第一个源点:                       //捕捉 A 点, 如图 12-35 所示
指定第一个目标点:                     //捕捉 D 点
指定第二个源点:                       //捕捉 B 点
指定第二个目标点:                     //捕捉 E 点
指定第三个源点或 <继续>:              //捕捉 C 点
指定第三个目标点或 [退出(X)] <X>:     //捕捉 F 点
```

结果如图 12-36 所示。

（3）练习 3DALIGN 命令。单击【常用】选项卡【修改】面板上的 按钮，AutoCAD 提示如下。

```
命令: _3dalign
选择对象: 找到 1 个                    //选择要对齐的长方体对象
选择对象:
指定源平面和方向 ...
指定基点或 [复制(C)]:                  //捕捉 A 点, 如图 12-35 所示
指定第二个点或 [继续(C)] <C>:         //捕捉 B 点
指定第三个点或 [继续(C)] <C>:         //捕捉 C 点
指定目标平面和方向 ...
指定第一个目标点:                     //捕捉 D 点
指定第二个目标点或 [退出(X)] <X>:     //捕捉 E 点
指定第三个目标点或 [退出(X)] <X>:     //捕捉 F 点
```

结果如图 12-36 所示。

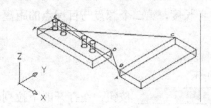

图 12-35　对齐前图形

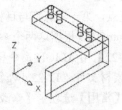

图 12-36　对齐后图形

从上例可以看出，两个命令的操作结果完全一样。

3. ALIGN 命令的不同操作方式

执行 ALIGN 命令时，每指定一对对齐点，AutoCAD 将绘制出一条连接两点的临时辅助线，如

图 12-35 所示。但是不必指定所有的 3 对对齐点，因为 ALIGN 命令有一对、两对、三对对齐点 3 种对齐方式，分别介绍如下。

（1）如果只指定一对对齐点，则对齐命令相当于 MOVE 命令，AutoCAD 将把源对象平移到目标点。

【案例 12-21】用 ALIGN 命令移动目标。

① 打开素材文件"12-21.dwg"，如图 12-37（a）所示。

② 单击【常用】选项卡【修改】面板底部的 [修改 ▾] 按钮，在打开的下拉列表中单击 [按钮] 按钮，AutoCAD 提示如下。

```
命令: _align
选择对象: 找到 1 个                        //选择要对齐的长方体对象
选择对象:                                //按 Enter 键
指定第一个源点:                          //捕捉 A 点，如图 12-37(a)所示
指定第一个目标点:                        //捕捉 D 点
指定第二个源点:                          //按 Enter 键
```

结果如图 12-37（b）所示。

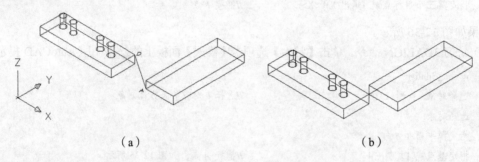

（a）   （b）

图 12-37　指定一对对齐点移动目标

（2）如果指定两对对齐点，AutoCAD 提示如下。

```
指定第三个源点或 <继续>:                   //按 Enter 键
是否基于对齐点缩放对象? [是(Y)/否(N)] <否>: N   //选择是否缩放对象
```

如果接受默认选项，则 AutoCAD 移动源对象使第一个源点与第一个目标点重合，并且让两个源点的连线与两个目标点的连线重合。

如果选取"是(Y)"选项，AutoCAD 除完成上述操作外，还将缩放源对象，此时，第一个目标点作为缩放基点，第一个源点与目标点的距离是初始参考长度，第二个源点与目标点的距离是新的参考长度，AutoCAD 根据这两个参考长度缩放对象。

【案例 12-22】用 ALIGN 命令移动缩放目标。

① 打开素材文件"12-22.dwg"，如图 12-38（a）所示。

② 单击【常用】选项卡【修改】面板底部的 [修改 ▾] 按钮，在打开的下拉列表中单击 [按钮] 按钮，AutoCAD 提示如下。

```
命令: _align
选择对象: 找到 1 个                        //选择要对齐的长方体对象
选择对象:
```

指定第一个源点：	//捕捉 *A* 点，如图 12-38(a) 所示
指定第一个目标点：	//捕捉 *E* 点
指定第二个源点：	//捕捉 *B* 点
指定第二个目标点：	//捕捉 *D* 点
指定第三个源点或 <继续>：	//按 Enter 键
是否基于对齐点缩放对象? [是(Y)/否(N)] <否>: Y	//选取 "是(Y)" 选项

结果如图 12-38（b）所示。

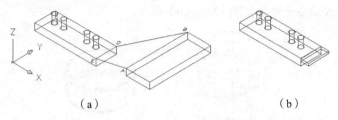

（a）　　　　　　　　　　　　　　（b）

图 12-38　指定两对对齐点移动并缩小目标

（3）如果指定 3 对对齐点，3 个源点确定的平面将与 3 个目标点确定的平面重合在一起，并且第一个源点将与第一个目标点重合，第一个源点和第二个源点的连线与第一个目标点和第二个目标点的连线重合。

🎧 **网络视频**：执行 ALIGN 命令修改图形。

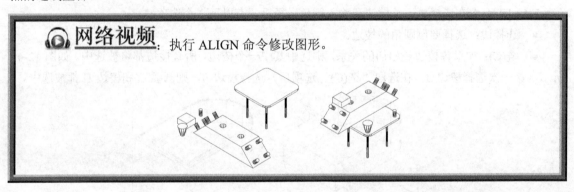

12.4.7　三维圆角

三维圆角命令形式和二维圆角相同，但是在使用过程中有所区别。FILLET 命令只能给实体的棱边倒圆角，不能给表面模型和线框模型的棱边倒圆角。对线框模型使用 FILLET 命令与在二维中相同。

1. 命令启动方法

● 功能区：单击【常用】选项卡【修改】面板上的 ▱ 按钮。

● 命令：FILLET 或简写 F。

【案例 12-23】在三维空间中使用 FILLET 命令。

（1）打开素材文件 "12-23.dwg"，如图 12-39（a）所示。

（2）单击【常用】选项卡【修改】面板上的 ▱ 按钮，AutoCAD 提示如下。

　　命令: _fillet

　　当前设置: 模式 = 修剪，半径 = 0.0000

　　选择第一个对象或 [放弃(U)/多段线(P)/半径(R)/修剪(T)/多个(M)]：

	//选择圆柱体顶面棱边
输入圆角半径: 12	//输入圆角半径
选择边或 [链(C)/半径(R)]:	//选择圆柱体底面棱边
选择边或 [链(C)/半径(R)]:	//按 Enter 键结束选择
已选定 2 个边用于圆角。	
命令: isolines	//设置系统参数
输入 ISOLINES 的新值 <4>: 12	//输入新值

（3）执行 REGEN 命令，结果如图 12-39（b）所示。

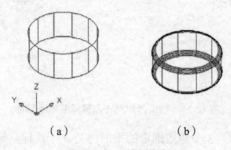

（a）　　　　　　　　　（b）

图 12-39　三维倒圆角

2. 命令选项

FILLET 命令在选择第一条棱边和输入圆角半径后，有以下 3 个选项。

● 选择边：选择要倒圆角的棱边。

● 链(C)：如果各棱边是相切的关系，则选中其中一个棱边，所有棱边都将被选中。如图 12-40 所示，第一次选择棱边 A，在选取"链(C)"选项后，选择棱边 B，则圆弧 C 和棱边 D 都被选中。

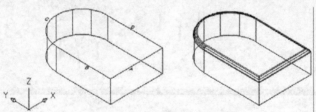

图 12-40　倒圆角操作的链选项

● 半径(R)：该选项可以对随后选择的棱边重新设定圆角半径。

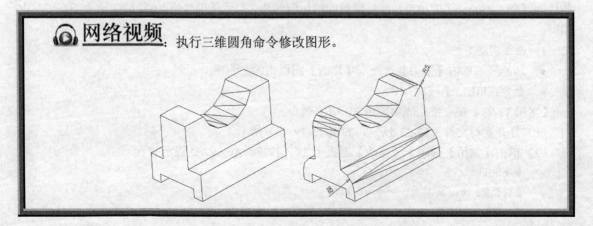

🎧 网络视频：执行三维圆角命令修改图形。

12.4.8　三维倒角

与三维圆角一样，三维倒角命令形式和二维倒角相同，只是在使用中有所区别。CHAMFER命令也只能给实体模型的棱边倒角，不能给表面模型倒角。线框模型的倒角实际上就是二维倒角的过程。

1. 命令启动方法

- 功能区：单击【常用】选项卡【修改】面板上的 按钮。
- 命令：CHAMFER 或简写 CHA。

【案例 12-24】练习 CHAMFER 命令。

（1）打开素材文件"12-24.dwg"，如图 12-41（a）所示。

（2）单击【常用】选项卡【修改】面板上的 按钮，AutoCAD 提示如下。

```
命令: _chamfer
("修剪"模式) 当前倒角距离 1 = 0.0000，距离 2 = 0.0000
选择第一条直线或 [放弃(U)/多段线(P)/距离(D)/角度(A)/修剪(T)/方式(E)/多个(M)]:
                                    //选择棱边 A，如图 12-41 左图所示
基面选择...                          //选择平面 M
输入曲面选择选项 [下一个(N)/当前(OK)] <当前(OK)>: N
                                    //选择"下一个(N)"选项，指定 N 为倒角基面
输入曲面选择选项 [下一个(N)/当前(OK)] <当前(OK)>: OK
指定基面的倒角距离: 8               //指定基面倒角距离
指定其他曲面的倒角距离 <8.0000>:
选择边或 [环(L)]:                   //选择棱边 A
选择边或 [环(L)]:                   //选择棱边 B
选择边或 [环(L)]:                   //选择棱边 C
选择边或 [环(L)]:                   //选择棱边 D
选择边或 [环(L)]:                   //按 Enter 键
```

结果如图 12-41（b）所示。

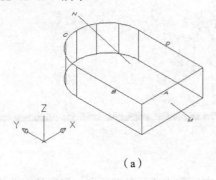
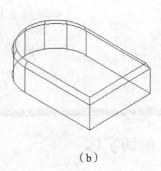

(a)　　　　　　　　　　(b)

图 12-41　三维倒角

实体的棱边是两个面的交线，当第一次选择时，AutoCAD 将高亮显示其中一个面，这个面代表倒角基面。只能选择倒角基面的棱边进行倒角操作，不过可以通过"下一个(N)"选项使另一个表面成为倒角基面。

2．命令选项

CHAMFER 命令在选择倒角基面和倒角距离后，有以下两个选项。

● 选择边：在倒角基面内选择要倒角的棱边。

● 环(L)：该选项可以一次选中倒角基面内的所有棱边，如图 12-41 所示。在使用该选项后，只需要选择倒角基面内任一棱边，倒角基面内所有棱边都被选中。

网络视频：执行三维倒角命令修改图形。

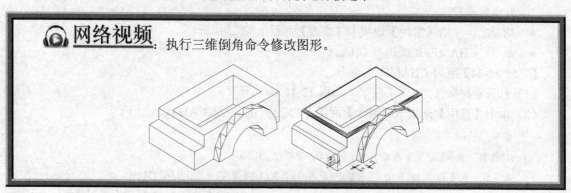

12.5　剖切实体、截面、加厚

本节介绍剖切实体、截面、加厚等操作。

12.5.1　网络课堂——引入案例

网络视频：自底面象限点、底面圆心、顶点剖切以下实体模型。

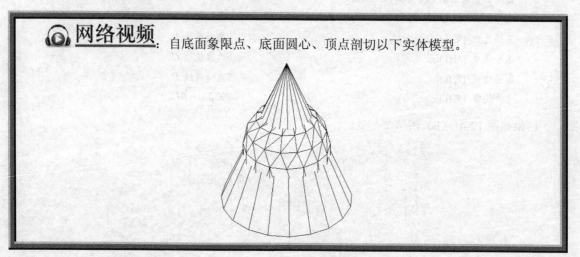

12.5.2　剖切实体

剖切实体把源对象切成两半，可以保留其中一半或者两半都保留，保留的部分将保持原实体的图层和颜色特性。

1．命令启动方法

● 功能区：单击【常用】选项卡【修改】面板上的 按钮。

● 命令：SLICE。

【案例 12-25】练习 SLICE 命令。

（1）打开素材文件"12-25.dwg"，如图 12-42（a）所示。

（2）单击【常用】选项卡【修改】面板上的 按钮，AutoCAD 提示如下。

> 命令: _slice
>
> 选择要剖切的对象: 找到 1 个　　　　　　　　　//选择要剖切的对象
>
> 选择要剖切的对象:
>
> 指定切面的起点或 [平面对象(O)/曲面(S)/Z 轴(Z)/视图(V)/XY/YZ/ZX/三点(3)]
>
> <三点> : 3　　　　　　　　　　　　　　　　//选择"三点(3)"选项
>
> 指定平面上的第一个点:　　　　　　　　　　　//捕捉顶面象限点
>
> 指定平面上的第二个点:　　　　　　　　　　　//捕捉顶面圆心
>
> 指定平面上的第三个点:　　　　　　　　　　　//捕捉底面圆心
>
> 在所需的侧面上指定点或 [保留两个侧面(B)] <保留两个侧面>:

删除多余图形，执行消隐命令，结果如图 12-42（b）所示。

2. 命令选项

选择剖切平面与选择镜像平面类似，有很多选项，分别介绍如下。

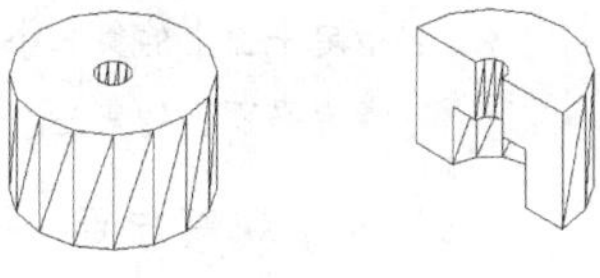

（a）　　　　　　（b）

图 12-42　剖切实体

- 平面对象(O)：以圆、圆弧和二维多段线等对象所确定的平面作为剖切平面。
- Z 轴(Z)：在三维空间中指定两个点，剖切平面将垂直于两点的连线，并通过第一个选取点。
- 视图(V)：剖切平面平行于当前视图，并通过拾取点。
- XY：剖切平面平行于 xy 平面，并通过拾取点。
- YZ：剖切平面平行于 yz 平面，并通过拾取点。
- ZX：剖切平面平行于 zx 平面，并通过拾取点。
- 三点(3)：利用在同一线段上的 3 点指定一个平面作为剖切平面。

12.5.3　截面

穿过三维实体的横截面是表示截面形状的二维对象，也可以选择使用剪切平面（称为截面对象），实时查看相交实体的剪切轮廓。

1. 用 SECTION 命令创建截面

使用 SECTION 命令，可以创建穿过实体的横截面。指定 3 个点以定义横截面的平面，也可以通过其他对象、当前视图、z 轴或者 xy、yz 或 zx 平面来定义横截面平面。横截面平面将被放置在当前图层上。

SECTION 命令启动方法如下。

命令：SECTION。

2. 用 SECTIONPLANE 命令创建截面

使用 SECTIONPLANE 命令，可以创建截面对象，用作穿过实体、曲面或面域（从闭合形状或封闭回路创建的二维区域）的剪切平面。如果打开活动截面，在模型空间中的三维模型中移动截面对象将实时显示内部细节。

要创建截面对象，可以将鼠标指针移动到三维模型的任一面上，然后单击以自动放置截面对象。

还可以拾取点以创建直剪切平面，或拾取多个点以创建带有折弯线段的剪切平面。另一方法是指定正交视图（例如主视图、俯视图或后视图）。

SECTIONPLANE 命令启动方法如下。

- 功能区：单击【常用】选项卡【截面】面板上的 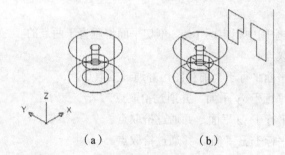 按钮。
- 命令：SECTIONPLANE。

【案例 12-26】在三维空间中使用 SECTION 命令。

（1）打开素材文件"12-26.dwg"，如图 12-43（a）所示。

（2）在命令行输入 SECTION 命令，AutoCAD 提示如下。

```
命令: section
选择对象: 找到 1 个                        //选择要剖切的对象
选择对象:
指定截面上的第一个点，依照 [对象(O)/Z 轴(Z)/视图(V)/XY/YZ/ZX/三点(3)] <三点>:
                                         //捕捉顶面左上象限点
指定平面上的第二个点:                      //捕捉顶面圆心
指定平面上的第三个点:                      //捕捉底面圆心
```

（3）为了观察方便，将截面复制到实体外，结果如图 12-43（b）所示。

图 12-43　截面

12.5.4　加厚

通过加厚操作可以从任何曲面类型创建三维实体。

命令启动方法如下。

- 功能区：单击【常用】选项卡【修改】面板上的 按钮。
- 命令行：THICKEN。

【案例 12-27】练习 THICKEN 命令。

（1）打开素材文件"12-27.dwg"，如图 12-44（a）所示。

（2）单击【常用】选项卡【修改】面板上的 按钮，AutoCAD 提示如下。

```
命令: _Thicken
选择要加厚的曲面: 找到 1 个        //选择要加厚的对象
选择要加厚的曲面:
指定厚度 <0.0000>: 20            //输入厚度
```

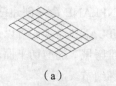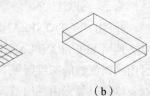

（a）　　　　　　　　（b）

结果如图 12-44（b）所示。

使用 THICKEN 命令将曲面转换为实体时，涉及

图 12-44　加厚

DELOBJ 系统变量的设置。

DELOBJ 系统变量控制是否在创建曲面后自动删除选定的对象，以及是否在删除对象时进行提示。当其值为 0 时，不删除对象。当其值为 1 时，删除对象。

网络视频：加厚曲面，厚度为 30mm。

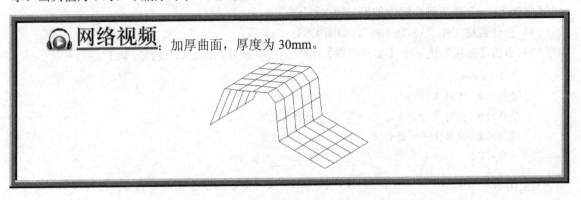

12.6　布尔操作

要将不同的对象组合成一个实体，还需要掌握布尔操作，布尔操作实际上就是对各个对象进行布尔运算。AutoCAD 提供了并集（UNION）、差集（SUBSTRACT）和交集（INTERSECT）3 种布尔操作。通过这 3 种操作用户可以利用简单元素构建复杂的实体模型。

12.6.1　网络课堂——引入案例

网络视频：对实体模型进行并集布尔操作。

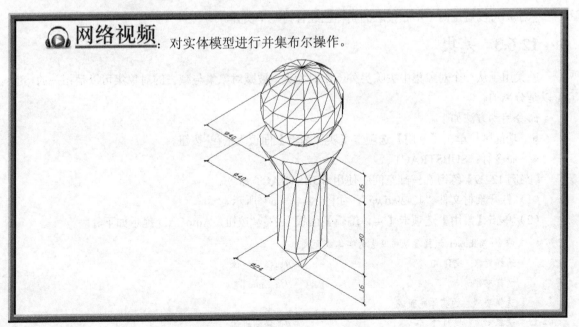

12.6.2　并集

并集用于将两个或者多个对象合并为一个对象，这些对象可以是相交的，也可以是分离的。需要说明的是，布尔操作可以用于实体模型和面域，但不能用于线框模型和表面模型。

命令启动方法如下。

- 功能区：单击【常用】选项卡【实体编辑】面板上的⚪按钮。
- 命令：UNION。

【案例 12-28】在三维空间中使用 UNION 命令。

（1）打开素材文件"12-28.dwg"，如图 12-45（a）所示。

（2）单击【常用】选项卡【实体编辑】面板上的⚪按钮，AutoCAD 提示如下。

命令：_union

选择对象：找到 1 个　　　　　　　　//选择球体

选择对象：找到 1 个，总计 2 个　　　//选择圆柱体

选择对象：找到 1 个，总计 3 个　　　//选择棱锥面

选择对象：　　　　　　　　　　　　//按 Enter 键结束命令

（3）结果如图 12-45（b）所示。再次选择图形会发现原来两个不相接触的实体已经成为一个了。

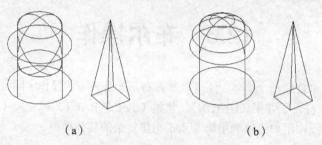

（a）　　　　　　　　　　　　　　　（b）

图 12-45　并集

从上例可以看出两个不相接触的实体已经合为一个实体。

12.6.3　差集

差集用于从一个对象集中去除另外一个对象集，被减对象集与减去的对象集可以是相关的，也可以是分离的。

命令启动方法如下。

- 功能区：单击【常用】选项卡【实体编辑】面板上的⚪按钮。
- 命令行：SUBSTRACT。

【案例 12-29】练习在三维空间中使用 SUBSTRACT 命令。

（1）打开素材文件"12-29.dwg"，如图 12-46（a）所示。

（2）单击【常用】选项卡【实体编辑】面板上的⚪按钮，AutoCAD 提示如下。

命令：_subtract 选择要从中减去的实体或面域...

选择对象：找到 1 个　　　　　　　　　　//选择圆柱体

选择对象：　　　　　　　　　　　　　　//按 Enter 键

选择要减去的实体或面域 ..

选择对象：找到 1 个　　　　　　　　　　//选择圆锥体

选择对象：　　　　　　　　　　　　　　//按 Enter 键结束命令

执行消隐命令，结果如图右图 12-46（b）所示。

（a）　　　　　　　　　　　　（b）

图 12-46　差集

12.6.4　交集

交集用于得到两个或者多个对象的公共部分，形成新的实体。对象间必须有公共重叠部分，否则，交集结果为空。

命令启动方法如下。

- 功能区：单击【常用】选项卡【实体编辑】面板上的 按钮。
- 命令行：INTERSECT。

【案例 12-30】在三维空间中使用 INTERSECT 命令。

（1）打开素材文件 "12-30.dwg"，如图 12-47（a）所示。

（2）单击【常用】选项卡【实体编辑】面板上的 按钮，AutoCAD 提示如下。

```
命令:_intersect
选择对象: 找到 1 个
选择对象: 找到 1 个, 总计 2 个        //依次选择图中两个实体
选择对象:                          //按 Enter 键结束命令
```

结果如图 12-47（b）所示。

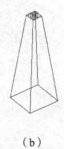

（a）　　　　　　　　　　　　（b）

图 12-47　交集

绘制实体模型之前，首先要分析模型的结构，模型大致由哪些基本的实体、拉伸元素以及旋转元素构成，这些基本的结构还需要进行哪些编辑操作，清楚这些问题后就可以形成比较清晰的建模思路了。

由此可见，绘制三维实体造型基本思路如下。

（1）分解实体模型，将复杂模型大体上分解为简单元素。

（2）分析分解后的简单元素的特征，确定可以由哪些操作建立简单元素的模型。

（3）组合各个部分，并进行必要的编辑操作。

习题

1. 打开素材文件"习题 12-1.dwg"，执行 STRETCH 命令将图 12-48 所示的（a）修改为（b）。

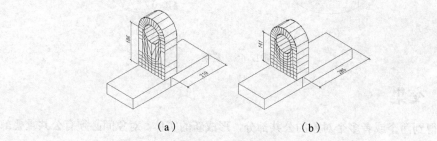

（a）　　　　　　　　　　（b）

图 12-48　编辑图形 (1)

2. 打开素材文件"习题 12-2.dwg"，将如图 12-49 所示的(a)修改为(b)。

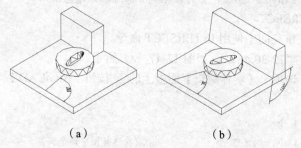

（a）　　　　　　　　　　（b）

图 12-49　编辑图形 (2)

3. 打开素材文件"习题 12-3.dwg"，将如图 12-50 所示的（a）修改为（b）。

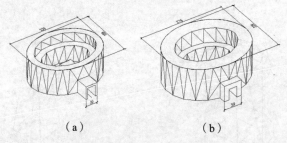

（a）　　　　　　　　　　（b）

图 12-50　编辑图形 (3)

4. 绘制如图 12-51 所示办公桌的实体模型。

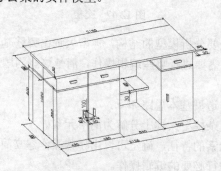

图 12-51　办公桌

第 **13** 章

标注与渲染三维模型

【学习目标】
- 根据要标注的位置建立合适的用户坐标系。
- 合理地对三维图形进行标注，对不合理的标注进行修改。
- 为模型渲染设置光照、附着材质。
- 使用材质贴图渲染图形。

通过本章的学习，读者可以掌握对三维造型进行尺寸标注的方法，能熟练渲染三维造型。

13.1　标注三维造型

本节主要讲述三维造型的标注方法。

13.1.1　网络课堂——引入案例

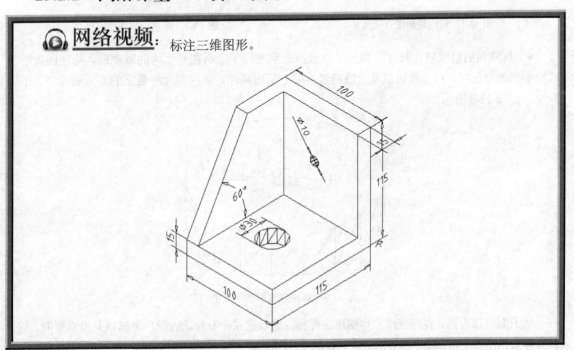

🎧 **网络视频**：标注三维图形。

13.1.2　标注三维造型

由于 AutoCAD 没有提供专门对三维图形进行尺寸标注的命令，因此，将使用平面图形的尺寸标注命令来对三维图形的尺寸进行标注。

AutoCAD 所标注的尺寸必须位于当前坐标系的 xy 平面上，因而为了满足立体图的尺寸标注，必须在需要标注的端面上建立用户坐标系，然后采用平面图形尺寸标注的方法在此坐标系中标注此端面上的相应尺寸。

一般而言，标注轴测图时应注意以下要点。

（1）轴测图的线性尺寸，必须沿轴线方向标注，尺寸数值为实际大小。

（2）尺寸线必须和所标注的线段平行，尺寸界线一般应平行于某一轴测轴的方向，尺寸数字应按相应的轴测图形标注在尺寸线上方。当在图形中出现数字头向下时，应用引出线，并将数字按水平位置注写，如图 13-1 所示。

（3）标注角度尺寸时，尺寸线应画成与该坐标平面相应的椭圆弧，角度数字一般写在尺寸线的中断处，字头向上，如图 13-2 所示。

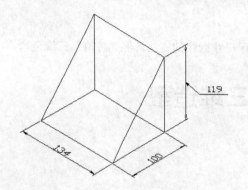

图 13-1　标注轴测图直线尺寸

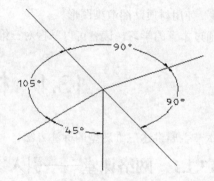

图 13-2　标注轴测图角度尺寸

● 标注图的直径时，尺寸线和尺寸界线应分别平行于圆所在平面内的轴测轴。标注圆弧半径或较小圆的直径时，尺寸线可以从（或通过）圆心引出标注，但注写尺寸数字的方向必须平行于轴测轴，如图 13-3 所示。

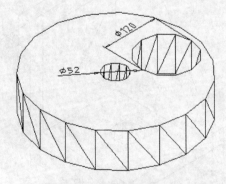

图 13-3　标注轴测图直径尺寸

从上面可以看出，在对三维立体图形进行标注时，建立一个合适的用户坐标系是很重要的。以长方体为例，各个端面用户坐标系的建立如图 13-4 所示。但是图中竖直的尺寸标注并不满足要求，此时可以将尺寸线炸开（EXPLODE），删除标注文字，然后采用引线重新进行标注，如图 13-1 所示。

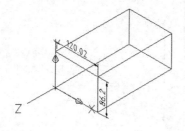 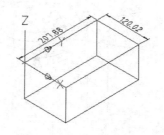 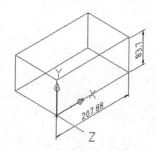

图 13-4　根据所要标注的端面建立合适的用户坐标系

　　如果建立的用户坐标系中 x、y 轴的方向与图不一致，则会导致标注文字字头方向与国标不符，如图 13-5 所示。

　　在尺寸标注的过程中，可能会出现后续尺寸标注的尺寸界线穿越了先前尺寸标注的文字，或者根据需要可能会更改尺寸标注的文字、位置、方向等。为此，AutoCAD 2010 提供了一系列的修改尺寸标注的方法，主要是利用夹点修改、功能区按钮、【特性】对话框以及通过修改和建立尺寸样式来使尺寸标注得到修改。下面简单介绍这些方法。

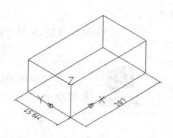

图 13-5　不合适的用户坐标系

　　【案例 13-1】将图 13-6（a）标注改为（b）标注。

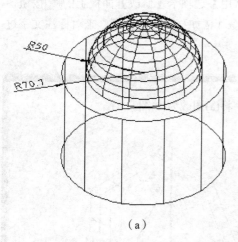 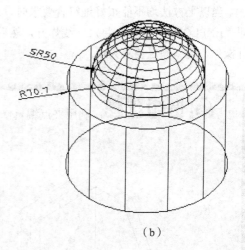

　　（a）　　　　　　　　　　　　　　　　　　　　　　　　（b）

图 13-6　使用修改尺寸的"新建"选项来改正尺寸标注

打开素材文件"13-1.dwg"，在命令行输入 DIMEDIT 命令，AutoCAD 提示如下。

　　命令:_dimedit

　　输入标注编辑类型 [默认(H)/新建(N)/旋转(R)/倾斜(O)] <默认>: N

　　　　　　　　　　　　　　//选取"新建(N)"选项，结果如图 13-7 所示

　　　　　　　　　　　　　　//删除原来标记，输入"SR50"，在文字输入框外单击

　　选择对象: 找到 1 个　　　//选择要修改的标注尺寸

　　选择对象:　　　　　　　　//结束选择

结果如图 13-6（b）所示。

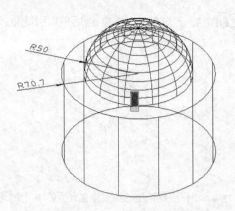

图 13-7 选取"新建"选项后的视图

另一种修改尺寸标注的方法是利用 AutoCAD 的【特性】对话框修改对象属性。

在 AutoCAD 中,【特性】对话框几乎可以用于对所有对象进行修改,善用此工具将会在很大程度上降低绘图的复杂性,从而大大提高绘图效率。

另外,在有很多尺寸标注对象需要修改且修改的要求基本相同的情况下,可以通过修改或者建立新标注样式来实现批量尺寸标注的修改。

当以上方法均不能很好地符合要求时,可以使用【常用】选项卡【修改】面板上的 按钮,即"EXPLODE"命令,将尺寸线炸开,然后利用修改命令（诸如移动、旋转等）来对标注文字进行操作,直到满足要求为止。

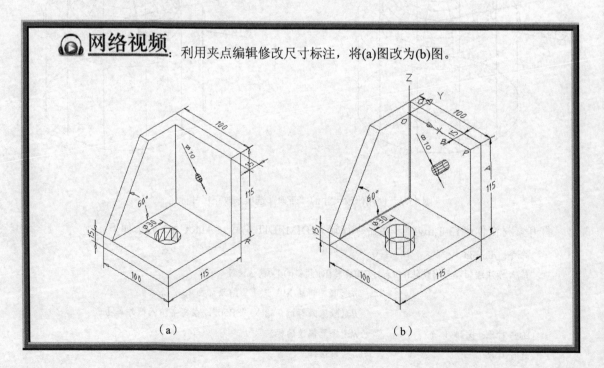

网络视频: 利用夹点编辑修改尺寸标注,将(a)图改为(b)图。

(a) (b)

13.2　渲染三维造型

本节主要讲述对三维造型的渲染。三维造型通过渲染，可添加质感，体现真实物体光和影的三维效果。

13.2.1　网络课堂——引入案例

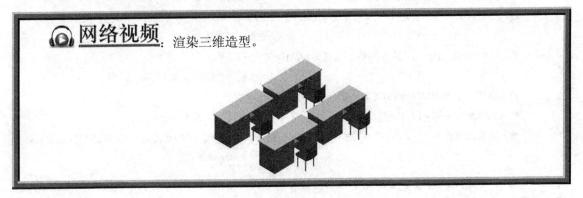

13.2.2　光源

AutoCAD 提供了 3 种光源：模拟电灯泡的点光源、模拟探照灯的聚光灯光源和模拟太阳光的平行光源。

1. 点光源

点光源是一种在所在位置向所有方向发射光线的光源，其强度随着距离的增加根据其衰减率衰减，它可以用来模拟灯泡发出的光，达到基本的照明效果。

【案例 13-2】设置点光源。

（1）打开素材文件"13-2.dwg"。

（2）单击【渲染】选项卡【光源】面板上的　按钮，如图 13-8 所示，打开【光源-视口光源模式】对话框，如图 13-9 所示。

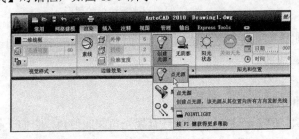

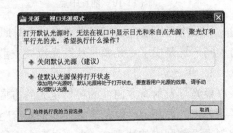

图 13-8　选择"点光源"选项　　　　　　　图 13-9　【光源-视口光源模式】对话框

（3）选取【始终执行我的当前选择】复选项，选择【关闭默认光源（建议）】选项，AutoCAD 提示如下。

```
命令: _pointlight
指定源位置 <0,0,0>: from                    //利用偏移捕捉指定点光源位置
```

基点：mid   //捕捉中点，如图 13-10 所示

<偏移>：@1000,0,0   //输入相对坐标

输入要更改的选项 [名称(N)/强度因子(I)/状态(S)/光度(P)/阴影(W)/衰减(A)/过滤颜色(C)/退出(X)] <退出>：N

                                     //选取"名称(N)"选项

输入光源名称 <点光源 1>：SPOT1

输入要更改的选项 [名称(N)/强度因子(I)/状态(S)/光度(P)/阴影(W)/衰减(A)/过滤颜色(C)/退出(X)] <退出>：I

                                     //选取"强度因子(I)"选项

输入强度 (0.00 – 最大浮点数) <1>：2   //输入强度为 2

输入要更改的选项 [名称(N)/强度因子(I)/状态(S)/光度(P)/阴影(W)/衰减(A)/过滤颜色(C)/退出(X)] <退出>：W

                                     //选取"阴影(W)"选项

输入 [关(O)/锐化(S)/已映射柔和(F)/已采样柔和(A)] <锐化>：F

                                     //选取"已映射柔和(F)"选项

输入贴图尺寸 [64/128/256/512/1024/2048/4096] <256>：256

输入柔和度 (1-10) <1>：5   //输入柔和度为 5

输入要更改的选项 [名称(N)/强度因子(I)/状态(S)/光度(P)/阴影(W)/衰减(A)/过滤颜色(C)/退出(X)] <退出>：X

                                     //按 Enter 键退出

（4）单击【渲染】选项卡【渲染】面板上的 按钮，在打开的列表中单击左上角处的 按钮，渲染图形，结果如图 13-11 所示。

图 13-10　捕捉中点

图 13-11　点光源渲染的图形

从图中可以看出，采用"点光源"时照明亮度在各个区域是不同的，而且阴影的大小也有明显的不同，这是由于点光源是从发光点处发散造成的。

2. 聚光灯

聚光灯发射有方向性的可指定光的方向和圆锥的大小的圆锥形光。

与点光源相似，聚光灯的强度也随着距离的增加而衰减。聚光灯有聚光角和照射角，它们一起控制光沿着圆锥的边衰减。当来自聚光灯的光照射表面时，照明强度最大的区域被照明强度较低的区域所包围。

【案例 13-3】设置聚光灯。

（1）打开素材文件"13-3.dwg"。

（2）单击【渲染】选项卡【光源】面板上的 按钮，在打开的下拉列表中单击 按钮，AutoCAD 提示如下。

命令: _spotlight

指定源位置 <0,0,0>: from　　　　　　　　//利用偏移捕捉指定点光源位置

基点: mid　　　　　　　　　　　　　　//捕捉中点，如图 13-12 所示

于<偏移>: @2000, 0 ,0　　　　　　　　//输入相对坐标

指定目标位置 <0,0,-10>:　　　　　　　//捕捉图 13-12 所示的中点

输入要更改的选项 [名称(N)/强度(I)/状态(S)/聚光角(H)/照射角(F)/阴影(W)/衰减(A)/颜色(C)/退出(X)] <退出>: N

　　　　　　　　　　　　　　　　　//选取 "名称(N)" 选项

输入光源名称 <聚光灯 5>: FOCUS1

输入要更改的选项 [名称(N)/强度(I)/状态(S)/聚光角(H)/照射角(F)/阴影(W)/衰减(A)/颜色(C)/退出(X)] <退出>: I

　　　　　　　　　　　　　　　　　//选取 "强度(I)" 选项

输入强度 (0.00 – 最大浮点数) <1>: 2

输入要更改的选项 [名称(N)/强度(I)/状态(S)/聚光角(H)/照射角(F)/阴影(W)/衰减(A)/颜色(C)/退出(X)] <退出>: S

　　　　　　　　　　　　　　　　　//选取 "状态(S)" 选项

输入状态 [开(N)/关(F)] <开>: N　　　　//选取 "开(N)" 选项

输入要更改的选项 [名称(N)/强度(I)/状态(S)/聚光角(H)/照射角(F)/阴影(W)/衰减(A)/颜色(C)/退出(X)] <退出>: H

　　　　　　　　　　　　　　　　　//选取 "聚光角(H)" 选项

输入聚光角 (0.00–160.00) <45>: 70　　//输入聚光角

输入要更改的选项 [名称(N)/强度(I)/状态(S)/聚光角(H)/照射角(F)/阴影(W)/衰减(A)/颜色(C)/退出(X)] <退出>: F

　　　　　　　　　　　　　　　　　//选取 "照射角(F)" 选项

输入照射角 (0.00–160.00) <51>: 90　　//输入照射角

输入要更改的选项 [名称(N)/强度(I)/状态(S)/聚光角(H)/照射角(F)/阴影(W)/衰减(A)/颜色(C)/退出(X)] <退出>: W

　　　　　　　　　　　　　　　　　//选取 "阴影(W)" 选项

输入 [关(O)/锐化(S)/已映射柔和(F)/已采样柔和(A)] <锐化>: F

　　　　　　　　　　　　　　　　　//选取 "已映射柔和(F)" 选项

输入贴图尺寸 [64/128/256/512/1024/2048/4096] <256>: 1024

　　　　　　　　　　　　　　　　　//输入贴图尺寸为 1024

输入柔和度 (1–10) <1>: 5　　　　　　//输入柔和度

输入要更改的选项 [名称(N)/强度(I)/状态(S)/聚光角(H)/照射角(F)/阴影(W)/衰减(A)/颜色(C)/退出(X)] <退出>: X

　　　　　　　　　　　　　　　　　//按 Enter 键退出

（3）单击【渲染】选项卡【渲染】面板上的 按钮，在打开的列表中单击左上角处的 按钮，渲染图形，结果如图 13-13 所示。

图 13-12　捕捉中点

图 13-13　聚光灯渲染的图形

3. 平行光

平行光源是指从一个方向发射统一的平行光线的光源，光线在指定的光源点的两侧无限延伸，平行光的强度并不随着距离的增加而衰减，对于每一个被照射的表面，其亮度都与其在光源处相同。

在图形中，平行光的方向要比其位置重要得多。所有对象都能被其照亮，包括任何相对光线被"遮挡"的对象。

下面通过实例来讲解如何新建平行光源。

【案例 13-4】创建平行光源。

（1）打开素材文件"13-4.dwg"。

（2）单击【渲染】选项卡【光源】面板上的 创建光源▾ 按钮，在打开的下拉列表中单击 ◌⃝平行光 按钮，AutoCAD 提示如下。

```
命令: _distantlight
指定光源方向  FROM <0,0,0> 或 [矢量(V)]: 0,0,2//指定光源方向
指定光源方向  TO <1,1,1>:                //按 Enter 键
输入要更改的选项 [名称(N)/强度(I)/状态(S)/阴影(W)/颜色(C)/退出(X)] <退出>: n
                                        //选取"名称(N)"选项
输入光源名称 <平行光 1>: PXG             //输入光源名称
输入要更改的选项 [名称(N)/强度(I)/状态(S)/阴影(W)/颜色(C)/退出(X)] <退出>: I
                                        //选取"强度(I)"选项
输入强度 (0.00 – 最大浮点数) <1>: 1.5     //输入强度
输入要更改的选项 [名称(N)/强度(I)/状态(S)/阴影(W)/颜色(C)/退出(X)] <退出>: X
                                        //按 Enter 键退出
```

（3）单击【渲染】选项卡【渲染】面板上的 ⬤ 按钮，在打开的列表中单击左上角处的 ⬤ 按钮，渲染图形，结果如图 13-14 所示。

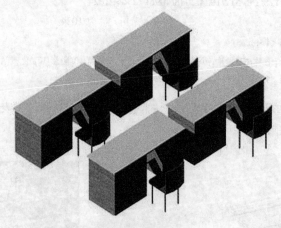

图 13-14   创建平行光源

可以用平行线统一照亮对象或背景，并模拟日光。单个平行光可以模拟太阳，虽然太阳光是向所有方向发射，但是因为太阳的大小和与地球的距离都很大，所以当其光线到达地球时，实际上已经可以看作是平行光了。

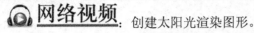

网络视频：创建太阳光渲染图形。

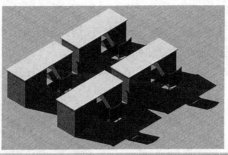

13.2.3 阴影类型及渲染效果

单击【渲染】选项卡【渲染】面板上的 按钮，在打开的列表中单击右下角处的 按钮，打开【高级渲染设置】对话框，单击顶部下拉列表，可以发现 AutoCAD 2010 共提供了 5 种渲染方式，即草稿、低、中、高和演示，它们的渲染效果依次为越来越好，同时渲染需要的时间也越来越多，如图 13-15 所示。还可选择下拉列表中的【管理渲染预设】选项，打开【渲染预设管理器】对话框，如图 13-16 所示，在这里可进行渲染预设的有关设置与修改。

图 13-15 【高级渲染设置】对话框　　　图 13-16 【渲染预设管理器】对话框

该对话框下面有【阴影】分组框，系统提供了 3 种阴影模式：简化阴影模式、分类阴影模式和分段阴影模式。

* 【简化】：渲染器以任意顺序调用阴影着色器，这是默认的阴影模式。
* 【分类】：渲染器以从对象到光源的顺序调用阴影着色器。
* 【分段】：渲染器按照从体积着色器到对象和光源之间的光线段的顺序调用阴影着色器。此外，系统中还提供了阴影贴图阴影和光线跟踪阴影两种阴影形式。
* 阴影贴图阴影：这是生成具有柔和边界阴影的唯一方法，但是它不会显示透明或半透明对象投射的颜色，比光线跟踪阴影的计算速度快。
* 光线跟踪阴影：与其他反射和折射的光线跟踪效果类似，通过跟踪从光源采样得到的光束

或光线而产生，比阴影贴图阴影更加精确。

【案例 13-5】给模型添加阴影并渲染模型。

（1）打开素材文件"13-5.dwg"。

（2）单击【渲染】选项卡【渲染】面板上的 按钮，在打开的列表中单击右下角处的 按钮，打开【高级渲染设置】对话框，具体设置如图 13-17 所示。

（3）单击【渲染】选项卡【渲染】面板上的 按钮，在打开的列表中单击左上角处的 按钮，渲染图形，结果如图 13-18 所示。

图 13-17 【高级渲染设置】对话框（1）　　　　　图 13-18 渲染效果（1）

（4）重新修改【高级渲染设置】对话框中的相关选项，具体设置如图 13-19 所示。

（5）单击【渲染】选项卡【渲染】面板上的 按钮，在打开的列表中单击右上角处的 按钮，渲染图形，结果如图 13-20 所示。

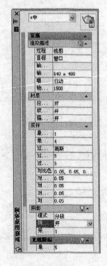

图 13-19 【高级渲染设置】对话框（2）　　　　　图 13-20 渲染结果（2）

当然，【高级渲染设置】对话框中还有其他一些选项，读者可以自己设置一下，然后渲染图形，看看效果有何不同。

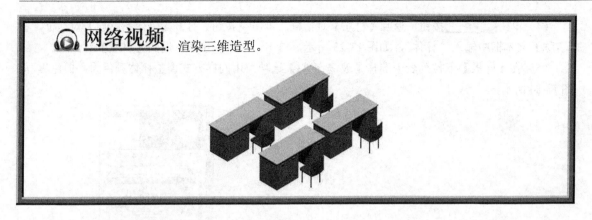

网络视频：渲染三维造型。

13.2.4　附着材质

实际的三维物体均是由一定的材料构成的，为了更真实地表达三维实体，就需要为三维对象附着材质。结合光源和材质，就能为模型进一步增强真实感。

AutoCAD 可以将材质附着到单独对象上、具有特定 ACI（AutoCAD Color Index:AutoCAD 颜色索引）编号的所有对象或图层上（启动命令是MATERIALATTACH）。

AutoCAD 根据材质附着到对象上的层次关系渲染对象上的材质。明确指定的附着材质具有最高的优先级，然后是随 ACI 附着的材质，最后是随图层附着的材质。如果没有附着材质，则使用全局（*GLOBAL*）材质作为附着材质。

下面举例说明如何为三维对象附着材质。

【案例 13-6】附着材质。

（1）打开素材文件"13-6.dwg"。

（2）单击【渲染】选项卡【材质】面板下面 ▭ 材质 ▾ ▭ 按钮右边的 ▭ 按钮，打开【材质】对话框，如图 13-21 所示。

（3）在【材质】对话框中【材质编辑器-全局】选项组中取消选择【随对象】复选项，系统弹出 ▬ 按钮，单击该按钮，打开【选择颜色】对话框，调整颜色，如图 13-22 所示。

图 13-21　【材质】对话框（1）

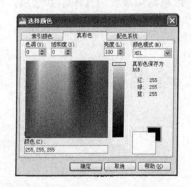

图 13-22　【选择颜色】对话框

（4）单击 ▭确定 按钮，返回【材质】对话框。单击 🔳 按钮，打开【创建新材质】对话框，在【名称】文本框中输入"杯体"，如图 13-23 所示，单击 ▭确定 按钮，返回【材质】对话框。

（5）在【样板】下拉列表中选择【玻璃-透明】选项。用同样方式调整杯体颜色为"白色"，如图 13-24 所示。

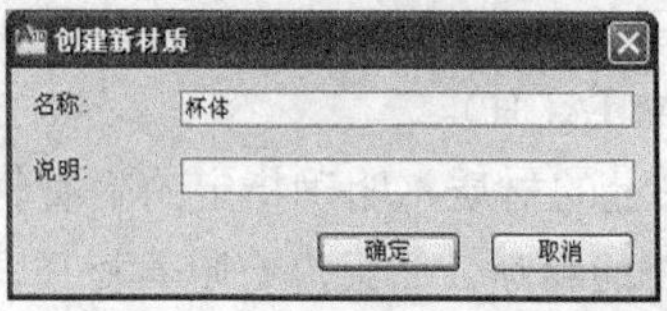

图 13-23 【创建新材质】对话框

图 13-24 【材质】对话框（2）

（6）单击【材质】对话框中的 🔳 按钮，此时当鼠标指针移动到绘图窗口变成刷子状，选择模型的杯体。

（7）同样方式给模型其他部分附着材质。

- 杯上边沿——类型：真实；样板：未涂漆木材；在【漫射贴图】分组框的【贴图类型】下拉列表中选择【木材】选项。
- 杯盖——类型：真实；样板：塑料；颜色：白色。
- 杯座——类型：真实；样板：塑料。

> **要点提示** 当材质和图形对象较多时，在材质附着过程中要仔细，不要附着错了，必要时可以将图形局部放大。

（8）选取渲染预设为【演示】选项，渲染结果如图 13-25 所示。

图 13-25 渲染图形

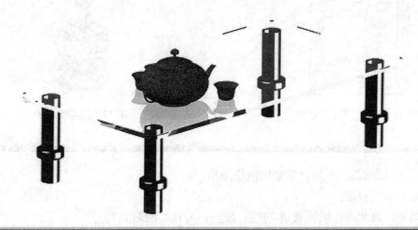

网络视频：附着材质渲染图形。

给模型附着下列材质。

- 全局—类型：真实；样板：玻璃-透明；颜色：勾选"随对象"。
- 茶壶、茶杯—类型：真实；样板：砖石；选取"漫射贴图"，贴图类型选择"大理石"。
- 茶几支架—类型：真实金属；样板：金属-光滑。
- 茶几面—类型：真实；样板：玻璃-透明；颜色：白色。

13.2.5 使用材质贴图

AutoCAD 系统提供了漫射贴图、反射贴图（也称为环境贴图）和凹凸贴图 3 种材质贴图。

- 漫射贴图：选中后，将使漫射贴图在材质上处于活动状态并可被渲染。贴图类型可以使用文件中的图像（例如平铺图案），也可以选择木材或大理石程序材质。单击【材质】对话框中的 选择图像 按钮，可以选择图像文件作为纹理贴图。可以选用的文件格式有 TGA（".tga"）、BMP（".bmp"、".rle"、".dib"）、PNG（".png"）、JFIF（".jpg"、".jpeg"）、TIFF（".tif"）、GIF（".gif"）和 PCX（".pcx"）。
- 反射贴图（也称为环境贴图）：可模拟在有光泽的对象表面上反射的场景。
- 凹凸贴图：将表面特征添加到面上而不更改其几何体。

【案例 13-7】使用材质贴图——彩色立柱效果图的渲染。

（1）打开素材文件"13-7.dwg"。

（2）单击【渲染】选项卡【材质】面板下面 材质▾ 按钮右侧的▾按钮，打开【材质】对话框。

（3）在【材质】对话框的【样例几何体】下拉列表中选取 。

（4）材质类型设置为【真实】，附着材质为【塑料】，并在【漫射贴图】分组框【贴图类型】下拉列表中选择【纹理贴图】选项，该贴图为素材文件"13-7.bmp"。

（5）单击【漫射贴图】分组框中的 按钮，打开【材质】对话框，参数设置如图 13-26 所示。

（6）其他保持默认，选取渲染预设为【演示】选项，渲染结果如图 13-27 所示。

图 13-26 【材质】对话框

图 13-27 渲染图形

网络视频：使用材质贴图渲染图形。

给模型附着下列材质。

全局—类型：真实；样板：玻璃-透明；颜色：勾选"随对象"。

茶壶—选取【漫射贴图】复选项，【纹理贴图】贴图为素材文件"17-6-1.bmp"。

茶杯—选取【漫射贴图】复选项，【纹理贴图】贴图为素材文件"17-6-2.bmp"。

习题

1. 打开素材文件"习题 13-1.dwg"，标注图形，结果如图 13-28 所示。

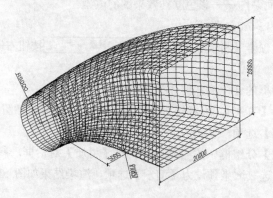

图 13-28 标注图形

2. 室内效果图的渲染。请按以下步骤操作。

（1）打开素材文件"习题 13-2.dwg"。

（2）单击【渲染】选项卡【材质】面板下面 [材质 ▼] 按钮右侧的 按钮，打开【材质】对话框。

（3）给模型附着下列材质。

- 全局——类型：真实；样板：塑料；颜色：选择【随对象】复选项。
- 沙发——类型：真实；样板：木材；颜色：真彩色"185,70,90"。
- 墙体及地面——类型：真实；样板：砖石。
- 茶壶、茶杯——类型：真实；样板：砖石；在【漫射贴图】分组框的【贴图类型】下拉列表中选择【大理石】选项。
- 茶几支架——类型：真实金属；样板：金属-光滑。
- 茶几面——类型：真实；样板：玻璃-透明；颜色：白色。

（4）选取渲染预设为【演示】选项，渲染效果如图 13-29 所示。

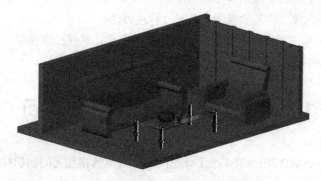

图 13-29　附着材质

第 14 章

三维模型生成二维视图

【学习目标】

- 掌握模型空间和布局的概念。
- 掌握三维模型生成二维基本视图的方法。
- 掌握三维模型生成二维基本视图后的尺寸标注方法。

通过本章的学习，读者可以掌握模型空间和布局的概念，掌握三维模型生成二维基本视图的方法及之后图形的尺寸标注方法。

14.1　AutoCAD 工作空间

本节主要讲述 AutoCAD 2010 中 4 个工作空间的作用及其相互之间的切换方法。

14.1.1　网络课堂——引入案例

> 🎧 **网络视频**：依次切换工作空间到二维草图与注释、三维建模、AutoCAD 经典和初始设置工作空间，并在各工作空间依次切换图形环境到模型空间和图纸空间。

14.1.2　模型空间

在状态栏上右击【切换工作空间】处，打开快捷菜单，如图 14-1 所示，选择【工作空间设置】选项，打开【工作空间设置】对话框，如图 14-2 所示。在这里可以看出，AutoCAD 2010 提供了 4 个工作空间：二维草图与注释、三维建模、AutoCAD 经典和初始设置工作空间。

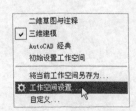

图 14-1　【切换工作空间】快捷菜单

图 14-2　【工作空间设置】对话框

AutoCAD 2000 以前版本有两个图形环境：模型空间和图纸空间。AutoCAD 2000 以后有了布局，但仍保留图纸空间的概念，在布局中用户可在模型空间和图纸空间之间切换，这些在 AutoCAD 2007 中被称为"AutoCAD 经典"工作空间。三维建模是从 AutoCAD 2007 开始提供的一个工作空间，二维草图与注释是从 AutoCAD 2008 开始提供的一个工作空间，初始设置工作空间是 AutoCAD 2010 提供的一个全新的工作空间。

通常使用的是模型空间，绘制二维或者三维图形都是在此空间中进行，因此可以理解为模型空间用于二维绘图或者三维建模。二维绘图可以在模型空间中直接打印出图，不必使用布局的功能。如果要打印三维模型的多个二维视图，就必须使用布局提供的功能，用三维模型生成二维图形，并可以对生成的二维图形做适当的编辑，然后通过布局打印出图。

14.1.3　布局

布局可以很方便地布置所建模型的视图，利用它可以建立一个三维模型的多个视图，以展示模型的不同部分或不同视点以显示模型，而不需要逐个绘制。各个视图可以设定不同的比例因子，以显示某些细节。

总之，对于三维建模来说，模型空间的主要用途是创建三维模型，布局的主要用途是设置二维打印空间，打印输出二维图形。

模型空间和布局的切换方法有以下几种。

● 系统变量：TILEMODE 值为 1 时，图形环境为模型空间；值为 0 时，图形环境为布局。改变系统变量值的方法与使用命令的方法相同，直接在命令行输入系统变量名称后按 Enter 键，就可以改变系统变量的值了。

● 模型／布局1／布局2 选项卡：位于绘图窗口左下方，用鼠标左键单击选项卡就可以进入相应的空间。用户可以创建多个布局，用鼠标右键单击选项卡弹出快捷菜单，如图 14-3 所示，可以新建、重命名或删除布局。

第一次切换到布局后，绘图区显示一张白色二维图纸，在白纸上有一个浮动视口，浮动视口中显示的图形与模型空间中的相同，如图 14-4 所示。

图 14-3　快捷菜单

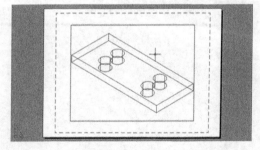

图 14-4　布局

该视口可以在图纸空间和模型空间中切换，通常称布局中的模型空间为浮动模型空间，切换按钮位于状态栏，有 模型 和 图纸 两种状态，单击这两个按钮就可以在两种状态之间切换，默认情况下，该视口为图纸空间。

14.1.4　三维建模工作空间

三维建模工作空间是从 AutoCAD 2007 开始添加的专门用于三维模型创建、渲染等的工作空间，

图 14-5 所示为 AutoCAD 2010 提供的三维建模工作空间。

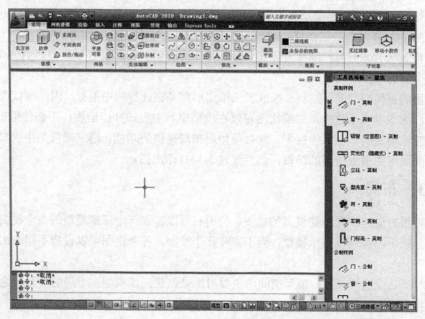

图 14-5　三维建模工作空间

在状态栏右下方提供了模型 和布局 两个模式，在上面单击鼠标右键，选取【显示布局和模型选项卡】选项，将显示出 模型 布局1 布局2 选项卡。

14.1.5　二维草图与注释

二维草图与注释是从 AutoCAD 2008 开始提供的一个工作空间，图 14-6 所示为 AutoCAD 2010 提供的二维草图与注释工作空间。

图 14-6　二维草图与注释工作空间

14.2　生成基本视图

本节主要讲述三维模型生成基本视图的方法。

14.2.1　网络课堂——引入案例

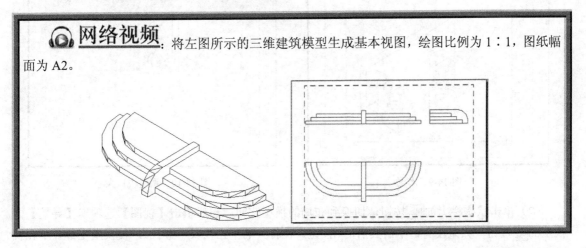

网络视频：将左图所示的三维建筑模型生成基本视图，绘图比例为 1：1，图纸幅面为 A2。

14.2.2　创建主视图

三维模型要生成二维投影图需要经过几个步骤，首先要建立第一个正交投影图，然后使用 SOLDRAW、SOLVIEW 和 SOLPROF 等命令建立多个视图并做一定的设置。

【案例 14-1】建立三维模型的主视图。

（1）打开素材文件"14-1.dwg"。

（2）从模型空间切换到布局。单击【输出】选项卡【打印】面板上的 █ 页面设置管理器 按钮，打开【页面设置管理器】对话框，如图 14-7 所示。

（3）单击 修改(M)... 按钮，打开【页面设置-布局 1】对话框，如图 14-8 所示。

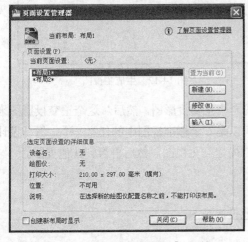

图 14-7　【页面设置管理器】对话框

图 14-8　【页面设置-布局 1】对话框

（4）设置纸张大小。不一定使用出图时的实际图幅，只要根据打印机纸张来选择相应的图幅就可以了，这里选择"A4"图幅，其他选项可以在打印时设置。

（5）单击 ▭确定▭ 按钮，返回【页面设置管理器】对话框，单击 ▭关闭(C)▭ 按钮，进入布局，绘图窗口如图 14-9 所示。

（6）单击视口边框，激活夹点，调整视口大小，如图 14-10 所示。

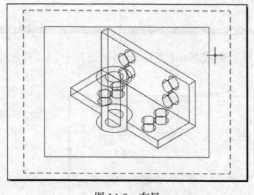

图 14-9　布局

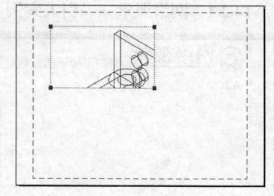

图 14-10　调整视口大小

（7）单击状态栏上的 ▭图纸▭ 按钮，切换到布局的模型空间，然后单击【视图】选项卡【导航】面板上的 ▭ 按钮（如果没有，单击其后的 ▾ 按钮，在打开的下拉列表中查找），使模型全部显示在视口中，如图 14-11 所示。

（8）单击【视图】选项卡【视图】面板上的 ◇ 按钮，在打开的下拉列表中单击 ▭前视▭ 按钮，生成模型的主视图，结果如图 14-12 所示。

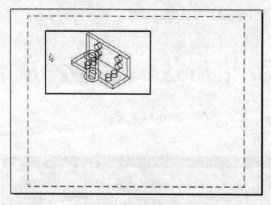

图 14-11　缩放图形

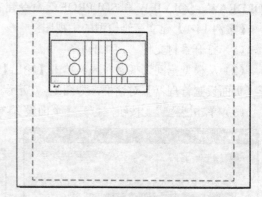

图 14-12　生成主视图

实际上，要生成二维视图，首先要得到三维模型的一个正交投影图，然后从这个正交投影图来生成其余正交投影图和其他视图。第一个正交投影图可以是 6 个标准视图中的任意一个，但是设计人员习惯用主视图、左视图和俯视图来表达设计，故常先建立主视图，然后再得到其他视图。

14.2.3　生成其他视图

上节生成了模型的主视图，下面用主视图生成其他投影视图。

【案例 14-2】生成俯视图和左视图。

接上例。执行 SOLVIEW 命令，AutoCAD 提示如下。

命令: solview

输入选项 [UCS(U)/正交(O)/辅助(A)/截面(S)]: o　　　　//选取"正交(O)"选项

指定视口要投影的那一侧:　　　　//如图 14-13 所示，单击 A 边

指定视图中心:　　　　//在主视图右边适当位置单击一点

指定视图中心 <指定视口>:

指定视口的第一个角点:　　　　//单击 C 点

指定视口的对角点:　　　　//单击 D 点

输入视图名: left　　　　//指定视图名称

输入选项 [UCS(U)/正交(O)/辅助(A)/截面(S)]: o　　　　//选取"正交(O)"选项

指定视口要投影的那一侧:　　　　//单击 B 边

指定视图中心:　　　　//在主视图下面适当位置单击一点

指定视图中心 <指定视口>:

指定视口的第一个角点:　　　　//单击 E 点

指定视口的对角点:　　　　//单击 F 点

输入视图名: top

输入选项 [UCS(U)/正交(O)/辅助(A)/截面(S)]:　　　　// 按 Enter 键结束命令

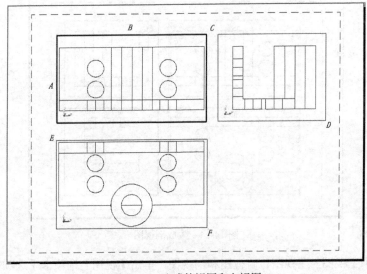

图 14-13　生成俯视图和左视图

SOLVIEW 命令有 4 个选项，分别介绍如下。

● UCS(U)：创建新视口，创建的视口投影平行于 UCS 的 xy 平面，该平面中 x 轴水平向右，而 y 轴垂直向上。

● 正交(O)：根据已有的视图生成新的正交视图。

● 辅助(A)：通常用于创建斜视图。在已有的视图中指定两点确定倾斜平面，该倾斜平面通过指定两点的连线垂直于屏幕。

● 截面(S)：通常用于创建剖视图。在已有的视图中指定两点确定剖切平面的位置，剖切平面通过指定两点的连线垂直于屏幕。

【案例 14-3】生成剖视图。

（1）接上例，激活俯视图窗口。执行 SOLVIEW 命令，AutoCAD 提示如下。

命令: solview

输入选项 [UCS(U)/正交(O)/辅助(A)/截面(S)]: S   //选取 "截面(S)" 选项

指定剪切平面的第一个点:qua   //输入捕捉象限点命令

于   //如图 14-14 所示，捕捉 M 点

指定剪切平面的第二个点:mid   //输入捕捉中点命令

于   //捕捉 N 点

指定要从哪侧查看: //在俯视图右侧单击一点

输入视图比例 <0.4361>:

指定视图中心: //在俯视图右侧适当位置单击一点

指定视图中心 <指定视口>:

指定视口的第一个角点: //单击 P 点

指定视口的对角点: //捕捉 Q 点

输入视图名: section   //输入视图名

输入选项 [UCS(U)/正交(O)/辅助(A)/截面(S)]:   //按 Enter 键结束操作

（2）单击【视图】选项卡【导航】面板上的 🔍 按钮，结果如图 14-14 所示。

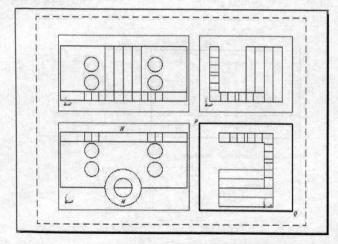

图 14-14　生成剖视图

至此，建立了主视图、左视图、俯视图和剖视图，单击【视图】选项卡【选项板】面板上的 🔲 按钮，打开【图层特性管理器】对话框，如图 14-15 所示。

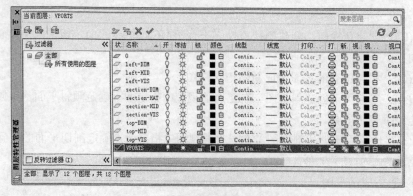

图 14-15　【图层特性管理器】对话框

可以发现，对于使用 SOLVIEW 命令建立的 3 个视图 left、top 和 section，AutoCAD 建立了以下图层。

- VPORTS：用 SOLVIEW 命令创建的视口边框都放在该层，不是用 SOLVIEW 命令建立的视口边框不在此层，比如案例中的主视图边框不在 VPORTS 层。
- 视图名-DIM：该层用于标注尺寸。
- 视图名-HID：该层用于放置隐藏线。
- 视图名-VIS：该层用于放置可见的轮廓线。
- 视图名-HAT：只有建立了剖视图时，才建立此图层，用于放置剖面线。

由于在布局的浮动模型空间中标注时，要把标注放在各自的层上，需要频繁地设置当前图层，这就使得标注过程比较复杂，因此通常不采用该方法，而是单独建立标注、中心线等图层。同时，为了区分轮廓线、剖面线与尺寸线，可以将标注图层和 HAT 层改为其他颜色。

14.3　建立真正的二维图形

本节主要讲述三维模型生成基本视图之后，建立真正二维图形的方法。

14.3.1　网络课堂——引入案例

网络视频：将第 14.2.1 节中建立的基本视图生成真正的二维图形。

14.3.2　设置图形

前面创建的左视图、俯视图和剖视图并不是真正的二维图形，而是三维模型在不同观察方向上的视图，在布局的模型空间仍然可以利用【三维动态观察器】、【视图】等工具从不同方向观察三维模型。要得到真正的二维图形还需使用 SOLDRAW 和 SOLPROF 命令。

SOLDRAW（设置图形）命令用于将 SOLVIEW 命令建立的视图由三维转化为二维，并自动将可见轮廓线放置在"视图名称-VIS"图层，将隐藏线放置在"视图名称-HID"图层。对于剖视图，AutoCAD 还将自动生成剖面线，将剖面线放置于"视图名称-HAT"图层。

这里需要注意的是，只有用 SOLVIEW 命令建立的视口才能使用 SOLDRAW 命令将三维视图转化为二维投影视图，非 SOLVIEW 命令建立的视口不能使用 SOLDRAW 命令。

【案例 14-4】用 SOLDRAW 命令将 SOLVIEW 命令建立的视图由三维转化为二维。
接上例，执行 SOLDRAW 命令，AutoCAD 提示如下。

命令: soldraw
选择要绘图的视口…

选择对象: 找到 1 个   //捕捉 A 点，如图 14-16 所示

选择对象: 找到 1 个，总计 2 个   //捕捉 B 点

选择对象: 找到 1 个，总计 3 个   //捕捉 C 点

选择对象: //按 Enter 键

已选定一个实体。

已选定一个实体。

已选定一个实体。

结果如图 14-16 所示。

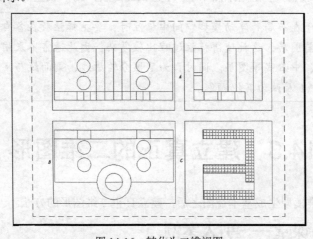

图 14-16   转化为二维视图

14.3.3   设置轮廓

SOLPROF（设置轮廓）命令用于创建三维模型的二维或者三维轮廓线。使用该命令时，必须激活浮动视口，否则，命令无法执行。生成轮廓线的同时，SOLPROF 命令还创建前缀为"PH-"及"PV-"的图层，这两个图层分别放置不可见轮廓线和可见轮廓线。

【案例 14-5】用 SOLPROF 命令生成轮廓。

（1）接上例，激活主视图所在视口。

（2）执行 SOLPROF 命令，AutoCAD 提示如下。

命令: solprof

选择对象: 找到 1 个   //选择主视图中的三维图形

选择对象:

是否在单独的图层中显示隐藏的轮廓线? [是(Y)/否(N)] <是>: Y

                                             //将隐藏线放置在单独的图层上

是否将轮廓线投影到平面? [是(Y)/否(N)] <是>: Y   //选择将轮廓线投影到平面

是否删除相切的边? [是(Y)/否(N)] <是>: Y   //按 Enter 键结束操作

输入选项 [?/冻结(F)/解冻(T)/重置(R)/新建冻结(N)/视口默认可见性(V)]: _N

输入在所有视口中都冻结的新图层的名称: PV-1D7 输入选项 [?/冻结(F)/解冻(T)/重置(R)/视口默认可见性(V)]: _T

输入要解冻的图层名: PV-1D7

输入选项 [全部(A)/选择(S)/当前(C)] <当前>: 输入选项 [?/冻结(F)/解冻(T)/重置(R)/新建冻结(N)/视口默认可

见性(V)]:

命令: _.VPLAYER 输入选项 [?/冻结(F)/解冻(T)/重置(R)/新建冻结(N)/视口默认可见性(V)]: _NEW

输入在所有视口中都冻结的新图层的名称: PH-1D7 输入选项 [?/冻结(F)/解冻(T)/重置(R)/新建冻结(N)/视口默认可见性(V)]: _T

输入要解冻的图层名: PH-1D7

输入选项 [全部(A)/选择(S)/当前(C)] <当前>: 输入选项 [?/冻结(F)/解冻(T)/重置(R)/新建冻结(N)/视口默认可见性(V)]:

命令:

已选定一个实体。

（3）将主视图视口边框所在图层由"0"层改为"VPORTS"，然后冻结三维图形所在的"0"层，结果如图 14-17 所示。

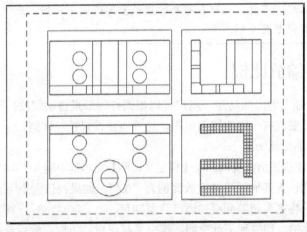

图 14-17   设置轮廓

14.3.4   进一步完善图形

现在已经得到三维模型的主视图、左视图、俯视图和剖视图的二维图形了，但是这些视图与用户直接绘制的二维图形还存在较大的差别，比如隐藏线和可见轮廓线无法区分，因此还需要对其进行进一步地编辑操作。

【案例 14-6】完善二维图形。

（1）接上例，单击【视图】选项卡【选项板】面板上的 按钮，打开【图层特性管理器】对话框，冻结下列图层。

left-HID。

PH-1D7。

section-HID。

top-HID。

结果如图 14-18 所示。

（2）绘制中心线。切换到"PV-1D7"层，激活主视图视口，绘制中心线，然后依次激活左视图、俯视图和剖视图，并分别切换到"left-VIS"、"top-VIS"和"section-VIS"层上绘制中心线，然后将所有中心线线型改为"CENTER2"，颜色改为【红】色，结果如图 14-19 所示。

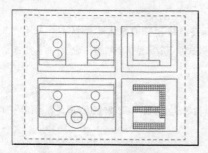
图 14-18　关闭隐藏线图层

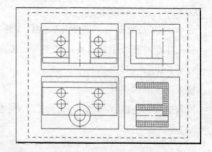
图 14-19　绘制中心线

要点提示

在模型空间绘制中心线必须在与视口对应的"PV-"或"-VIS"层绘制。若在"0"层或自己建立的其他图层上绘制任何一个视口的中心线，则其他视口中也能看到该中心线。当然，也可在布局的图纸空间绘制中心线，此时可以用"0"层或自己建立的其他图层绘制。

14.3.5　设置缩放比例

AutoCAD 提供了强大的出图功能，用户可以根据打印纸张自动缩放打印区域的大小，但是在工程制图中，有时用户要求按一定的比例出图，这就需要设置视口比例。

【案例 14-7】设置缩放比例。

（1）接上例，激活主视图所在视口，在【自定义比例】文本框中输入"0.4"，如图 14-20 所示。

（2）用同样的方法设置其他视口的缩放比例为"0.4"，如果视口大小不合适，可以通过编辑夹点调整视口大小，然后将视图调整到视口适当位置即可。

（3）锁定视口的比例。切换到图纸空间，选中主视图视口边框，然后单击鼠标右键，在弹出的快捷菜单中选择【显示锁定】为【是】，如图 14-21 所示。

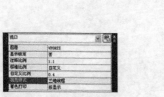
图 14-20　设置缩放比例

图 14-21　锁定视口的比例

（4）利用同样的方法锁定其他视口的缩放比例。

至此，所有视图的缩放比例都设置成了 0.4，并且进行了锁定，如果需要调整缩放比例，必须先解除锁定。

14.3.6　对齐视图

对于工程图，设置好缩放比例后，要求主视图和左视图水平对齐，主视图和俯视图垂直对齐，因此对于上述生成的二维视图需要进行对齐操作，AutoCAD 提供了 MVSETUP 命令来对齐视图。

【案例 14-8】对齐视图。

接上例，用 MVSETUP 命令对齐主视图与左视图、主视图与俯视图。执行 MVSETUP 命令，AutoCAD 提示如下。

命令: MVSETUP	//输入命令
正在初始化…	
创建默认文件 mvsetup.dfs	
于目录 C:\Documents and Settings\Administrator\application data\	
autodesk\autocad 2010\r18.0\chs\support\.	
输入选项 [对齐(A)/创建(C)/缩放视口(S)/选项(O)/标题栏(T)/放弃(U)]: a	
	//选取"对齐(A)"选项
输入选项 [角度(A)/水平(H)/垂直对齐(V)/旋转视图(R)/放弃(U)]: h	
	//选取"水平(H)"选项
指定基点: end	//利用捕捉端点指定
于	//捕捉 A 点，如图 14-22 所示
指定视口中平移的目标点: end	//利用捕捉端点指定
于	//捕捉 B 点
输入选项 [角度(A)/水平(H)/垂直对齐(V)/旋转视图(R)/放弃(U)]: v	
	//选取"垂直对齐(V)"选项
指定基点: end	//利用捕捉端点指定
于	//捕捉 C 点
指定视口中平移的目标点: end	//利用捕捉端点指定
于	//捕捉 D 点
输入选项 [角度(A)/水平(H)/垂直对齐(V)/旋转视图(R)/放弃(U)]:	
输入选项 [对齐(A)/创建(C)/缩放视口(S)/选项(O)/标题栏(T)/放弃(U)]	
	//按 Enter 键结束命令

结果如图 14-22 所示。

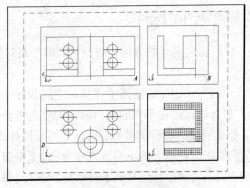

图 14-22　对齐视图

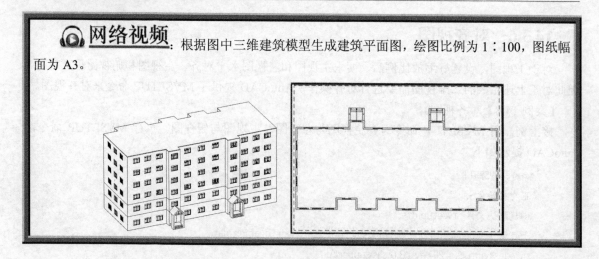

网络视频：根据图中三维建筑模型生成建筑平面图，绘图比例为 1：100，图纸幅面为 A3。

14.4 标注尺寸

本节主要讲述三维模型生成二维视图后标注尺寸的方法。

14.4.1 网络课堂——引入案例

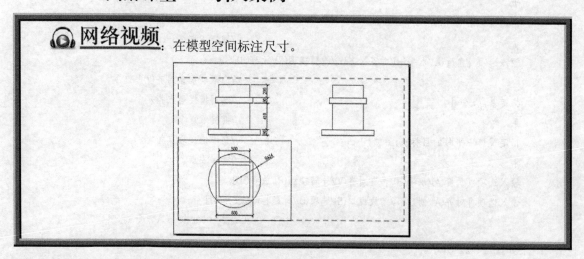

网络视频：在模型空间标注尺寸。

14.4.2 在布局的模型空间标注

与在布局中绘制中心线一样，标注尺寸的方法也有两种，即在布局的模型空间标注和在布局的图纸空间标注。

在布局的模型空间标注尺寸的方法跟二维绘图中在模型空间的标注方法一样，但是如果在布局中对视口设置了不同的比例，那么标注时在不同的视口标注的外观将会不一样，比如箭头的大小、文字的大小等。这种情况下，如果要统一标注的外观，可以使用标注样式。单击【常用】选项卡【注释】面板底部的 注释 ▼ 按钮，在打开的下拉列表中单击 按钮，打开【标注样式管理器】对话框。单击 修改(M)... 按钮，打开【修改标注样式】对话框，进入【调整】选项卡，然后选取【将标注缩放到布局】单选项，如图 14-23 所示。这样，AutoCAD 就会统一各个视口标注的外观了。

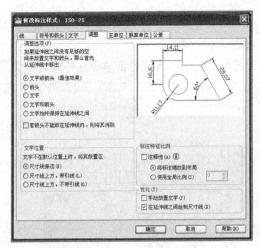

图 14-23　【修改标注样式】对话框

与在布局的浮动模型空间绘制中心线一样，标注时需要把标注放置在相应的图层上，主视图的标注应该放置在"PV-1D7"，其余视图应该放置在"视图名称-DIM"上，只有这样，标注才不会同时出现在其他视口中。

由于在布局的浮动模型空间中标注时，要把标注放在各自的图层上，需要频繁地设置当前图层，这就使得标注过程比较复杂，因此通常不采用此方法。

如果浮动视口的边框太小，没有空间放置标注时，可以通过前文介绍的夹点编辑方法先把浮动视口边框拖放到适当的大小，然后进行标注，注意标注时要符合国家标准。

14.4.3　在布局的图纸空间标注

在布局的图纸空间标注尺寸，不存在由于各视口比例不同而导致尺寸外观不一样的情况，因为在布局的图纸空间中标注尺寸的外观是统一的。因此，在布局的图纸空间标注尺寸很简单，跟在模型空间中标注尺寸一样。

默认情况下，AutoCAD 以线条的实际长度作为测量结果，即使在布局的不同视口中使用了不同的比例，标注同一特征得到的结果仍然是一样的。下面通过案例来说明该问题。

【案例 14-9】图纸空间标注与视口比例。

（1）接上例，将左视图缩放比例调整为 0.25，如图 14-24 所示。

（2）新建"标注"图层并将其设为当前层，在图纸空间标注主视图和左视图中的高度尺寸，结果如图 14-24 所示。

（3）从图中可以看出，虽然主视图和左视图视口设置了不同的比例，图形显示出来的大小也不相同，但是在图纸空间标注的高度却是相同的，这说明在默认情况下，标注的尺寸跟模型空间图形的实际尺寸有关，而跟视口的缩放比例无关。

第 13 章已经介绍了模型空间中的标注样式，这些方法同样适用在布局的图纸空间中标注尺寸。例如，有时候不想按模型空间的实际尺寸标注，而希望在实际尺寸上乘以一个倍数，实现这个功能的方法有以下两种。

- 系统变量 DIMLFAC：DIMLFAC 默认值为"1"，即测量单位的比例因子为 1，不改变标注的测量值。可以通过更改 DIMLFAC 的大小，来改变尺寸标注的大小。比如，设定 DIMLFAC 值为"2"，那么，标注结果将是原始尺寸的两倍。

- 标注样式管理器：通过修改标注样式或者新建标注样式可以实现此功能。

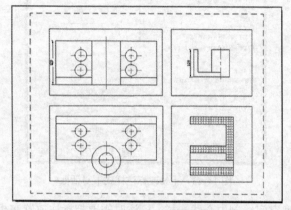

图 14-24　图纸空间标注与视口比例

下面通过案例介绍其具体方法。

【案例 14-10】在布局的图纸空间标注尺寸。

（1）接上例，删除已经标注的两个高度尺寸。

（2）单击【常用】选项卡【注释】面板底部的 注释 ▾ 按钮，在打开的下拉列表中单击 按钮，打开【标注样式管理器】对话框，单击 新建(N)... 按钮，打开【创建新标注样式】对话框，在【新样式名】文本框中输入新样式名称"样式 1"，如图 14-25 所示。

（3）单击 继续 按钮，打开【新建标注样式：样式 1】对话框，在【主单位】选项卡的【测量单位比例】分组框的【比例因子】文本框输入数值"0.5"，如图 14-26 所示。

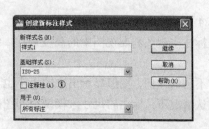

图 14-25　【创建新标注样式】对话框

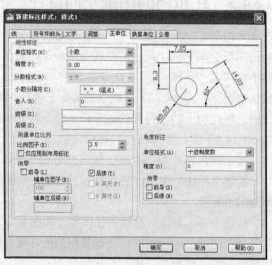

图 14-26　【新建标注样式：样式 1】对话框

（4）单击 确定 按钮返回【标注样式管理器】对话框，然后单击 置为当前(U) 按钮，使"样式 1"成为当前样式。

（5）在图纸空间标注尺寸，标注主视图和左视图的高度尺寸，结果如图 14-27 所示。零件的高度由图 14-24 所示的 120 个单位变为图 14-27 所示的 60 个单位，尺寸缩小为原始尺寸的 1/2，虽然主视图和左视图视口比例不一样，但得到的标注尺寸仍然相同。

（6）冻结 VPORTS 层，隐藏浮动视口的边框，然后在布局的图纸空间以 1：1 比例标注尺寸，其结果如图 14-28 所示。

在布局的图纸空间标注尺寸与在布局的浮动模型空间标注尺寸相比具有以下优点。

（1）可以在一个自建的层中标注所有尺寸，不需要频繁地切换图层。

（2）如果标注在同一图层上，可以统一修改其样式，不需要分别修改。

（3）根据需要也可以把不同视图的标注放在不同的层上，并可以设为不同的样式。

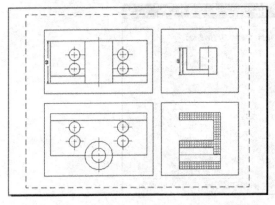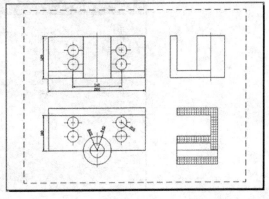

图 14-27　比例因子对在图纸空间标注尺寸的影响　　　图 14-28　在布局的图纸空间标注尺寸

14.5　使用布局向导

本节主要讲述使用布局向导自动生成多种视图的方法。

前文介绍了如何用 SOLVIEW 命令生成模型的多种视图，该命令可以生成正交视图、辅助视图和剖面图。AutoCAD 还提供了布局向导，使用布局向导可以自动生成多种视图，通过适当地调整就可以得到符合要求的视图。

执行 LAYOUTWIZARD 命令，打开【创建布局-开始】对话框，如图 14-29 所示。在对话框的左边列出了步骤，依次为【开始】、【打印机】、【图纸尺寸】、【方向】、【标题栏】、【定义视口】、【拾取位置】和【完成】。

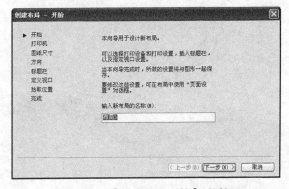

图 14-29　【创建布局-开始】对话框

在完成每项设置后，单击 下一步(N) > 按钮就可以进行下一项的设置。下面简单介绍每一项的功能。

- 【开始】用于输入新建布局的名称，如果在使用布局向导之前用户没有删除或者新建布局，那么布局向导里新布局默认名称为"布局3"，用户可以自行给新建布局取名。
- 【打印机】可以选择打印机类型。
- 【图纸尺寸】根据打印纸或需要选择合适的图纸大小以及绘图单位。
- 【方向】选择纸张是横向还是竖向。
- 【标题栏】AutoCAD 给出了许多类型的标题栏和边框，可以根据要求选择合适的类型。
- 【定义视口】如图 14-30 所示，可以设置布局中视口类型、比例和行列间距等。

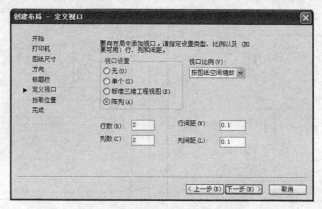

图 14-30　【创建布局-定义视口】对话框

 需要注意的是，【标准三维工程视图】使用的是美国国家标准，采用的是第三角投影法，即投影面位于模型和视点之间，故各视图的布置与我国的习惯有所不同。

- 【拾取位置】一般采用默认位置。
- 【完成】完成设置。

用布局向导产生的视口均为浮动模型视口，可用视图或三维动态观察等调整视点，故要转换为二维图形还需要利用 SOLPROF 命令，方法同前所述。

习题

请将素材文件"习题 14-1.dwg"中的三维模型（见图 14-31）转化为二维视图（主视图、左视图和俯视图）。

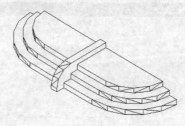

图 14-31　三维模型

第 15 章

打印输出图形

【学习目标】
- 配置打印设备，对当前打印设备的设置进行简单修改。
- 熟悉打印样式及其设置、编辑方法。
- 选择图纸幅面，设定打印区域。
- 调整打印方向和位置，输入打印比例。
- 保存打印设置。

通过本章的学习，读者可以掌握图形打印输出的设置及方法。

15.1 打印设备

本节主要讲述通过绘图仪管理器访问、添加和编辑打印绘图设备的方法。

在 AutoCAD 中，有以下两种图纸打印输出方式。

1. 打印输出为图纸

这种打印输出方式要使用硬件设备，可使用 Windows 系统打印机或非 Windows 系统打印设备输出图形，其中后者有 HP、XESystems 等公司的绘图仪，这些绘图仪通常提供了使用所需要的驱动程序。

2. 打印输出为其他工业标准文件

输出的文件格式包括 Autodesk 自己提供的 DWF、PostScript 等矢量格式以及 BMP、JPEG、PNG 等位图格式，生成的文件可以用于网络发布、电子出版等，这种打印输出方式虽然不需要使用硬件设备，但它们的输出过程和使用硬件设备打印输出是一样的。

15.1.1 网络课堂——引入案例

🎧 **网络视频**：利用 AutoCAD 的"添加绘图仪向导"配置一台内部打印机——DesignJet 750 C3196A。

15.1.2 绘图仪管理器

AutoCAD 利用 Autodesk 绘图仪管理器管理图形输出设备，通过绘图仪管理器用户可以访问、添加和编辑所有的打印绘图设备。访问绘图仪管理器的方法如下。

- 双击 Windows 操作系统的控制面板中的【Autodesk 绘图仪管理器】图标，如图 15-1 所示。

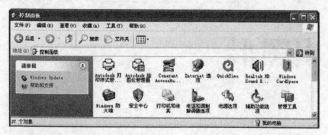

图 15-1　通过 Windows 控制面板访问绘图仪管理器

- 下拉菜单：【菜单浏览器】|【打印】|【管理绘图仪】。
- 功能区：单击【输出】选项卡【打印】面板上的 绘图仪管理器 按钮。
- 功能区：单击【输出】选项卡【打印】面板右下角的 按钮，打开【选项】对话框，在【选项】对话框中选择【打印和发布】选项卡，单击 添加或配置绘图仪(P)... 按钮，如图 15-2 所示。

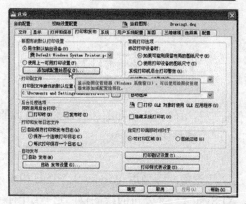

图 15-2　通过【选项】对话框访问绘图仪管理器

- 命令：PLOTTERMANAGER。

打开的绘图仪管理器如图 15-3 所示，通过其中的【添加绘图仪向导】可以为 AutoCAD 添加新的打印设备。

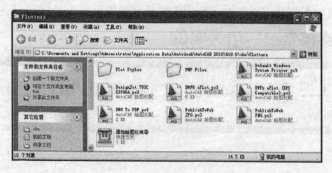

图 15-3　绘图仪管理器窗口

15.1.3　添加打印设备

在绘图仪管理器中已经存在安装 AutoCAD 时建立的打印设备文件，还可以通过打开的绘图仪管理器窗口中的【添加绘图仪向导】为 AutoCAD 添加新的打印机或绘图仪。

下面举例说明通过【添加绘图仪向导】窗口来添加新打印设备的方法。

【案例 15-1】添加打印设备。

（1）双击图 15-3 中的【添加绘图仪向导】图标，打开【添加绘图仪-简介】对话框，此对话框可引导一步步配置或添加打印设备，如图 15-4 所示。

（2）单击 下一步(N) > 按钮，打开【添加绘图仪-开始】对话框，如图 15-5 所示。

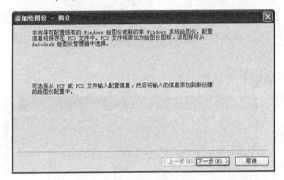
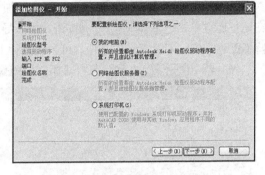

图 15-4　【添加绘图仪-简介】对话框　　　　图 15-5　【添加绘图仪-开始】对话框

该对话框的主要选项如下。

● 【我的电脑】通过"Autodesk Heidi 绘图仪驱动程序"来设置本地打印绘图设备，由本地计算机管理。HDI（Heidi®设备接口）驱动程序用于与硬拷贝设备通信，此类设备并不一定支持Windows，其驱动程序可以从 AutoCAD 获得，也可以从设备供应商获得。

> Heidi（Quick Draw 3D）：它是一个纯粹的立即模式窗口，主要适用于应用开发，Heidi 灵活多变，能够处理非常复杂的几何图形，扩展能力强，支持交互式渲染，最主要的是它得到了 Autodesk 的大力支持。

> 当资料经由印表机输出至纸上称为硬拷贝，若资料显示在荧幕上则称为软拷贝。通俗地讲硬拷贝就是把资料用印表机印出来，软拷贝就是把资料复制在记忆体里。

● 【网络绘图仪服务器】使用网络上共享的绘图设备，与本地绘图设备使用同样的 Heidi 设备驱动，但由于联机在网络上面，因此可供网络工作组中所有计算机共同使用。

● 【系统打印机】使用已配置的 Windows 系统打印机驱动程序，并对 AutoCAD 2010 使用与其他系统 Windows 应用程序不同的默认值。

这里以通过【我的电脑】单选项为例介绍如何为 AutoCAD 添加打印绘图设备。

（3）选择【我的电脑】单选项，单击 下一步(N) > 按钮，打开【添加绘图仪-绘图仪型号】对话框，如图 15-6 所示。

（4）在【生产商】列表框中选择"HP"，在【型号】列表框中选择"DesignJet 250C C3190A"，单击 下一步(N) 按钮，打开【驱动程序信息】对话框，如图 15-7 所示。

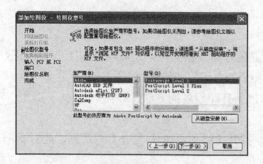

图 15-6 【添加绘图仪-绘图仪型号】对话框   图 15-7 【驱动程序信息】对话框

（5）单击 继续(D) 按钮，打开【添加绘图仪-输入 PCP 或 PC2】对话框，如图 15-8 所示。在这里通过单击 输入文件(I)... 按钮，可以导入旧版本的绘图配置信息，提高已有设备利用率，降低配置难度。若没有输入文件，可直接执行下一步。

（6）单击 下一步(N) > 按钮，打开【添加绘图仪-端口】对话框，如图 15-9 所示。

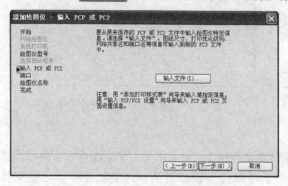 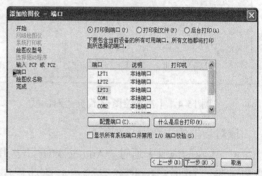

图 15-8 【添加绘图仪-输入 PCP 或 PC2】对话框   图 15-9 【添加绘图仪-端口】对话框

（7）选择相应端口，单击 下一步(N) > 按钮，打开【添加绘图仪-绘图仪名称】对话框，在【绘图仪名称】文本框中输入"HP C3190A"，如图 15-10 所示。

（8）单击 下一步(N) > 按钮，打开【添加绘图仪-完成】对话框，如图 15-11 所示。这里，用户若想编辑修改绘图仪配置，则单击 编辑绘图仪配置(P)... 按钮进入【绘图仪配置编辑器】对话框来实现。若要校准绘图仪，则单击 校准绘图仪(C)... 按钮，打开【校准绘图仪】向导来实现。

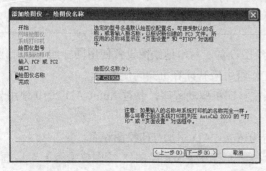

图 15-10 【添加绘图仪-绘图仪名称】对话框   图 15-11 【添加绘图仪-完成】对话框

（9）单击 完成(F) 按钮，完成打印设备的添加。

15.2　打印样式

本节主要讲述打印样式及其设置、编辑的方法。

15.2.1　网络课堂——引入案例

> **网络视频**：通过【添加打印样式表向导】来添加新打印样式表"建筑平面制图"。

15.2.2　打印样式管理器

打印样式设置了图形打印的外观，它与线型和颜色一样，是对象特性，可以将打印样式指定给对象或图层。打印样式控制对象的打印特性，具体包括抖动、颜色、灰度、笔号、虚拟笔、淡显、线型、线宽、线条端点样式、线条连接样式和填充样式等。

打印样式增加了打印输出的灵活性，可以设置打印样式替代其他对象特性，也可按需要关闭或替代设置功能。打印样式组保存在颜色相关打印样式表（CTB）或命名打印样式表（STB）中。其中，颜色相关打印样式表根据对象的颜色设置样式，命名打印样式可指定给对象，且与对象的颜色无关。所有的对象和图层都有打印样式属性。可以通过对象的【特性】对话框来访问和修改对象的打印样式，也可为各个布局指定打印样式，从而得到不同的打印输出结果。

AutoCAD 利用打印样式管理器管理所有的打印样式，打印样式管理器与绘图仪管理器作用相同。访问打印样式管理器的方法如下。

- 双击 Windows 操作系统的控制面板中的【Autodesk 打印样式管理器】图标，如图 15-1 所示。
- 下拉菜单：【菜单浏览器】|【打印】|【管理打印样式】。
- 功能区：单击【输出】选项卡【打印】面板右下角的 按钮，打开【选项】对话框，在【选项】对话框中选择【打印和发布】选项卡，单击 打印样式表设置(S)... 按钮，打开【打印样式表设置】对话框，如图 15-12 所示。单击其中的 添加或编辑打印样式表(S)... 按钮，就可打开打印样式管理器。

图 15-12　【打印样式表设置】对话框

- 命令：STYLESMANAGER。

打开的【Plot Styles】窗口如图 15-13 所示。

图 15-13　【Plot Styles】窗口

　打印机配置 PC3 文件和打印样式表 CTB 文件均以文件的形式存放在系统指定的文件夹中，这就是可以通过 Windows 操作系统的资源管理器访问打印机管理器和打印样式管理器的原因。

15.2.3　通过向导添加打印样式表

在打印样式管理器中已经存在安装 AutoCAD 时自带的一些打印样式表，还可以通过打开的【Plot Styles】窗口中的【添加打印样式表向导】为 AutoCAD 添加新的打印样式表。

下面举例说明通过【添加打印样式表向导】来添加新打印样式表的方法。

【案例 15-2】添加打印样式表。

（1）双击图 15-13 中的【添加打印样式表向导】图标，打开【添加打印样式表】对话框，如图 15-14 所示。

（2）单击 下一步(N) > 按钮，打开【添加打印样式表-开始】对话框，如图 15-15 所示。

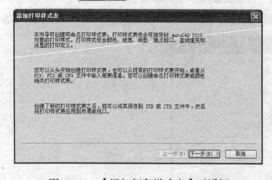

图 15-14　【添加打印样式表】对话框

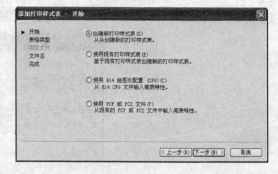

图 15-15　【添加打印样式表-开始】对话框

该对话框的主要选项如下。

- 【创建新打印样式表】：将从零开始创建一个新打印样式表。
- 【使用现有打印样式表】：将基于现有的打印样式表来创建新的打印样式表。
- 【使用 R14 绘图仪配置（CFG）】：将从 AutoCAD R14 版的 CFG 配置文件中导入绘图笔分配表属性。

- 【使用 PCP 或 PC2 文件】：将从旧版本的 PCP 或 PC2 文件中导入绘图笔分配表属性。

这里以创建新打印样式表为例介绍如何为 AutoCAD 添加打印样式表。

（3）选取【创建新打印样式表】单选项，单击 下一步(N) > 按钮，打开【添加打印样式表-选择打印样式表】对话框，如图 15-16 所示。在这里决定创建的打印样式表是颜色相关还是普通的打印样式。

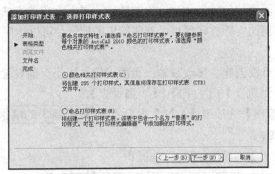

图 15-16　【添加打印样式表-选择打印样式表】对话框

（4）选取【命名打印样式表】单选项，单击 下一步(N) > 按钮，打开【添加打印样式表-文件名】对话框，在【文件名】文本框中输入"建筑制图"，如图 15-17 所示。

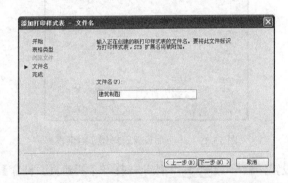

图 15-17　【添加打印样式表-文件名】对话框

（5）单击 下一步(N) > 按钮，打开【添加打印样式表-完成】对话框，如图 15-18 所示。在该对话框中单击 打印样式表编辑器(S)... 按钮，打开【打印样式表编辑器】对话框，在该对话框中就可以修改打印样式。

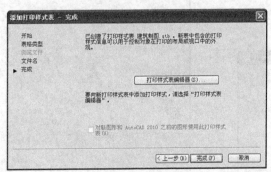

图 15-18　【添加打印样式表-完成】对话框

（6）单击 完成(F) 按钮，完成新打印样式表"建筑制图"的创建。

15.3　页面设置

本节主要讲述通过页面设置管理器创建、修改或输入页面设置的方法。

页面设置可以调整布局的实际打印区域、打印输出的比例，可以访问、设定和修改打印机配置及打印样式表。

通过页面设置管理器可以创建、修改或输入页面设置。访问页面设置管理器的方法如下。

- 下拉菜单：【菜单浏览器】|【打印】|【页面设置】。
- 功能区：单击【输出】选项卡【打印】面板上的 页面设置管理器 按钮。
- 命令：PAGESETUP。

打开的【页面设置管理器】对话框如图 15-19 所示。

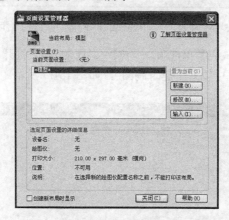

图 15-19　【页面设置管理器】对话框

若想建立新的页面设置，就单击 新建(N)... 按钮，打开【新建页面设置】对话框，如图 15-20 所示。在【新页面设置名】文本框中输入想要建立的页面设置名称，单击 确定(O) 按钮，打开【页面设置-模型】对话框，如图 15-21 所示。

图 5-20　【新建页面设置】对话框

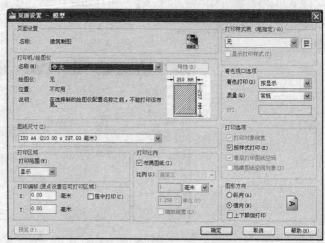

图 15-21　【页面设置-模型】对话框

若想修改当前的页面设置，在【页面设置管理器】对话框中单击 [修改(M)...] 按钮，也将打开图 15-21 所示的【页面设置-模型】对话框。

该对话框中主要包括打印设备和打印布局设置两方面内容。

15.3.1 网络课堂——引入案例

> **网络视频**：设置打印参数。
>
> 选择菜单命令【菜单浏览器】|【打印】，打开【打印】对话框，在该对话框中做以下设置。
>
> 打印设备：DesignJet 750 C3196A。
>
> 打印幅面：ISO A1（841.00mm×594.00 mm）。
>
> 图形放置方向： A 。
>
> 打印范围：在【打印】对话框【打印区域】分组框的【打印范围】下拉列表中选择【显示】选项。
>
> 打印比例：布满图纸。
>
> 打印原点位置：居中打印。

15.3.2 相关打印设备内容

【页面设置-模型】对话框中相关打印设备方面包括设定打印机的配置和选择打印样式表等。选定打印机或绘图仪后，通过单击【打印机/绘图仪】分组框中的 [特性(R)] 按钮访问和修改当前打印机配置，单击【打印样式表（笔指定）】分组框中的 [具] 按钮访问和修改当前的打印样式表。

15.3.3 相关打印布局设置内容

【页面设置-模型】对话框中相关打印布局方面包括【图纸尺寸】、【打印区域】、【打印比例】及【打印偏移】等分组框。

各分组框含义及用法如下。

1.【图纸尺寸】分组框

在该分组框中指定图纸大小，如图 15-21 所示，【图纸尺寸】下拉列表中包含了选定打印设备可用的标准图纸尺寸。

除了从【图纸尺寸】下拉列表中选择标准图纸外，也可以创建自定义的图纸尺寸。此时，需要修改所选打印设备的配置，方法如下。

（1）在【打印机/绘图仪】分组框的【名称(N)】下拉列表中选择【DWF6 ePlot.pc3】，再单击其后的 [特性(R)] 按钮，打开【绘图仪配置编辑器-DWF6 ePlot.pc3】对话框，在【设备和文档设置】选项卡中选取【自定义图纸尺寸】选项，如图 15-22 所示。

（2）单击 [添加(A)...] 按钮，弹出【自定义图纸尺寸-开始】对话框，如图 15-23 所示。

（3）不断单击 [下一步(N) >] 按钮，并根据 AutoCAD 的提示设置图纸参数，最后单击 [完成(F)] 按钮结束。

（4）返回【页面设置-模型】对话框，AutoCAD 将在【图纸尺寸】下拉列表中显示自定义图纸尺寸。

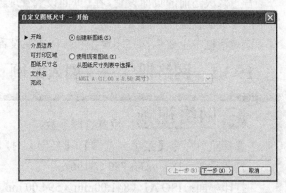

图 15-22 【绘图仪配置编辑器-DWF6 ePlot.pc3】对话框　　　图 15-23 【自定义图纸尺寸-开始】对话框

2.【打印区域】分组框

在该分组框的【打印范围】下拉列表中选择要打印的图形区域，它包括如下选项。

●【图形界限】打印布局时，将打印指定图纸尺寸的可打印区域内的所有内容，其原点从布局中的（0,0）点计算得出。从模型空间打印时，将打印栅格界限定义的整个图形区域。如果当前视口不显示平面视图，该选项与【范围】选项效果相同。

●【范围】打印包含对象的图形的部分当前空间。当前空间内的所有几何图形都将被打印。打印之前，AutoCAD 可能会重新生成图形以重新计算范围。从模型空间打印时，没有该选项。

●【显示】打印绘图区域中显示的所有对象。

●【视图】打印使用 VIEW 命令保存的视图。可以从列表中选择命名视图。如果图形中没有已保存的视图，则没有此选项。

●【窗口】打印通过窗口区域指定的图形部分。选取【窗口】选项后，该选项后出现一个　窗口(O)< 按钮，单击该按钮后，要指定打印区域的两个角点或输入坐标值。

3.【打印比例】分组框

该分组框用来控制图形单位对于打印单位的相对尺寸。打印布局空间时，默认缩放比例设置为 1∶1。打印模型空间时默认为【布满图纸】复选项。如果取消对【布满图纸】复选项的选取，就可在【比例】下拉列表中选择标准缩放比例值。若选取下拉列表中的【自定义】选项，则可以自行指定打印比例。

　　　　绘制阶段可根据实物按 1∶1 比例绘图，出图阶段再依据图纸尺寸确定打印比例，该比例是图纸尺寸单位与图形单位的比值。当图纸尺寸单位是 mm，打印比例设定为 1∶10 时，表示图纸上的 1mm 代表 10 个图形单位。

4.【打印偏移】分组框

在该分组框中指定打印区域相对于图纸左下角的偏移量。在布局中，指定打印区域的左下角位于图纸的左下页边距。也可输入正值或负值以偏离打印原点。

　　　　如果不能确定打印机如何确定原点，可试着改变一下打印原点的位置并预览打印结果，然后根据图形的移动距离推测原点位置。

5.【着色视口选项】分组框

在该分组框中指定着色和渲染视口的打印方式，并确定它们的分辨率大小和每英寸的点数

（DPI，即点/英寸的英文缩写），包括以下 3 个选项。

（1）【着色打印】指定视图的打印方式。要将布局空间上的视口指定为此设置，先选择视口，然后在【修改】菜单中单击【特性】。

（2）【质量】指定着色和渲染视口的打印分辨率，它包括如下选项。

- 【草稿】将渲染和着色模型空间视图设置为线框打印。
- 【预览】将渲染和着色模型空间视图打印分辨率设置为当前设备分辨率的 1/4，DPI 最大值为 150。
- 【常规】将渲染和着色模型空间视图打印分辨率设置为当前设备分辨率的 1/2，DPI 最大值为 300。
- 【演示】将渲染和着色模型空间视图打印分辨率设置为当前设备分辨率，DPI 最大值为 600。
- 【最高】将渲染和着色模型空间视图打印分辨率设置为当前设备分辨率，无最高值。
- 【自定义】将渲染和着色模型空间视图打印分辨率设置为【DPI】文本框中用户指定的分辨率设置，最大值可为当前设备的分辨率。

（3）【DPI】指定渲染和着色视图每英寸的点数，最大可为当前设备分辨率的最大值。只有在【质量】下拉列表中选取了【自定义】选项后，此文本框才可用。

6. 【打印选项】分组框

在该分组框中有以下 4 个选项。

- 【打印对象线宽】指定是否打印应用于对象和图层的线宽。
- 【按样式打印】指定是否打印应用于对象和图层的打印样式。当选取该复选项时，将自动选取【打印对象线宽】复选项。
- 【最后打印图纸空间】先打印模型空间几何图形。通常先打印图纸空间几何图形，然后再打印模型空间几何图形。
- 【隐藏图纸空间对象】指定是否在图纸空间视口中的对象上应用"隐藏"操作。此选项仅在【布局】选项卡上可用。此设置的效果反映在打印预览中，而不反映在布局中。

7. 【图形方向】分组框

该分组框用于调整图形在图纸上的打印方向，它包含一个图标，此图标表明图纸的放置方向，图标中的字母代表图形在图纸上的打印方向。

该分组框包含以下 3 个选项。

- 【纵向】图形在图纸上的放置方向是水平的。
- 【横向】图形在图纸上的放置方向是竖直的。
- 【上下颠倒打印】使图形颠倒打印，此选项可与【纵向】、【横向】选项结合使用。

15.4　保存打印设置

本节主要讲述保存打印设置的方法。

15.4.1　网络课堂——引入案例

🎧 **网络视频**：保存 15.3.1 节建立的"建筑平面制图"打印设置。

15.4.2 保存打印设置

选择打印设备，并设置完打印参数（图纸幅面、比例、方向等）后，可以将所有参数保存在页面设置中，以便以后使用。

在【页面设置】分组框的【名称】下拉列表中显示所有已命名的页面设置。若要保存新页面设置就单击该列表右边的 添加(.)... 按钮，打开【添加页面设置】对话框，在该对话框的【新页面设置名】文本框中输入页面名称，如图 15-24 所示，然后单击 确定(D) 按钮，保存页面设置。

也可以从其他图形中输入已定义的页面设置，在【页面设置】分组框的【名称】下拉列表中选择【输入…】选项，AutoCAD 打开【从文件选择页面设置】对话框，选择所需的图形文件，弹出【输入页面设置】对话框，如图 15-25 所示。该对话框显示图形文件中包含的页面设置，选择其中之一，单击 确定(D) 按钮完成。

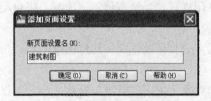

图 15-24　【添加页面设置】对话框　　　　图 15-25　【输入页面设置】对话框

习题

1. 设置打印参数。请按以下步骤操作。

（1）打开素材文件"习题 15-1.dwg"。

（2）利用 AutoCAD 的"添加绘图仪向导"配置一台内部打印机——DesignJet 750 C3196A。

（3）选择菜单命令【菜单浏览器】|【打印】，打开【打印】对话框，在该对话框中做以下设置。

- 打印设备：DesignJet 750 C3196A。
- 打印幅面：ISO A1（841.00mm×594.00 mm）。
- 图形放置方向： A 。
- 打印范围：在【打印】对话框【打印区域】分组框的【打印范围】下拉列表中选择【显示】选项。
- 打印比例：布满图纸。
- 打印原点位置：居中打印。

（4）预览打印效果，如图 15-26 所示。

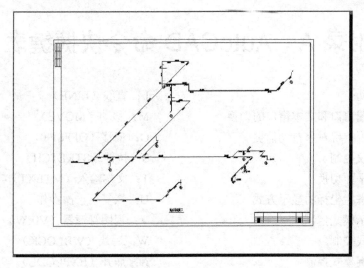

图 15-26　打印效果预览

2. 自定义图纸。请按以下步骤操作。

（1）打开素材文件"习题 15-2.dwg"。

（2）选择菜单命令【菜单浏览器】|【打印】，打开【打印-模型】对话框，在该对话框中做以下设置。

- 打印设备：DesignJet 750 C3196A。
- 图纸大小：自定义尺寸为 300mm×220mm，实际可打印区域为 290mm×210mm。
- 图形放置方向：![A]。
- 打印范围：在【打印】对话框【打印区域】分组框的【打印范围】下拉列表中选择【显示】选项。
- 打印比例：布满图纸。
- 打印原点位置：居中打印。

（3）预览打印效果，如图 15-27 所示。

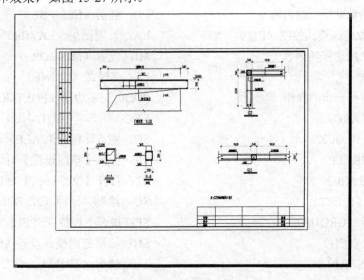

图 15-27　自定义图纸打印效果

附录 A　AutoCAD 命令快捷键表

F1：获取帮助

F2：实现作图窗口和文本窗口的切换

F3：控制是否实现对象自动捕捉

F4：数字化仪控制

F5：等轴测平面切换

F6：控制状态栏坐标的显示方式

F7：栅格显示模式控制

F8：正交模式控制

F9：栅格捕捉模式控制

F10：极轴模式控制

F11：对象追踪模式控制

Ctrl+B：栅格捕捉模式控制（F9）

Ctrl+C：将选择的对象复制到剪贴板上

Ctrl+F：控制是否实现对象自动捕捉（F3）

Ctrl+G：栅格显示模式控制（F7）

Ctrl+J：重复执行上一步命令

Ctrl+K：超级链接

Ctrl+N：新建图形文件

Ctrl+O：打开图形文件

Ctrl+P：打开【打印】对话框

Ctrl+S：保存文件

Ctrl+U：极轴模式控制（F10）

Ctrl+V：粘贴剪贴板上的内容

Ctrl+W：对象追踪模式控制（F11）

Ctrl+X：剪切所选择的内容

Ctrl+Y：重做

Ctrl+Z：取消前一步的操作

A：绘圆弧（ARC）

B：定义块（BLOCK）

C：画圆（CIRCLE）

E：删除（ERASE）

F：倒圆角（FILLET）

G：对象编组（GROUP）

H：填充（HATCH）

I：插入（INSERT）

L：直线（LINE）

M：移动（MOVE）

O：偏移（OFFSET）

S：拉伸（STRETCH）

T：文本输入（MTEXT）

U：恢复上一次操作

V：视图管理器（VIEW）

W：写块（WBLOCK）

X：炸开（EXPLODE）

Z：缩放（ZOOM）

AA：测量区域和周长（AREA）

AL：对齐（ALIGN）

AR：阵列（ARRAY）

AP：加载*lsp 程系

AV：打开【鸟瞰视图】对话框（DSVIEWER）

CO：复制（COPY）

DAL：对齐标注

DAN：角度标注

DDI：直径标注

DT：文本的设置（DTEXT）

DI：测量两点间的距离

DRA：半径标注

EL：椭圆（ELLIPSE）

LA：设置图层（LAYER）

MI：镜像（MIRROR）

PL：多段线（PLINE）

POL：正多边形（POLYGON）

REC：矩形（RECTANG）

SC：缩放比例（SCALE）

SE：打开【草图设置】对话框

ST：打开【文字样式】对话框（STYLE）

SO：绘制二维面（2D SOLID）

SP：拼音的校核（SPELL）

SN：栅格捕捉模式设置（SNAP）

TR：修剪（TRIM）

附录 B AutoCAD 认证考试模拟试题

考试地点：_____ 考试时间：_____

考生序号：_____ 考生姓名：_____

一、填空题（每空 1 分，共 25 分）

1. 绝对极坐标的输入格式为 $R<\alpha$。R 表示点到_____的距离，α 表示极轴方向与 x 轴正向间的夹角。若从 x 轴正向逆时针旋转到极轴方向，则 α 角为_____。

2. 当 AutoCAD 提示选择要编辑的对象时，在图形元素左上角或左下角单击一点，然后向右拖动鼠标指针，AutoCAD 显示一个实线矩形窗口，让此窗口完全包含要编辑的图形实体，再单击一点，矩形窗口中所有对象（不包括与矩形边相交的对象）被选中，被选中的对象将以_____形式表示出来。

3. 执行快速保存命令后，系统将当前图形文件以原文件名直接存入磁盘，而不会给用户任何提示。若当前图形文件名是默认名且是第一次存储文件时，则弹出_____对话框，在该对话框中用户可指定文件的存储位置、输入新文件名及文件类型。

4. 非连续线型是由短横线、空格等构成的_____图案，图案中的短线长度、空格大小是由线型比例来控制的。在绘图时常会遇到这样一种情况：本来想画虚线或点划线，但最终绘制出的线型看上去却和连续线一样，出现这种现象的原因是_____。

5. 在 AutoCAD 中可创建单独的点对象，点的外观由_____控制。一般在创建点之前要先设置点的样式，但也可先绘制点，再设置点样式。

6. 绘制椭圆的默认方法是_____，第一条轴线的端点及另一条轴线的半轴长度来绘制椭圆。另外，也可通过指定椭圆第一条轴线的两个端点及另一条轴线长度的一半来绘制椭圆。

7. DONUT 命令创建填充圆环或实心填充圆。启动该命令后，用户依次输入圆环内径、外径及圆心，AutoCAD 就生成圆环。若要画实心圆，则指定内径为_____即可。

8. SPLINE 命令可以绘制光滑的样条曲线。作图时，先给定一系列数据点，随后 AutoCAD 按指定的拟合公差形成该曲线。工程设计时，可以利用 SPLINE 命令绘制_____。

9. 域（REGION）是二维的_____图形，它可由直线、多段线、圆、圆弧、样条曲线等对象围成，但应保证相邻对象间共享连接的端点，否则将不能创建域。

10. 使用 OFFSET 命令，可以通过两种方式创建新线段，一种是输入平行线间的距离，另一种是指定_____。

11. 多线是由多条平行直线组成的对象，最多可包含_____条平行线，线间的距离、线的数量、线条颜色及线型等都可以调整。

12. RAY 命令用于创建射线。操作时，只需指定射线的起点及另一通过点即可。使用该命令可一次创建_____条射线。

13. 如果要沿某一方向绘制任意长度的线段，可在系统提示输入点时输入一个小于号 "<" 及角度值，该角度表明了所绘线段的方向，系统将把鼠标指针锁定在此方向上，移动鼠标光标，线段的长度就会发生变化，获取适当长度后，可单击鼠标结束。这种画线方式被称为_____。

14. 设定云状线中弧线长度的最大值及最小值，最大弧长不能大于最小弧长的_____倍。

15. 参数化图形是一项用于具有约束的设计技术。常用的约束类型有两种：几何约束和标注约束。其中，_____用于控制对象的关系；_____控制对象的距离、长度、角度和半径值。

16. 在向块定义中添加参数和动作之前，应该了解它们相互之间以及它们与块中的几何图形的_____。

17. 用 TEXT 命令画一个度数符号"。"，应使用_____。

18. 尺寸标注是一个复合体，它以块的形式存储在图形中，其组成部分包括尺寸线、延伸线、标注文字和箭头等，所有这些组成部分的格式都由_____来控制。

19. 在模型空间作图时，一般是在一个充满整个屏幕的单视口工作。但也可将作图区域划分成几个部分，使屏幕上出现多个视口，这些视口称为_____。

20. 假想用一水平剖切平面，在某层门、窗洞口范围内，将建筑物剖切开，对剖切平面以下的部分所作的水平正投影图称为_____，简称_____。它主要反映建筑的平面形状、大小，房间的布置，墙（或柱）的位置、厚度和材料以及门窗的类型和位置，各类构配件的尺寸以及各部分的联系等情况。

21. AutoCAD 所标注的尺寸必须位于当前坐标系的_____平面上，因而为了满足立体图的尺寸标注，必须在需要标注的端面上建立用户坐标系，然后采用平面图形尺寸标注的方法在此坐标系中标注此端面上的相应尺寸。

二、单选题（每题 1 分，共 25 分）

1. 缩放（ZOOM）命令在执行过程中改变了（　　）。
   A. 图形的界限范围大小　　　　　　　B. 图形的绝对坐标
   C. 图形在视图中的位置　　　　　　　D. 图形在视图中显示的大小

2. 使用多线绘图命令 MLINE，不可以（　　）。
   A. 绘制带中心线的多线　　　　　　　B. 绘制上下两条直线且其颜色不同的双线
   C. 绘制 4 条直线的多线　　　　　　　D. 带线宽的多线

3. 假设坐标点的当前位置是（300,200），现在从键盘上输入了新的坐标值（@-100,200），则新的坐标位置是（　　）。
   A.（200,400）　　　　　　　　　　　B.（-100,200）
   C.（300,200）　　　　　　　　　　　D.（100,200）

4. 按比例改变图形实际大小的命令是（　　）。
   A. OFFSET　　　　　　　　　　　　　B. ZOOM
   C. SCALE　　　　　　　　　　　　　D. STRETCH

5. 在使用 ZOOM 命令时，以下（　　）选项可以显示图中所有可见对象以及（或）图纸最大范围。
   A. All　　　　　　　　　　　　　　　B. Max
   C. Extents　　　　　　　　　　　　　D. Previous

6. SURFACE 和 REVOLOVE 命令的共同之处在于（　　）。
   A. 都能生成三维实心体模型　　　　　B. 都能生成三维多边形网格
   C. 都需要以直线 LINE 作为旋转轴　　D. 都能以任何开放或封闭对象作为路径曲线

7. 当看到却无法删除某层上的图线时，该层是被（　　）。
   A. 关闭　　　　　　　　　　　　　　B. 删除

C. 锁定   D. 冻结

8. 可以创建 3D 圆角的命令是 （   ）。
   A. FILLET   B. EXTRUDE
   C. REVOLVE   D. CHAMFER

9. 使用直线 LINE 命令绘图，在连续输入了 3 个点之后，再输入字符（   ）将绘制出封闭的图形。
   A. A   B. U
   C. C   D. E

10. 用 VPOINT 命令，输入视点坐标值（0,0,1）后，结果与平面视图（   ）相同。
    A. Left   B. Right
    C. Top   D. Front

11. 一次命令执行中会连续进行同样对象绘制的命令是（   ）。
    A. Point   B. Circle
    C. Rectangle   D. Ellipse

12. 图案填充操作中，下列（   ）说法正确。
    A. 只能单击填充区域中任意一点来确定填充区域
    B. 所有的填充样式都可以调整比例和角度
    C. 图案填充可以和原来轮廓线关联或者不关联
    D. 图案填充只能一次生成，不可以编辑修改

13. 在使用 Array 命令进行环形阵列时，如需使阵列后的图形逆时针 90° 方向排列 N 个，则应输入角度（   ）。
    A. 90°   B. −90°
    C. 270°   D. −270°

14. （   ）命令可以将直线、圆、多线段等对象作同心复制，且如果对象是闭合的图形，则执行该命令后的对象将被放大或缩小。
    A. OFFSET   B. SCALE
    C. ZOOM   D. COPY

15. 在 AutoCAD 中绘制粗细不同的箭头，可以选用（   ）。
    A. 多段线 PLINE   B. 多线 MLINE
    C. 直线 LINE   D. 圆弧 ARC

16. 不能使用 EXPLODE 命令分解（   ）图形对象。
    A. 图块 BLOCK   B. 剖面线 HATCH
    C. 圆 CIRCLE   D. 标注 DIM

17. 使用 OFFSET 命令不能偏移（   ）图形对象。
    A. 剖面线   B. 圆弧
    C. 多义线   D. 圆

18. 可以被拉伸命令改变形状的对象是（   ）。
    A. 文字 TEXT   B. 多行文字 MTEXT
    C. 尺寸标注 DIMENSION   D. 圆 CIRCLE

19. 如果要将两条不相交的线段变为相交，可使用 FILLET（圆角）命令，此时要求命令处于（   ）状态。

A. 剪切模式但半径不为 0   B. 剪切模式且半径为 0

C. 不剪切模式且半径不为 0   D. 不剪切模式且半径为 0

20. 将图形改名保存使用的命令是（   ）。

     A. Saveas   B. Block

     C. Wblock   D. Qsave

21. 打开正交模式的功能键是（   ）。

     A. F1   B. F2

     C. F8   D. F9

22. 不能使用 TRIM 命令修剪的对象是（   ）。

     A. 直线 LINE   B. 多线 MLINE

     C. 多段线 PLINE   D. 参照线 XLINE

23. （   ）是由封闭图形所形成的二维实心区域，它不但含有边的信息，还含有边界内的信息，用户可以对其进行各种布尔运算。

     A. 块   B. 多段线

     C. 面域   D. 图案填充

24. （   ）命令用于为图形标注多行文本、表格文本和下画线文本等特殊文字。

     A. MTEXT   B. TEXT

     C. DTEXT   D. DDTEXT

25. 在 AutoCAD 中，POLYGON 命令最多可以绘制（   ）条边的正多边形。

     A. 128   B. 256

     C. 512   D. 1024

三、作图题（每题 10 分，共 50 分）

作图要求：（一）存盘前使图框充满屏幕。（二）存盘时文件夹名称采用 Test+准考证号码。（所有作图题存盘目录为 C:\Documents and Settings\My Documents\TestCAD____，如 TestCAD015。）

1. 绘制如图 1 所示的总平面图。

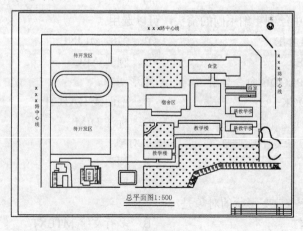

图 1   地形平面图

作图时，应将系统作以下设置。

● 单位使用"十进制"，精度设定为"0"。

- 测量单位比例因子设为"500"。
- 根据图元的性质，建立标注、绿化、已建建筑物、新建建筑物和绿化带等图层。

2. 原有建筑物及待开发区有关尺寸及相对位置如图 2 所示。

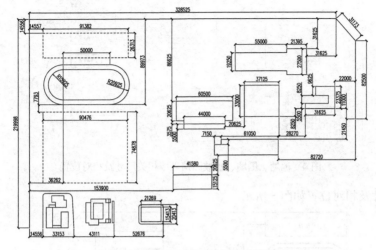

（a）原有建筑物、待开发区尺寸及位置

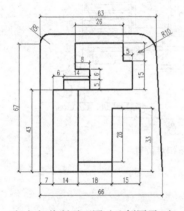

（b）招待所平面图（比例因子 1）

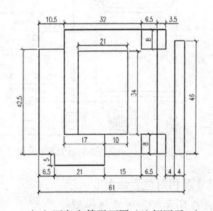

（c）医务室等平面图（比例因子 1）

图 2　原有建筑物和待开发区相关尺寸及相对位置

建筑物有关尺寸及相对位置如图 3 所示。

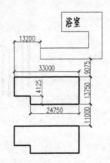

图 3　新建建筑物相关尺寸及相对位置

4. 池塘、围墙、护坡和挡土墙等有关尺寸及相对位置如图 4 所示。

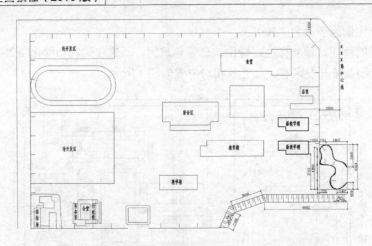

图4 池塘、围墙、护坡和挡土墙相关尺寸及相对位置

5. 道路尺寸及相对位置如图5所示。

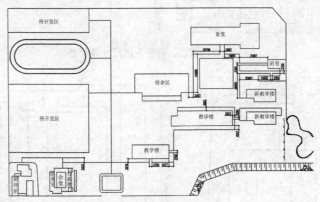

图5 道路相关尺寸及相对位置

其余有关尺寸及相对位置如图6所示。

6. 绘制如图7所示护杆的实体模型。

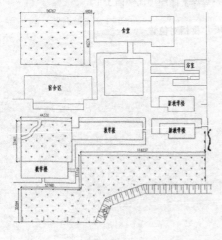

图6 绿地相关尺寸及相对位置

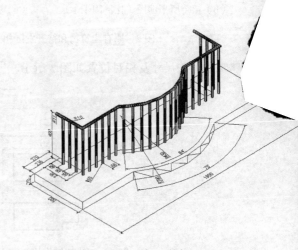

图7 护杆